高职高专教育"十二五"规划建设教材
国家骨干高职院校建设工学结合项目教材

亚热带园艺植物保护

韦文添　雷艳梅　主编

中国农业大学出版社
·北京·

内容简介

本教材以"工作任务驱动、实践和理论一体化"为课程的设计理念。通过调研,根据岗位群的职业能力要求,参照职业资格标准,遵循认识规律和能力递进规律,以典型工作任务为载体设计了5个项目。这5个项目分别为亚热带园艺植物昆虫识别,亚热带园艺植物病害诊断,亚热带植物病虫害标本采集、制作与保存,亚热带植物病虫害调查统计与预测预报,亚热带园艺植物病虫害综合防治。根据项目要求查找相关知识、学习相应技能来完成工作任务,最终完成项目实施。列有项目描述、工作任务、拓展知识、计划实施、评价与反馈等内容。项目下设有15个学习型的工作任务,工作任务列有目标要求、相关知识、任务技能单、巩固练习等。

图书在版编目(CIP)数据

亚热带园艺植物保护/韦文添,雷艳梅主编. —北京:中国农业大学出版社,2013.7
ISBN 978-7-5655-0742-7

Ⅰ.①亚… Ⅱ.①韦… ②雷… Ⅲ.①亚热带作物-园林植物-植物保护-高等职业教育-教材 Ⅳ.①S436.8

中国版本图书馆 CIP 数据核字(2013)第 134185 号

书　　名	亚热带园艺植物保护		
	Yaredai Yuanyi Zhiwu Baohu		
作　　者	韦文添　雷艳梅　主编		
策划编辑	姚慧敏　伍　斌	责任编辑	张　蕊
封面设计	郑　川	责任校对	陈　莹　王晓凤
出版发行	中国农业大学出版社		
社　　址	北京市海淀区圆明园西路2号	邮政编码	100193
电　　话	发行部 010-62818525,8625	读者服务部 010-62732336	
	编辑部 010-62732617,2618	出　版　部 010-62733440	
网　　址	http://www.cau.edu.cn/caup		
经　　销	新华书店	e-mail cbsszs @ cau.edu.cn	
印　　刷	北京时代华都印刷有限公司		
版　　次	2013 年 7 月第 1 版　2013 年 7 月第 1 次印刷		
规　　格	787×1 092　16 开本　16.25 印张　400 千字		
定　　价	28.00 元		

编 写 人 员

主　编　韦文添（广西职业技术学院）
　　　　雷艳梅（广西职业技术学院）

副主编　劳有德（广西职业技术学院）
　　　　黄　曦（广西红日农业连锁有限公司）
　　　　雷势贤（广西区植保总站）

参　编　**（以姓氏笔画为序）**
　　　　韦德斌（广西百色国家农业科技园区）
　　　　关　明（广西农垦国有明阳农场）
　　　　宋国敏（云南热带作物职业学院）
　　　　周少霞（广西亚热带作物研究所）
　　　　郑文武（广西南宁市水果办公室）
　　　　胡春锦（广西农业科学院微生物所）
　　　　梁胜林（广西农垦国有黔江农场）
　　　　黄昌治（广西农垦国有立新农场）
　　　　蓝贵法（广西红日农业连锁有限公司）

前　言

　　随着我国经济的发展,社会对专业人才的要求不断提高,培养高端技能型专业人才是当前我国高职院校的首要任务。为此,本教材根据教育部《关于全面提高高等职业教育教学质量的若干意见》(教高[2006]16 号)的有关精神,由行业、企业及学校三方人员组成,成立了教材开发委员会,编写了特色教材《亚热带园艺植物保护》。

　　本教材以"工作任务驱动、实践和理论一体化"为课程的设计理念。通过调研,根据岗位群的职业能力要求,参照职业资格标准,遵循认识规律和能力递进规律,以典型工作任务为载体设计了 5 个项目。这 5 个项目分别为亚热带园艺植物昆虫识别、亚热带园艺植物病害诊断、植物病虫标本采集与制作、植物病虫害调查统计与测报、亚热带园艺植物病虫害综合防治技术。根据项目要求查找相关知识、学习相应技能来完成工作任务,最终完成项目实施。列有项目描述、工作任务、拓展知识、计划实施、评价与反馈等内容。项目下设有 15 个学习型的工作任务,工作任务列有目标要求、相关知识、任务技能单、巩固练习等。

　　教材内容注重理论与实践的结合,着重加强了非化学防控技术,将成熟的新技术充实在教材中,体现绿色植保新理念。在编写过程中注重综合能力培养,力求体现高职教育的特点:目标工作化、内容职业化、过程导向化、评价过程化。尽可能满足农业高等职业教育培养农业技术类人才的需要。

　　参加本教材编写的人员有广西职业技术学院韦文添、雷艳梅、劳有德,云南热带作物职业学院宋国敏,广西南宁市水果办公室郑文武,广西区植保总站雷势贤,广西农业科学院微生物所胡春锦,广西亚热带作物研究所周少霞,广西百色国家农业科技园区韦德斌、广西红日农业连锁有限公司黄曦、蓝贵法,广西农垦国有黔江农场梁胜林,广西农垦国有明阳农场关明,广西农垦国有立新农场黄昌治等。在教材编写过程中,得到有关领导及同行的大力支持,在此一并表示最诚挚的谢意!

　　本教材内容科学、简明实用,可供高职高专院校园艺、园林、热带作物生产、果树专业使用,也可以为从事亚热带园艺植物生产的技术人员、管理人员学习使用。

　　初次尝试编写《亚热带园艺植物保护》高职特色教材,由于编者水平有限,加之编写时间仓促,书中疏漏和不足在所难免,敬请各位同行和读者批评指正。

编　者

2013 年 3 月

目　录

项目一 亚热带园艺植物昆虫识别

项目描述 本项目主要介绍昆虫外部形态特征、昆虫各部位附器的构造、功能；农业害虫主要类群的识别；了解昆虫生物学特性及其与防治的关系、昆虫发生与环境的关系。

工作任务 1-1 昆虫外部形态特征的观察

◆**目标要求**：通过完成任务能正确识别昆虫的外部形态基本特征，为昆虫分类奠定基础。

【相关知识】

昆虫的种类繁多，外部形态千变万化；昆虫的种类不同，形态构造和生理功能也有差别。昆虫属于节肢动物门的昆虫纲。节肢动物门的特征：体躯分节，体躯由一系列体节组成；整个体躯最外面被有一层含几丁质的外骨骼；有些体节上生有成对的分节附肢；体腔即为血腔，循环器官——背血管位于身体的背面；中枢神经系统位于身体腹面。

昆虫纲除了具有以上特征外，还表现在以下方面。

①成虫体躯分为头部、胸部、腹部3个体段；

②头部具有口器和1对触角，通常还具有复眼和单眼；

③胸部有3对胸足，一般还有2对翅；

④腹部大多数由9~11个体节组成，内含大部分内脏和生殖系统，腹末具有外生殖器；

⑤昆虫在一生的生长发育过程中，通常需经过一系列显著的内部及外部体态上的变化（即变态），才能转变为性成熟的成虫（图1-1）。

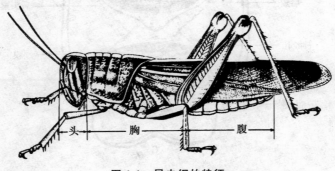

图 1-1 昆虫纲的特征

一、昆虫的头部

昆虫的头部是昆虫最前面的一个体段，以膜质的颈与胸部相连，它是由几个体节合并而成的一个整体，不再分节。头壳坚硬，上面生有口器、触角和眼。因此，头部是昆虫感觉和取食的中心。

（一）头部的构造与分区

坚硬的头壳多呈半球形或椭圆形。在头壳形成过程中，由于体壁的内陷，表面形成许多沟缝。因此，将头壳分成若干区。这些沟、区在各类昆虫中变化很大，每一小区都有一定的位置和名称，是昆虫分类的重要依据（图 1-2）。

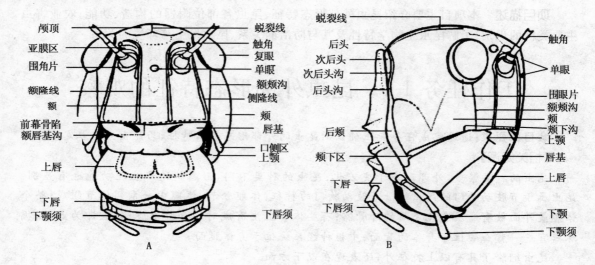

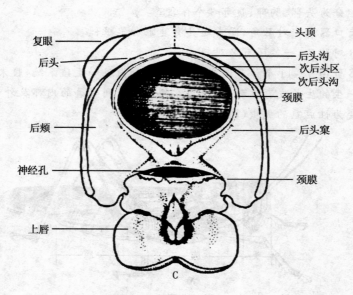

图 1-2　棉蝗的头部

A.正面观　B.侧面观　C.后面观

　　昆虫头部通常可分头顶、额、唇基、颊和后头。头的前上方是头顶,头顶前下方是额(头顶和额的中间以"人"字形的头颅缝为界,头颅缝又称蜕裂线,是幼虫蜕皮时头壳裂开的地方)。额的下方是唇基,额和唇基中间以额唇基沟为界。唇基下连上唇,其间以唇基上唇沟为界。颊在头部两侧,其前方以额颊沟与额为界。头的后方连接一条狭窄拱形的骨片是后头,其前方与后头沟与颊为界。如果把头部取下,还可看到一个孔洞,后头孔,消化道、神经等都从这里通向身体内部。

(二)昆虫的头式

　　昆虫的头式常以口器在头部着生的位置而分成三类(图1-3)。

　　(1)下口式(图1-3A):口器向下,约与身体的纵轴垂直。多见于植食性昆虫,如蝗虫、蟋蟀、天牛、蝶蛾类幼虫等,取食方式比较原始。

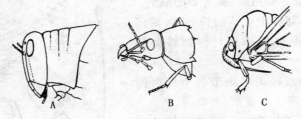

图 1-3　昆虫的头式
A.下口式　B.前口式　C.后口式

　　(2)前口式(图1-3B):口器向前,与身体纵轴平行。多见于捕食性昆虫,如步行虫、草蛉幼虫等。

　　(3)后口式(图1-3C):口器向后斜伸,与身体纵轴呈一锐角,不用时常弯贴在身体腹面。多为刺吸式口器昆虫,如蝽、蝉、蚜虫等。

(三)昆虫的触角

1.触角的构造和功能

　　昆虫绝大多数种类都有一对触角,着生在额区两侧,基部在一个膜质的触角窝内。它由柄节、梗节及鞭节三部分组成。柄节是连在头部触角窝里的一节;第二节是梗节,一般比较细小;梗节以后称鞭节,通常是由许多亚节组成(图1-4)。

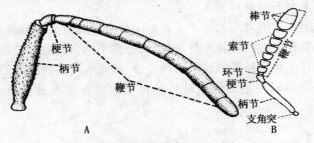

图 1-4　昆虫触角的基本构造
A. 蜜蜂的触角　　B. 小蜂的触角

　　触角的功能主要是嗅觉和触觉,有的也有听觉作用。如赤眼蜂产卵时,用触角拍打寻找产卵场所(触觉);菜粉蝶通过芥子油味引导选择十字花科植物产卵(嗅觉);雄蚊触角梗节上有姜氏器(听觉),寻找雌性交配。

 2. 触角的类型

 昆虫触角的类型很多,主要有以下几种(图1-5)。

 (1)丝状或线状。触角细长如丝,鞭节各亚节大致相同,向端部逐渐变细。如蝗虫、天牛等的触角。

 (2)刚毛状。触角很短,基部的一、二节粗大,其余的各节纤细似刚毛。如蜻蜓、叶蝉等。

 (3)念珠状。触角各节大小相似,近于球形,整个触角形似一串念珠。如白蚁、褐蛉等的触角。

 (4)棒状。鞭节基部若干亚节细长如丝,端部数节逐渐膨大如球,形似像棒球杆。如蝶类的触角。

 (5)羽毛状。又叫双栉齿状鞭节各节向两侧作细羽状突出,形似鸟羽。如蚕蛾、毒蛾等。

 (6)栉齿状。鞭节各亚节向一侧伸出枝状突起,整个触角似梳子。如雄性绿豆象等。

 (7)锯齿状。鞭节各亚节向一侧稍突出如锯齿,整个触角似锯条。如雌性绿豆象、叩头虫和锯天牛等。

 (8)锤状。类似球杆状,但端部数节突然膨大,末端平截,形状如锤。如瓢虫、郭公虫等。

 (9)环毛状。鞭节各亚节环生一圈细毛,愈近基部的细毛较长。如雄蚊、摇蚊等。

 (10)具芒状。触角较短,一般分为3节,端部一节膨大,其上生有一刚毛状的构造,称为触角芒,芒上有时还有许多细毛。如蝇类的触角。

 (11)鳃片状。鞭节的端部数节延展成薄片状叠合在一起,状如鱼鳃。如金龟甲的触角。

 (12)膝状。柄节细长,梗节短小,鞭节各节与柄节形成膝状曲折。如蜜蜂、象鼻虫等。

 3. 了解昆虫触角类型和功能的意义

 了解昆虫触角类型和功能对园艺生产实践有十分重要的意义。触角的形状、分节数目、着生位置以及触角上感觉孔的数目和位置等,随昆虫种类不同而有差异。因此,触角常作为昆虫分类的重要特征。有许多昆虫种类雌雄性别的差异,常常表现在触角的形状上。因此,可以通过触角鉴别昆虫的雌雄。利用昆虫触角对某些化学物质有敏感的嗅觉功能,可进行诱集或驱避。

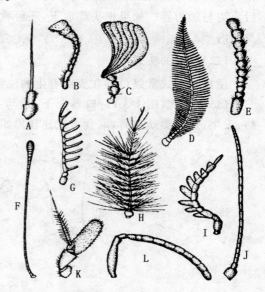

图1-5 昆虫触角的类型

A. 刚毛状 B. 锤状 C. 鳃片状 D. 双栉齿状

E. 念珠状 F. 棒状 G. 栉齿状 H. 环毛状

I. 锯齿状 J. 丝状 K. 具芒状 L. 膝状

 (四)昆虫的眼

 昆虫的眼有两类:复眼和单眼。

 1. 复眼

 昆虫的成虫和不全变态的若虫及稚虫一般都具有1对复眼。复眼是昆虫的主要视觉器官,对于昆虫的取食、觅偶、群集、归巢、避敌等都起着重要的作用。

复眼由许多小眼组成(图1-6)。小眼的数目在各类昆虫中变化很大,可以有 1～28 000 个。小眼的数目越多,复眼的成像就越清晰。复眼能感受光的强弱,一定的颜色和不同的光波,特别对于短光波的感受,很多昆虫更为强烈。这就是利用黑光灯诱虫效果好的道理。复眼还有一定的辨别物像的能力,但只能辨别近处的物体。

2.单眼

昆虫的单眼分背单眼和侧单眼两类。背单眼一般 3 个或 2 个,若为 3 个呈倒三角形,排列在额区两复眼之间。单眼只能辨别光的方向和强弱,而不能形成物像。

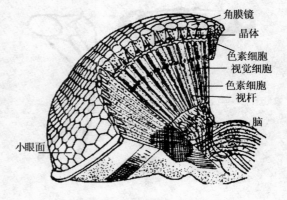

图1-6 昆虫复眼的模式构造(仿周尧)

(五)昆虫的口器

口器是昆虫的摄食器官,各种昆虫因食性和取食方式不同,形成了不同的口器类型。咀嚼式口器是最基本、最原始的类型,其他类型口器都是由咀嚼式口器演化而来的。

1.咀嚼式口器

这类口器为取食固体食物的昆虫所具有,如蝗虫、甲虫等。基本构造由 5 部分组成:上唇、上颚、下颚、下唇和舌(图1-7)。

以蝗虫为例,了解咀嚼式口器的基本构造。上唇为片状,位于口器上方,具有味觉作用;上颚位于上唇下方两侧,为坚硬的齿状物,用以切断和磨碎食物;一对下颚位于

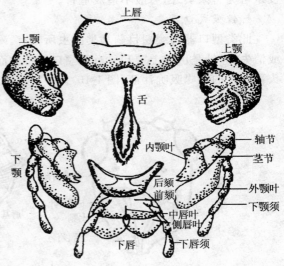

图1-7 蝗虫的咀嚼式口器

上颚的后方,上生一对具有味觉作用的下颚须,是辅助上颚取食的机构;下唇片状,位于口器的底部,其上生有一对下唇须,具有味觉和托持食物的功能;舌为柔软的袋状,位于口腔中央,具有味觉和搅拌食物的作用。

2.刺吸式口器

这种口器的构造特点是下唇延长成为喙管,上下颚特化成细长的口针,下颚针内侧有两根槽,两下颚针合并时形成两条细管,一条是排出唾液的唾液管,一条是吸取汁液的食物管。四根口针互相嵌合在一起,藏在喙内。上唇很短,盖在喙基部的前方。下颚须和下唇须均退化(图1-8)。如半翅目、同翅目及双翅目蚊类等的口器。

3.虹吸式口器

为鳞翅目蝶蛾类成虫的口器,这种口器的特点:上颚完全缺失,下颚十分发达,延长并互相嵌合成管状的喙,内部形成 1 个细长的食物道。喙不用时卷曲于头部下方似钟表的发条,取食时可伸到花中吸食花蜜和外露的果汁及其他液体(图1-9)。具这种口器的昆虫,除部分吸果

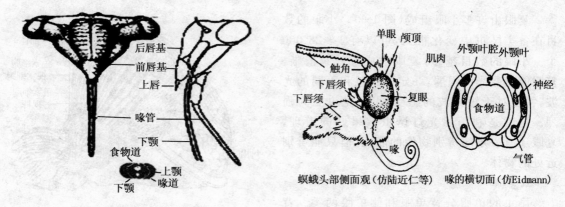

图 1-8　昆虫的刺吸式口器　　　　　　图 1-9　鳞翅目成虫的虹吸式口器

夜蛾可为害果实外,一般不造成危害。

4.锉吸式口器

此类型口器为缨翅目蓟马类昆虫所特有。这种口器的特点是:上颚不对称,即右上颚退化或消失,口针是由左上颚和一对下颚口针特化而成,取食时先以左上颚锉破植物表皮,然后以头部向下的短喙吸吮汁液(图 1-10)。

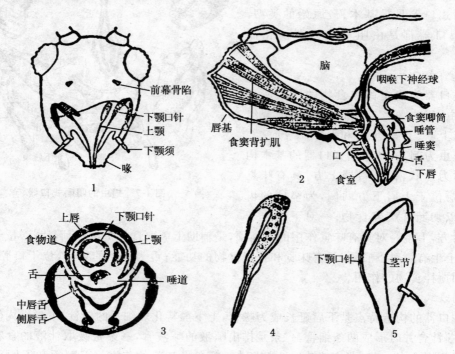

图 1-10　锉吸式口器

1.头部前面观　2.头部及喙纵切面　3.喙横切面　4.上颚　5.下颚

5.口器类型与化学防治的关系

昆虫的口器类型不同,其危害特点不同,防治害虫的方法也不同。咀嚼式口器的害虫包括直翅目昆虫如蝗虫、蝼蛄等,鞘翅目昆虫如天牛、叶甲等,鳞翅目幼虫如刺蛾、蓑蛾等,膜翅目幼虫如叶蜂等。这些害虫危害的共同特点是直接取食植物的叶、花、果实、茎秆,造成植物组织残缺不全或受害部位破损。对于咀嚼式口器的害虫,应使用触杀剂或胃毒剂进行防治。但对蛀果、蛀秆、卷叶、潜叶危害的害虫,要在钻蛀之前施药。

刺吸式口器的昆虫包括半翅目蝽类,同翅目蚜虫、蝉、介壳虫等。这类害虫危害的特点:受害部位出现各种褪色斑点,受害植株常形成萎蔫、卷曲、黄化、皱缩或畸形,甚至在叶、茎、根上形成虫瘿。对刺吸式口器的害虫,防治上应使用内吸剂、触杀剂或熏蒸剂,胃毒剂一般无效。

虹吸式口器的害虫只吸食暴露在植物表面的液体,因此可将胃毒剂制成液体,使其吸食中毒,如目前预测预报及防治上常用的糖酒醋诱杀液,可诱杀地老虎等成虫。

二、昆虫的胸部

胸部是昆虫身体的第二个体段,由前胸、中胸和后胸三个体节组成,每一胸节各具足一对,分别称前足、中足和后足。大多数昆虫中胸和后胸上各具翅一对,分别称前翅和后翅。足和翅是昆虫的运动器官,所以胸部是昆虫的运动中心。

(一)胸部的基本构造

昆虫的每一胸节,均由4块骨板组成,位于背面的称背板,两侧的称侧板,腹面的称腹板。这些胸板又因所在的胸节而给予一定的名称,如前胸的背板称前胸背板,侧板称前胸侧板,腹板称前胸腹板。各胸板由若干骨片组成,这些骨片也各有名称,如盾片、小盾片等(图1-11)。

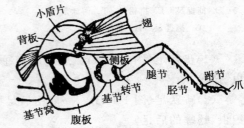

图 1-11 有翅胸节和足的基本构造

(二)胸足的构造及其类型

1.胸足的构造

昆虫的胸足着生于侧板与腹板之间,是昆虫行走的器官,一般由6节组成,依次称为基节、转节、腿节、胫节、跗节和前跗节(图1-12)。

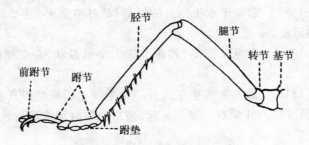

图 1-12 棉蝗前足的基本构造

多数昆虫的跗节和爪垫表面生有丰富的感觉器官,极易接受外界的刺激,而触杀剂常常就从这里侵入虫体。所以,只要害虫在喷过药剂的植物表面爬过,药剂就会进入害虫体内而引起中毒死亡。

2.胸足的类型

由于各类昆虫的生活习性不同,胸足发生种种特化,形成不同功能的类型(图1-13)。

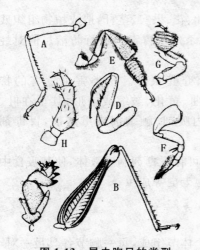

图 1-13　昆虫胸足的类型

A. 步行足　B. 跳跃足　C. 开掘足

D. 捕捉足　E. 携粉足　F. 游泳足

G. 抱握足　H. 攀援足

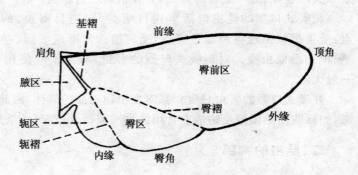

图 1-14　翅的模式构造

（1）步行足（图 1-13A）。这是最普通的一种。足较细长,各节不特化,适于行走。如步行虫、蟑等。

（2）跳跃足（图 1-13B）。一般由后足特化而成,其腿节特别发达,胫节细长,适于跳跃。如蝗虫、蟋蟀的后足。

（3）开掘足（图 1-13C）。一般由前足特化而成,其胫节宽扁有齿,适于掘土。如蝼蛄、金龟子的前足。

（4）捕捉足（图 1-13D）。这是由前足特化而成。基节延长,腿节的腹面有一沟槽,胫节可以折嵌其内,好像一把折刀用来捕捉猎物。如螳螂、猎蝽的前足。

（5）携粉足（图 1-13E）。以采集花粉为食的蜜蜂所特有,常见于后足,其胫节宽扁,边缘有长毛,形成携带花粉的"花粉篮"。为蜜蜂类所特有。

（6）游泳足（图 1-13F）。常见于水生昆虫的后足,足各节扁平,胫节和跗节边缘生有长毛,适于划水。如龙虱的后足。

（7）抱握足（图 1-13G）。常见于前足,其跗节膨大呈吸盘状,在交尾时用以抱握和挟持雌体。如龙虱雄虫。

（8）攀援足（图 1-13H）。这是外寄生于人及动物毛发上的虱类所具有。跗节只一节,前跗节变为一钩状的爪,胫节肥大外缘有一指状突起,当爪内缩时可与此指状物紧接,形成钳状,便于夹住毛发。

（三）翅

1. 翅的基本构造

昆虫的翅通常呈三角形,具有 3 条边和 3 个角。翅展开时,靠近头部的一边,称为前缘;靠近尾部的一边,称为内缘;在前缘与内缘之间、同翅基部相对的一边,称为外缘。前缘与内缘间的夹角,称为肩角;前缘与外缘间的夹角,称为顶角;外缘与内缘间的夹角,称为臀角（图 1-14）。

由于翅的折叠可将翅面划分为臀前区（也称翅主区）和臀区，少数昆虫在臀区的后面还有一个轭区，翅的基部则称为腋区。

2.假想脉序

翅上有许多起骨架支撑作用的翅脉。这些翅脉的排列次序称为脉序或脉相。一般认为，不同的脉序是由一个原始的脉序演化而来的，这一原始形式称为标准脉序或假想脉序（图 1-15）。翅脉可以分为纵脉和横脉两类，纵脉是从翅基部伸到边缘的脉；横脉是横列在两纵脉之间的短脉。纵脉和横脉都有一定的名称和符号（表 1-1）。

表 1-1 昆虫假想脉相的名称和特点

纵脉名称	代号	分枝数目	横脉名称	代号	连接的纵脉
前缘脉	C	0			
亚前缘脉	Sc	2	肩横脉	h	C 和 Sc
径脉	R	5	径横脉	r	R_1 和 R_2
中脉	M	4	分横脉	s	R_3 和 R_5 和 R_{2+3} 和 R_{4+5}
肘脉	Cu	3	径中横脉	r-m	R_{4+5} 和 M_{1+2}
臀脉	A	x	中横脉	m	M_2 和 M_3
轭脉	J	2	中肘横脉	m-cu	M_{3+4} 和 Cu_1

3.翅的质地与变异

昆虫的翅一般是膜质，但不同类型变化很大。有些昆虫为适应特殊需要，发生各种变异。最常见的有以下几种（图 1-16）。

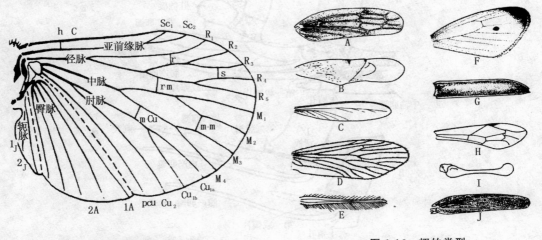

图 1-15 昆虫翅的模式脉相图

图 1-16 翅的类型

A. 同翅 B. 半鞘翅 C. 等翅 D. 毛翅
E. 缨翅 F. 鳞翅 G. 鞘翅 H. 膜翅
I. 平衡棒 J. 覆翅

(1)覆翅（图 1-16J）。蝗虫和蟋蟀类的前翅加厚变为革质，栖息时覆盖于后翅上面，但翅脉仍保留着。

(2)鞘翅(图 1-16G)。各类甲虫的前翅,骨化坚硬如角质,翅脉消失,栖息时两翅相接于背中线上。

(3)半翅或半鞘翅(图 1-16B)。椿象类的前翅,基部一半加厚革质,端部一半则为膜质。

(4)鳞翅(图 1-16F)。蛾蝶类的翅为膜质,但翅面覆盖很多鳞片。

(5)毛翅(图 1-16D)。石蛾的翅为膜质,但翅面上有很多细毛。

(6)缨翅(图 1-16E)。蓟马的翅细而长,前后缘具有很长的缨毛。

(7)膜翅(图 1-16H)。蜂类、蝇类的翅为膜质透明。

(8)平衡棒(图 1-16I)。蚊蝇类的后翅,退化为小型棒状体,飞行时有保持身体平衡的作用。

三、昆虫的腹部

昆虫的腹部是昆虫身体的第三个体段,前端与胸部紧密相接,后端有肛门和外生殖器等。腹部是昆虫新陈代谢和生殖的中心。

(一)腹部的构造

腹部一般由 9～11 节组成,除末端几节外,一般无附肢。构造比较简单,只有背板和腹板,两侧为侧膜,而无侧板。腹部的节间膜发达,即腹节可以互相套叠,伸缩弯曲,以利于交配产卵等活动。

腹部 1～8 节两侧各有气门 1 对,用来呼吸。有些种类在末节背部有一对须状的构造称为尾须,有感觉的功能。

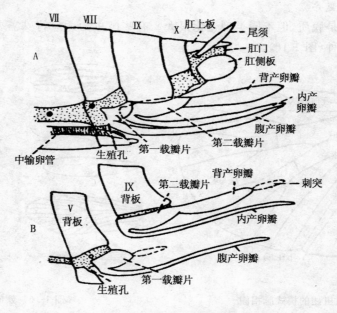

图 1-17　昆虫产卵器模式图

A. 腹部末端数节的侧面观,示产卵器与生殖节的关系

B. 两生殖节(已分开)侧面观

(二)外生殖器的构造

1. 雌性外生殖器

产卵器由 3 对产卵瓣组成,分别称为腹产卵瓣、内产卵瓣和背产卵瓣,生殖孔位于第 8～9 腹节之间的腹面(图 1-17)。

2. 雄性外生殖器

雄性外生殖器用于与雌性交配,故称为交配器。交配器主要包括阳茎和抱握器两部分(图 1-18)。

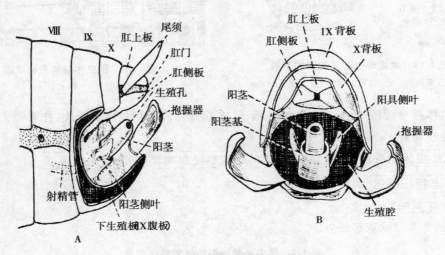

图 1-18 昆虫雄性外生殖器基本构造
A. 腹部末端侧面观   B. 腹部末端后面观

3. 幼虫的腹足

鳞翅目和膜翅目叶蜂类幼虫具有典型的腹足。鳞翅目幼虫通常有 5 对腹足,分别着生在第 3～6 腹节和第 10 腹节上。第 10 腹节的腹足又称为臀足。鳞翅目幼虫腹足末端生有成排的小钩,称为趾钩,趾钩的形状和排列形式是该类幼虫分类最常用的鉴别特征(图 1-19)。膜翅目叶蜂类幼虫的腹足为 6～8 对,有的可多达 10 对。叶蜂科的幼虫无趾钩,借此可以与鳞翅目幼虫相区别。

四、昆虫的体壁

昆虫的体壁是包被在昆虫体躯最外层的组织,称为"外骨骼"。具有保护内脏,防止体内水分过度蒸发和防止微生物及其他有害物质侵入的作用。昆虫的体壁可分为 3 个层次,由外向内依次为表皮层、皮细胞层和底膜(图 1-20)。

昆虫的体壁具有 3 种特性:坚韧性、延展性和不透性,前两个特性构成了既坚硬而又轻便的外骨骼,以提高对环境的适应性。不透性使昆虫由水生成功地过渡到陆生,并保证它们成功地生活在陆地上,同时能阻止病原微生物和杀虫药剂的侵入。

【材料与用具】

材料:蝗虫、蝼蛄、蝉、金龟子、蝴蝶、各种蛾类、蜜蜂、蟒、螳螂、步甲、蓟马、蚜虫、蝇类等标本。

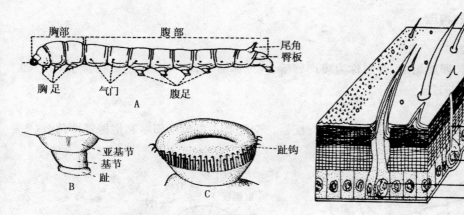

图 1-19　家蚕幼虫及其腹部的附肢
A. 幼虫侧面观　B. 腹足的构造　C. 腹足的趾钩

图 1-20　昆虫体壁构造模式图

用具:体视显微镜、放大镜、培养皿、镊子、多媒体课件及相关昆虫图片、挂图等。

【实施步骤】

观测昆虫体躯分段 ⇨ 观察昆虫头部 ⇨ 观察昆虫胸部 ⇨ 观察昆虫腹部

⇨ 形态特征描述 ⇨ 完成任务单

【完成任务单】

按照表 1-2 完成观察任务。

表 1-2　昆虫外部形态特征观察任务单

序号	昆虫名称	头式类型	口器类型	触角类型	翅类型		胸足类型		
					前翅	后翅	前足	中足	后足

【巩固练习】

一、填空题

1.昆虫触角由(　　)、(　　)、(　　)三节构成,形状及节数变化最大的是(　　)节,其主要功能是(　　)。

2.昆虫的眼分为(　　)眼和(　　)眼,对于(　　)线光波有较强的趋性,所以人们设计了(　　)灯诱虫。

3.鳞翅目的幼虫口器为(　　)类型,通常有腹足(　　)对,腹足末端(　　)趾钩。膜翅目叶蜂的幼虫有腹足(　　)对,腹足末端(　　)趾钩。

4.鳞翅目成虫口器为(　　),蓟马的口器为(　　),黑蚱蝉的口器为(　　)。

5.由于生活环境和生活方式的不同,昆虫的足特化成各种类型,其中蝗虫的后足为(　　),螳螂的前足为(　　)。

6.昆虫的翅可分为多种类型,其中天牛的前翅为( ),蛾的前后翅均为( ),蓟马的前后翅均为( ),蝽的前翅为( )。

7.昆虫翅有三角分别称为( )、( )、( )。

8.昆虫翅的三边有三条分别称为( )、( )、( )。

9.昆虫成虫的胸足由( )、( )、( )、( )、( )、( )组成。

10.昆虫的体壁具( )性、( )性、( )性3种主要特性。

二、简答题

1.比较咀嚼式口器与刺吸式口器构造上的特点,分析其危害症状和防治选用的药剂上有何不同?

2.昆虫的触角有哪些类型?触角的功能是什么?

3.昆虫足的构造如何?昆虫为了适应不同的生活环境,发生了哪些变化?

4.昆虫体壁有哪些功能和特性?这些特性的形成与哪些层次及化学成分有关?

工作任务 1-2　亚热带园艺植物昆虫生活史识别

◆**目标要求**:通过完成任务能掌握昆虫的生殖方式、变态及其类型、发育阶段的特点、主要习性与防治的关系。

【相关知识】

一、昆虫的生殖方式

(一)两性生殖

两性生殖是昆虫中最普遍的生殖方式,即雌雄两性交配后,精子与卵子结合,由雌虫把受精卵产出体外,每粒卵发育成一个子代个体,这种繁殖方式又称为两性卵生。如蝗虫、刺蛾类等。

(二)孤雌生殖

孤雌生殖又称为单性生殖。这种生殖方式的特点是,卵不经过受精也能发育成正常的新个体。如蚜虫。

(三)卵胎生

多数昆虫为卵生,但一些昆虫的胚胎发育是在母体内完成的,由母体所产出来的不是卵而是幼体,这种生殖方式称为卵胎生。

(四)多胚生殖

一个卵细胞可产生两个或多个胚胎,每个胚胎又能发育成正常新个体的生殖方式。这种现象多见于膜翅目一些寄生蜂类。如赤眼蜂、茧蜂等。

二、昆虫的变态及其类型

昆虫从卵中孵化后,在生长发育过程中要经过一系列外部形态和内部器官的变化,才能转变为成虫,这种现象称为变态。其中最常见的是不完全变态和完全变态(图1-21)。

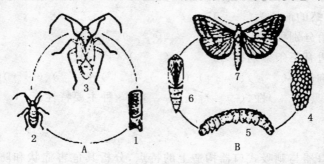

图 1-21　主要变态类型
A. 不完全变态　B. 完全变态

(一)不全变态

不全变态具有3个虫态,即卵、幼虫、成虫。不全变态又可分为以下3个类型。

渐变态:渐变态的特点幼虫与成虫的生活环境一致,它们在外形上很相似,仅个体大小、翅及生殖器官的发育程度不同而已,其幼虫称为若虫。常见的如直翅目、螳螂目、等翅目、蜚蠊目、半翅目、同翅目等昆虫,皆属于渐变态类。

半变态:半变态的特点幼虫与成虫生活环境不一致,外形上亦有很大区别,其幼虫称为稚虫。如蜻蜓目。

过渐变态:为缨翅目的蓟马(图1-22)、同翅目的粉虱和雄性介壳虫具有的变态类型。它们的幼虫在转变为成虫前有一个不食不动的类似蛹期的时期,真正的幼虫期仅为2~3龄,是不完全变态向完全变态演化的过渡类型。

(二)全变态

全变态具有4个虫态,即卵、幼虫、蛹、成虫(图1-23)。幼虫与成虫在形态上和生活习性上完全不同。属于此类的昆虫占大多数,主要有鞘翅目(如金龟子)、鳞翅目(如蛾、蝶类)、膜翅目(如蜂)、双翅目(如蝇、蚊)等昆虫。

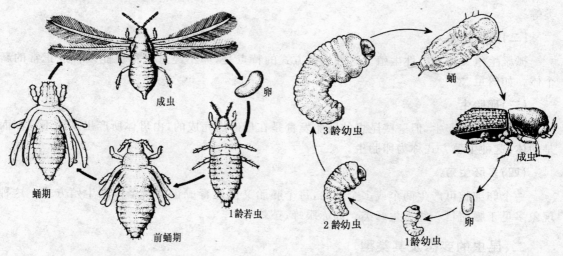

图 1-22　梨蓟马的变态　　　　　　**图 1-23　小蠹的生活史**

三、昆虫的个体发育

昆虫的个体发育可以分为两个阶段:第一阶段在卵内进行至孵化为止,称为胚胎发育;第二阶段是从卵孵化后开始到成虫性成熟为止,称为胚后发育。

(一)卵期

卵从母体产下到孵化为止,称为卵期。卵是昆虫胚胎发育的时期,也是个体发育的第一阶段,昆虫的生命活动从卵开始。

1.卵的结构

昆虫的卵是一个大型细胞,最外面包着一层坚硬的卵壳,表面常有特殊的刻纹;其下为一层薄膜,称卵黄膜,里面包有大量的营养物质——原生质、卵黄和卵核。卵的顶端有1至几个小孔,是精子进入卵子的通道,称为卵孔或精孔。胚胎发育在卵内完成后,幼虫或若虫破卵壳而出的过程称为孵化(图1-24)。

2.卵的形状及产卵方式

各种昆虫的卵,其形状、大小、颜色各不相同。卵的形状一般为卵圆形、半球形、圆球形、椭圆形、肾脏形、桶形等(图1-25);最小的卵直径只有0.02 mm,最长的可达7 mm。产卵方式和产卵场所也不同,有一粒一粒的散产,有成块产;有的卵块上还盖有毛、鳞片等保护物,或有特殊的卵囊、卵鞘。产卵场所,一般在植物上,但也有的产在植物组织内,或产在地面、土层内、水中及粪便等腐烂物内的。了解昆虫卵的形状、产卵方式和场所,对识别害虫种类、进行田间调查和防治害虫均有直接作用。

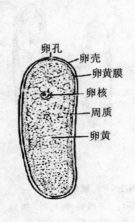

图1-24 卵的结构

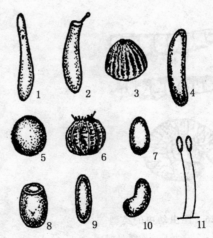

图1-25 昆虫卵的类型
1.长茄形 2.袋形 3.半球形 4.长卵形
5.球形 6.篓形 7.椭圆形 8.桶形
9.长椭圆形 10.肾形 11.有柄形

(二)幼虫期

昆虫从卵孵化出来后到出现成虫特征之前(即不全变态类变成虫、全变态类化蛹之前)的整个发育阶段,都可称为幼虫期。幼虫期是昆虫一生中的主要取食危害阶段,也是防治的关键时期。

1.幼虫的生长和脱皮

幼虫或若虫破卵壳而出的过程称为孵化。初孵的幼虫,体形较小,它的主要任务就是不断取食,积累营养,迅速增大体积。当幼虫生长到一定的程度,体外表有一层坚硬的表皮限制了它的生长,所以就要形成新表皮,脱去旧表皮,这种现象称为脱皮。脱下的旧表皮称为蜕。从卵内孵化出的幼虫称为第1龄幼虫,又称初孵幼虫,以后每脱一次皮增加1龄,即虫龄=脱皮次数+1。相邻两龄之间的历期,称为龄期。昆虫在刚蜕去旧皮、新表皮尚未形成之前,抵抗力很差,是施用触杀剂的较好时机。一般2龄前的幼虫活动范围小、取食少、抗药力差,幼虫生长后期,食量剧增,抗药力强。在害虫防治上,常要求将其消灭在3龄前或幼龄阶段。

2.幼虫的类型

昆虫分不全变态和全变态,不全变态的幼虫叫若虫和稚虫,真正的幼虫常指全变态类发育的幼虫,其幼虫形态大体上可分3类(图1-26)。

(1)无足型。幼虫完全无足。多生活在食物易得的场所,行动和感觉器退化。根据头的发达程度又可分为有头无足型:头发达,如象甲、蚊子的幼虫;半头无足型:头后半部缩在胸内,如虻的幼虫;无头无足型:头退化,完全缩入胸内,仅外露口钩,如蝇的幼虫。

(2)寡足型。幼虫只具有3对发达的胸足,无腹足。头发达,咀嚼式口器。有的行动敏捷,如步甲、瓢虫、草蛉及金针虫的幼虫;有的行动迟缓,如金龟甲的幼虫蛴螬等。

(3)多足型。幼虫除具有3对胸足外,还有腹足。头发达,咀嚼式口器,腹足的数目随种类不同而异。如鳞翅目的蛾蝶类有腹足2~5对,腹足端还有趾钩;叶蜂幼虫有6~8对腹足,无趾钩。

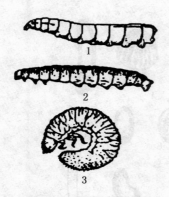

图1-26 昆虫幼虫的类型

1.无足型 2.多足型 3.寡足型

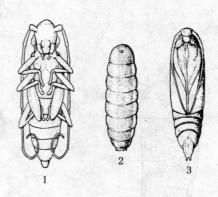

图1-27 蛹的类型

1.离蛹(天牛) 2.围蛹(蝇) 3.被蛹

(三)蛹期

全变态类昆虫的幼虫老熟后,便停止取食,进入隐蔽场所,吐丝做茧或做土室准备化蛹。幼虫在化蛹前呈安静状态,称为前蛹期或预蛹期,以后才蜕皮化蛹,即由幼虫转变为蛹的过程称为化蛹,这个时期称为蛹期。蛹是幼虫过渡到成虫的阶段,表面上不食不动,但内部进行着分解旧器官、组成新器官的剧烈地新陈代谢作用。所以,蛹期是昆虫生命活动中薄弱环节,易受损害。可利用这个生理特性来消灭害虫和保护益虫。如耕翻土地、地面灌深水等都是有效的灭蛹措施。

蛹也有不同的类型，基本上可以分为 3 类(图 1-27)。

(1)离蛹(裸蛹)。触角、足、翅等附肢不紧贴在蛹体上，可自由活动，也称裸蛹。如鞘翅目金龟子的蛹、膜翅目蜂类及脉翅目草蛉的蛹。

(2)被蛹。触角、足、翅等附肢均紧贴于蛹体上，不能自由活动。如鳞翅目蛾蝶类的蛹。

(3)围蛹。实际是一种离蛹，只是由于幼虫最后脱下的皮包围于离蛹之外，形成了圆筒形的硬壳，如双翅目蝇类昆虫的蛹。

(四)成虫期

成虫是昆虫生命活动的最后一个阶段，其主要行为是交配和产卵，所以成虫期是昆虫繁殖的时期。

1.羽化

成虫从它的前一虫态(蛹或末龄若虫和稚虫)脱皮而出的现象，称为羽化。有些昆虫羽化后，性器官已经成熟，不需取食即可交尾、产卵，这类成虫的口器往往退化，完全不取食，寿命很短，只有几天，甚至几小时，如松毛虫、舞毒蛾等。

2.补充营养

大多数昆虫羽化为成虫后，性器官并未同时成熟，需要继续取食，以获得完成性成熟发育所需要的营养物质，这种对性成熟发育不可缺少的成虫期营养，称为补充营养。如直翅目、鞘翅目、鳞翅目夜蛾科、膜翅目等类群。有些具有补充营养习性的植物害虫，其成虫期取食所造成的危害也很大。

3.产卵前期及产卵期

成虫由羽化到产卵的间隔时期，称为产卵前期，各类昆虫的产卵前期常有一定的天数，但也受环境条件的影响。多数昆虫的产卵前期只有几天或十几天，诱杀成虫应在产卵前期进行，效果比较好。从成虫第一次产卵到产卵终止的时期称为产卵期。产卵期短的有几天，长的可达几个月。

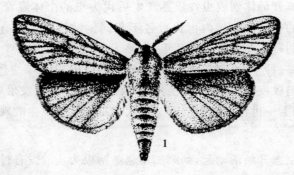

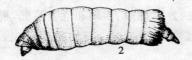

图 1-28　柳蓑蛾的雌雄二型现象

1. 雄虫　2. 雌虫

4.性二型及多型现象

同种昆虫,雌雄个体除外生殖器第一性征不同外,其个体的大小、体型、体色、构造等方面也常有很大差异,这种现象称为雌雄二型(图 1-28)。如蚧类、蓑蛾雄虫有翅,雌虫无翅;一些蛾类雌性触角为丝状,而雄性触角则为羽毛状;蟋蟀、螽蟖、蝉的雄虫有发音的构造。

同种昆虫在同一性别上具有两种或两种以上的个体类型,称为多型现象。如蚜虫类,特别是蜜蜂、蚂蚁和白蚁等昆虫多型现象更为突出。在等翅目同一群体的白蚁中,常可见到 6 种主要类型(图 1-29),即有雌性生殖型 3 种:长翅型、辅助生殖的短翅型和无翅型;专门负责交配的雄蚁;两种无生殖能力的类型:工蚁和兵蚁。了解成虫雌、雄形态上的变化,掌握雌、雄性比数量,在预测预报上很重要。

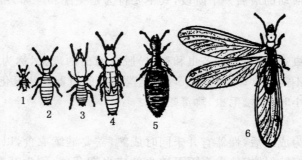

图 1-29　昆虫的多型现象
1.若蚁　2.工蚁　3.兵蚁
4.生殖蚁若蚁　5.蚁后　6.有翅蚁

四、昆虫的世代与年生活史

(一)昆虫的世代

昆虫自卵或幼体离开母体到成虫性成熟产生后代为止的个体发育史称为一个世代,简称一代。各种昆虫世代的长短和一年内世代数各不相同。世代短的只有几天,如蚜虫 8～12 d 就完成一代。世代长的可达几年甚至十几年,如桑天牛、大黑鳃金龟 2 年完成一代,沟金针虫 3 年完成一代,美洲的一种十七年蝉,17 年才完成一代。有的一年一代,如舞毒蛾、红脚丽金龟;有的一年多代,如斜纹夜蛾等;一年发生多代的昆虫,由于成虫发生期长,产卵期长,幼虫孵化先后不一,常常出现上一世代的虫态与下一世代的虫态同时发生的现象,称为世代重叠。

(二)年生活史

昆虫由当年越冬虫态开始活动起,到第二年越冬结束为止的发育过程,称为年生活史。昆虫年生活史包括昆虫在一年中各代的发生期、生活习性和越冬虫态、场所等。研究昆虫的年生活史,目的是摸清害虫在一年中的发生规律、活动和危害情况,根据这些基本情况,针对害虫生活的薄弱环节与防治有利时机,制定防治措施。昆虫的生活史,可用文字记载,也可用图表等形式来表示。

(三)昆虫的休眠与滞育

昆虫在一年的生长发育过程中,常出现暂时停止发育的现象,这种现象分为两大类,即休眠与滞育。

休眠是指由不良的环境条件直接引起的生长发育暂时停止现象,当不良环境消除时即可恢复生长发育。在温带及寒带地区,每年冬季严寒来临之前,随着气温下降,食物减少,各种昆虫都找寻适宜场所进行休眠,等到来年春天气候温暖,又开始活动。

滞育也是环境因子引起的,但常常不是不利的环境条件直接引起。当不利的环境条件还远未来临以前,昆虫就进入滞育了。而且一旦进入滞育,即使给以最适宜的条件,也不会马上恢复生长发育,必须经过较长时间的滞育期,并要求一定的低温刺激,才能重新恢复生长发育。影响昆虫滞育的主导因素是光周期的变化。凡有滞育特性的昆虫,都各有固定的滞育虫态。在幼虫期表现为生长发育的停止,在成虫期则表现为生殖的中止。

五、昆虫的习性

(一)食性
根据昆虫所取食食物范围的广狭可将其食性分为以下 3 类。
(1)单食性。只取食一种植物。如柑橘凤蝶只为害柑橘;豌豆象只为害豌豆。
(2)寡食性。能取食一科或近缘科的植物。如菜粉蝶取食十字花科植物。
(3)多食性。能取食多科植物。如蝗虫、美国白蛾等,可以取食很多科的植物。
对于害虫,了解其食性的范围,在防治上可利用农业防治法,如对单食性害虫可用轮作来防治。在引进新的植物种类及品种时,应考虑本地区内多食性或寡食性害虫有无为害的可能,从而采取预防措施。

(二)趋性
趋性是指昆虫对外界刺激(如光、温、湿、化学物质等)所产生的一种强迫性定向活动。趋向的活动称为正趋性,背向的活动称为负趋性。趋性可分为趋光性、趋化性、趋温性、趋湿性等。其中趋光性和趋化性在害虫防治上应用较广,如灯光诱杀、色板诱杀、食饵诱杀、性诱剂诱杀等。

(三)群集性和迁移性
群集性是指同种昆虫的大量个体高度密集在一起的习性。群集性分两种,一种是暂时性群集,发生在昆虫生活史的某一阶段,经一定时间后就分散,如天幕毛虫、一些毒蛾、刺蛾、叶蜂等的低龄幼虫行群集生活,老龄后即行分散生活;另一种是长期群集,包括整个生活周期,群集形成后往往不再分散,如竹蝗、飞蝗等。了解昆虫的群集习性可在群集时进行挑治或人工捕杀。

迁移性是指昆虫为满足食物和环境的需要,向周围扩散、蔓延的习性,如蚜虫。有的还能从一个发生地长距离地迁飞到另一个地方的特性,如飞蝗等。了解害虫迁飞习性,对害虫的测报和防治具有重要意义。应该注意消灭它们于转移迁飞为害之前。

(四)假死性
假死性是指昆虫受到某种刺激或振动时,表现出停止活动、身体蜷曲,或从植株上坠落地面,稍停片刻才又爬行或起飞的现象。这种现象是昆虫逃避敌害的一种自卫反应。具有假死性的昆虫如金龟甲、象甲、瓢虫、叶甲等的成虫以及黏虫的幼虫,可利用这种假死性进行人工捕杀和虫情调查,如摇树振落金龟子等甲虫以捕杀它们,并集中杀死它们。

【材料与用具】

材料：粉蝶、天蛾、蝽、螳螂、蝗虫、瓢虫、草蛉等的卵或卵块；蝗虫、蝽类的若虫；瓢虫类、蛾类、蝶类、蝇类、金龟甲类、尺蠖类、叶蜂类、象甲类、寄生蜂类的成虫、幼虫和蛹；凤蝶、独角仙成虫性二型和白蚁多型性标本，全变态和不全变态生活史标本、浸渍标本、针插标本和有关挂图。

用具：体视显微镜、放大镜、培养皿、镊子等。

【实施步骤】

变态类型的观察 ⇨ 卵类型及形态观察 ⇨ 蛹的类型观察 ⇨ 幼虫类型观察 ⇨ 鳞翅目幼虫腹足趾钩的排列形状观察 ⇨ 成虫的性二型及多型现象观察 ⇨ 完成任务单

【完成任务单】

具体填写表1-3，完成昆虫变态和各虫态观察任务。

表1-3 昆虫变态和各虫态观察任务单

序号	昆虫名称	变态类型	幼虫类型	蛹的类型	幼虫腹足趾钩的排列类型	

【巩固练习】

一、填空题

1. 昆虫的个体发育，可分为（ ）发育和（ ）发育两个阶段。
2. 完全变态的昆虫个体发育要经过（ ）、（ ）、（ ）、（ ）4个不同虫期。
3. 昆虫蛹的类型有（ ）、（ ）、（ ）。天牛是属于（ ）类型。
4. 不全变态的昆虫经历的虫态有（ ）、（ ）、（ ）。
5. 昆虫的最普遍的生殖方式是（ ）生殖。
6. 白蚁在同一群体中可出现雌、雄在内的6种主要形态类型，这种现象属于（ ）现象。
7. 蝶类的变态类型属于（ ）变态，其幼虫为（ ）型，蛹为（ ）蛹。
8. 昆虫的幼虫可分为（ ）、（ ）、（ ）。
9. 虫龄与脱皮次数关系是（ ）。
10. 根据昆虫所取食食物范围的广狭可将其食性分为（ ）、（ ）、（ ）类型。

二、简答题

1. 昆虫常见的生殖方式有哪些？
2. 简述昆虫各类型蛹的特征，并举例说明之。
3. 举例说明不完全变态与完全变态有哪些主要区别？
4. 在生产上防治农业害虫为什么要掌握在低龄幼虫期施药？

工作任务 1-3　昆虫重要科目的识别

目标要求：通过完成任务能熟悉各目基本形态，掌握各目分类特征，学会识别各目及主要代表科。

【相关知识】

一、昆虫分类的基础知识

（一）昆虫分类的阶元

昆虫的分类阶梯和其他动物分类一样，包括界、门、纲、目、科、属、种 7 个等级，种是分类的基本单位。现以桑白盾蚧 *Pseudaulacaspis pentagons* Targioni 为例，表示其分类阶元的顺序和它的等级：

界：动物界 Animalia

　门：节肢动物门 Arthropoda

　　纲：昆虫纲 Insecta

　　　亚纲：有翅亚纲 Pterygota

　　　　目：同翅目 Homoptera

　　　　　亚目：胸喙亚目 Sternorrhyncha

　　　　　　总科：蚧总科 Coccoidea

　　　　　　　科：盾蚧科 Diaspididae

　　　　　　　　亚科：盾蚧亚科 Diaspidinae

　　　　　　　　　属：白盾蚧属 *Pseudaulacaspis*

　　　　　　　　　　种：桑白盾蚧 *Pseudaulacaspis pentagons* Targioni

（二）昆虫的命名

昆虫的每一个种都有一个科学的名称，即学名，是国际上通用的。学名是用拉丁文字表示的，每一学名一般由两个拉丁词组成，第一个词为属名，第二个词为种名，最后是定名人姓氏。有时在种名后边还有一个亚种名。在书写上，属名和定名人的第一个字母必须大写，种名全部小写，种名和属名在印刷上排斜体。

学名举例：菜粉蝶　*Pieris rapae* Linnaeus

　　　　　　　　　属名　种名　定名人

东亚飞蝗　*Locusta migratoria manilensis* Meyen

　　　　　　属名　　种名　　　亚种名　　定名人

（三）昆虫分类系统

昆虫在高级阶元的分类上，分歧较大。以往通常将昆虫纲分为两个亚纲和 33 或 34 个目，即无翅亚纲和有翅有纲。我国著名的昆虫分类学家蔡邦华教授将昆虫纲分为两个亚纲，34 个目。

二、亚热带园艺植物昆虫重要目、科概述

在昆虫分类中,以等翅目、直翅目、半翅目、同翅目、缨翅目、鞘翅目、脉翅目、鳞翅目、双翅目和膜翅目等 10 个目最为重要,其中几乎包括了所有的果树、蔬菜及农林害虫和益虫。

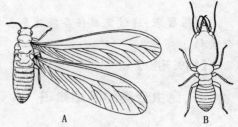

(一)等翅目

等翅目通称白蚁,体小至中型,一般较柔弱。头部前口式,口器咀嚼式,触角念珠形,在有些类群中,头部的额的中央有一腺口(称为囟),不完全变态;在一个群体中,有长翅型、短翅型和无翅型之分。长翅型有 2 对形状和翅脉均相似的翅(图 1-30)。

图 1-30 等翅目的代表

A. 成虫 B. 大兵蚁

白蚁是典型的社会性巢居昆虫,在绝大多数种类中,一个种群内一般具有形态和功能均不同的 3 个以上的型(称为品级):繁殖蚁、兵蚁和工蚁。

1.鼻白蚁科

头部有囟。兵蚁的前胸背板扁平,窄于头;有翅成虫一般有单眼;前翅鳞显然大于后翅鳞;土木栖性,常见的有家白蚁(*Coptotermes formosanus* Shiraki)。

2.白蚁科

头部有囟。成虫一般有单眼;前翅鳞略大于后翅鳞,两者距离仍远;兵蚁的前胸背板前中部隆起。土栖为主常见的有黑翅土白蚁(*Odontotermes formosanus* Shiraki)。

(二)直翅目

本目常见的有蝗虫、蝼蛄、螽斯、蟋蟀等,体中至大型,口器咀嚼式,触角丝状或剑状,前胸发达,前翅覆翅革质,后翅膜质。后足为跳跃足,少数种类前足为开掘足。雌虫多具有发达的产卵器,雄虫大多能发音并具有听器。不完全变态,成虫多产卵于植物组织或土中,多以卵越冬。多植食性、多白天活动,蟋蟀和蝼蛄夜晚活动;除飞蝗外,一般飞翔力不强。

1.蝗科

触角比体短,丝状或剑状。前胸背板发达,呈马鞍状。后足为跳跃足,胫节具有两排刺,跗节 3 节。听器位于第 1 腹节两侧。产卵器粗短,锥状,植食性,卵产于土中。园艺植物重要害虫种类有东亚飞蝗(*Locusta migratoria manilensis* Meyen)、短额负蝗(*Atractomorpha sinensis* Bolivar)等[图 1-31(2)]。

2.蝼蛄科

触角短,丝状。前翅短,后翅长,伸出腹末如尾状。前足为开掘足。听器位于前足胫节上。产卵器不发达。多为植食性,夜出活动咬食植物的根茎,为重要的地下害虫。卵产于土室中。园艺植物重要害虫种类有华北蝼蛄(*Gryllotalpa unispina* Saussure)[图 1-31(1)]、东方蝼蛄(*G.ryllotalpa orientalis* Burmeister)等。

3.蟋蟀科

触角线状比体长。后足为跳跃足。产卵器细长,剑状。尾须长。听器生于前足胫节上。雄虫发音器在前足近基部。夜出性昆虫,常发生于低洼或杂草丛中,喜取食植物近地面柔嫩部

分,危害幼苗。园艺植物重要害虫种类有油葫芦(*Gryllu testaceus* Walker)[图 1-31(4)]、大蟋蟀(*Brachytrupes portentosus* Lichtenstein)等。

4.螽斯科

触角丝状比体长,跗节 4 节,后足为跳跃足。产卵器刀状或剑状。多产卵于植物枝条组织内或土中。园艺植物害虫种类有危害柑橘及桑枝条的绿螽斯(*Holoclora nawae* Mats de Shiraki)[图 1-31(3)]等。

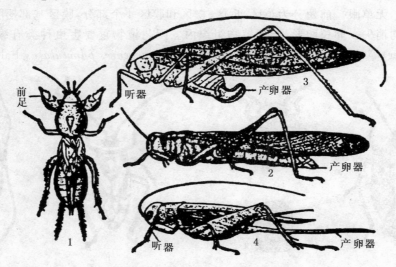

图 1-31　直翅目常见科代表

1.蝼蛄科　2.蝗科　3.螽斯科　4.蟋蟀科

(三)半翅目

简称蝽,体小至中型,体壁坚硬而身体略扁平。刺吸式口器,着生于头的前端。前胸背板发达,中胸有发达的小盾片。前翅基半部革质,端半部膜质,称为半鞘翅,一般分为革区、爪区和膜区 3 个部分,有的种类有楔区。很多种类胸部腹面常有臭腺,可散发出恶臭(图 1-32)。不完全变态。多为植食性,少数为捕食性天敌。

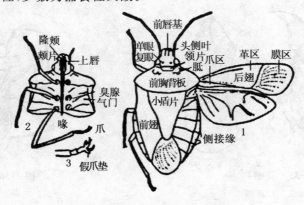

图 1-32　半翅目成虫特征

1.体背面观　2.体腹面观(仿周尧)　3.后足端部

1. 蝽科

触角5节,一般2个单眼,中胸小盾片很发达,三角形,超过前翅爪区的长度。前翅分为革区、爪区、膜区3个部分,膜片上具有多条纵脉,发自于基部的一根横脉。卵多为鼓形,产于植物表面。危害园艺植物的主要有荔枝蝽(*Tessaratoma papillosa* Drury)、麻皮蝽(*Erthesina fullo* Thunb)等,见图1-33。

2. 盲蝽科

触角4节,无单眼。前翅分为革区、爪区、楔区和膜区4个部分,膜区基部翅脉围成两个翅室,其余翅脉均消失。卵长卵形,产于植物组织内。园艺植物重要害虫种类有绿盲蝽(*Lygus lucorum* Meyer)等(图1-34),捕食性的有食蚜盲蝽(*Deraeocores punctulatus* Fall)等。

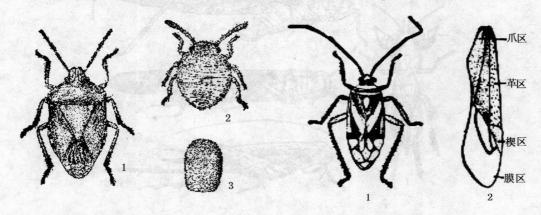

图1-33 蝽科
1. 成虫 2. 若虫 3. 卵

图1-34 盲蝽科
1. 成虫 2. 前翅(仿原北京农业大学)

3. 花蝽科

体小型,扁长卵形。有单眼。触角4节。前翅除革区、爪区、膜区外,还有楔区,膜区上的翅脉少。多为捕食性,以蚜虫、蓟马、介壳虫、粉虱及螨类等为食,常见的有微小花蝽(*Orius minutu* Linnaeus)(图1-35)等。

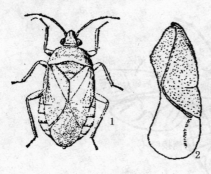

图1-35 花蝽科
1. 成虫 2. 前翅

图1-36 缘蝽科

4. 缘蝽科

体较狭长,两侧缘略平行。触角4节。中胸小盾片短于爪片。前翅分为革区、爪区和膜区

3个部分,膜片上的脉纹从一基横脉上分出多条分叉的纵脉。植食性(图1-36)。

5. 猎蝽科

体中至大型,触角4节或5节。喙坚硬,基部不紧贴于头下,而弯曲成弧形。前翅分为革区、爪区和膜区3个部分,膜区基部有两个翅室,从其上发出2条纵脉。多为肉食性,捕食各种昆虫(图1-37)。

(四)同翅目

为小型至中型昆虫。触角刚毛状或丝状。口器刺吸式,从头的后方伸出。前翅革质或膜质,静止时平置于体背上呈屋脊状。有的种类无翅,有些种类雄虫具发音器,雌虫具发达的产卵器,不少种类具蜡腺或蜜腺。不完全变态,全部植食性,多数为园艺植物重要害虫,刺吸植物汁液,造成生理损伤,并可传播病毒或分泌蜜露引起煤污病。

1. 蝉科

中到大型。复眼发达,单眼3个。触角短,刚毛状。前足腿节膨大,下方有齿。前后翅膜质透明,脉纹粗。雄虫有发音器,位于腹部腹面。若虫土中生活,成虫刺吸汁液和产卵,为害果树枝条,若虫吸食根部汁液。危害观赏木本植物的种类主要有黑蚱蝉(*Cryptotympana atrata* Fabricius)(图1-38)。

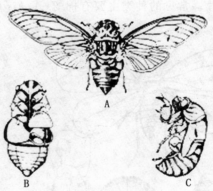

图1-37 猎蝽科
1.成虫 2.头部

图1-38 蝉科
A.成虫 B.雄虫(示发音器) C.若虫

2. 叶蝉科

小型,狭长。触角刚毛状,前翅革质,后翅膜质;后足胫节下方有2列短刺。产卵器锯状,多产卵于植物组织内。园艺植物害虫重要种类有大青叶蝉(*Tettigella viridis* Linne)、小绿叶蝉(*Emposaca flavescens* Fabr.)等(图1-39)。

3. 木虱科

小型,善跳。触角较长,9~10节,基部两节膨大,末端有2条不等长的刚毛。前翅质地较厚,在基部有1条由径脉、中脉和肘脉全并成的基脉,并由此发出若干分支。若虫常分泌蜡质盖在身体上,多危害木本植物。园艺植物上主要有榕斑翅木虱(*Macrohomotoma Striata.*)(图1-40)等。

4. 粉虱科

小型,体翅均被蜡粉。翅短圆,前翅有翅脉两条,前一条弯曲,后翅仅有一条直脉。

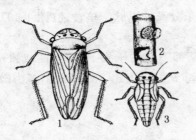

图 1-39 叶蝉科

1. 成虫　2. 卵　3. 若虫

图 1-40 木虱科

1. 成虫　2. 触角

若虫、成虫腹末背面有皿状孔,是本科最显著特征。成、若虫吸食植物汁液。常见的有危害温室花卉的温室白粉虱(*Trialeurodes vaporaiorum* Westwood)(图 1-41)、黑刺粉虱(*Aleurocanthus spiniferus* Quaintance)等。

5. 蚜总科

体微小柔软。触角丝状,通常 6 节,末节中部突然变细,故又分为基部和鞭部两部分。翅膜质透明,前翅大,后翅小。前翅前缘外方具黑色翅痣,腹部第六节背面生有一对腹管,腹末端有一尾片。常见的种类主要有棉蚜(*Aphis gossypii* Glover)(图 1-42)、桃蚜(*Myzus persicae* Sulzer)。

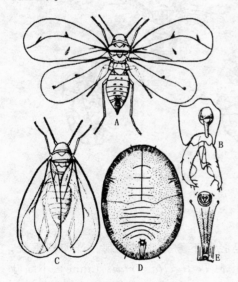

图 1-41 粉虱科的特征

A、B. 甘蓝粉虱(A. 雌虫　B. 雄虫腹部末端)

C～E. 橘绿粉虱(C. 橘绿粉虱成虫　D. 蛹壳

E. 皿状器部分)

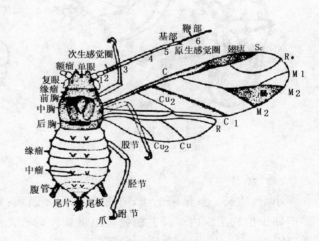

图 1-42 蚜总科

6. 蚧总科

本总科种类繁多,形态多样。雌雄异型,雌成虫无翅,虫体呈圆形、长形、球形、半球形等。虫体通常被介壳、蜡粉或蜡丝所覆盖,有的虫体固定在植物上不活动。雄成虫口器退化,仅有膜质的前翅一对,翅上有翅脉 1～2 条,后翅变成各种形状的平衡棒。不完全变态,常见害虫种类有吹绵蚧（*Icerya purchasi* Mask）、矢尖盾蚧（*Unaspis yanonensis* Kuwana）、桑白盾蚧（*Pseudaulacaspis pentagons* Targioni）等（图1-43）。

（五）缨翅目

通称为蓟马。微小型，长1～2 mm。触角丝状或念珠状。口器锉吸式，左上颚发达，右上颚退化。前后翅狭长，膜质，翅脉稀少或消失，翅缘密生缨毛，故称缨翅目。不完全变态，多为植食性，少数为捕食性。

1. 蓟马科

体扁，触角6～8节，末端两节形成端刺，翅狭而端部尖锐。雌虫腹末生有锯状产卵器，从侧面看其尖端向下弯曲［图1-44（1）］。常见害虫种类有烟蓟马（*Thrips tabaci* Lind.）、温室蓟马（*Heliothrips aemorrhoidalis* Bouche）、花蓟马（*Frankliniella intonsa* Trybon）等。

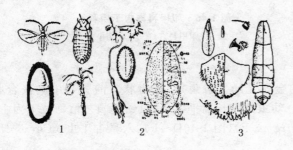

图1-43　蚧类主要科

1.绵蚧科　2.粉蚧科　3.盾蚧科

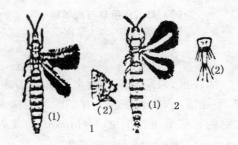

图1-44　缨翅目主要科

1.蓟马科　2.管蓟马科

（1）成虫　（2）雌虫腹部

2. 管蓟马科

触角3～4节上具锥状感觉器；翅面光滑无毛，无翅脉；腹末管状，有长毛，无特化的产卵器。常见害虫种类有榕管蓟马（*Gynaikothrips uzeli* Zimm）［（图1-44（2）］。

（六）鞘翅目

本目昆虫统称为甲虫，体坚硬，微小至大型。口器咀嚼式，触角形状变化大。前翅为鞘翅，盖住中后胸和腹部，中胸小盾片多外露。后翅膜质，静止时折叠于前翅之下。全变态。幼虫寡足型或无足型，口器咀嚼式，蛹多为裸蛹。多数种类为植食性，也有捕食性和寄生性种类，有的为腐食性。

1. 步甲科

小至大型，多为黑色或褐色，带有金属光泽。头较前胸狭，前口式。触角丝状。后翅常退化。跗节5节。成、幼虫捕食小型昆虫。常见的有金星步甲（*Calosoma maderae* Fab.）（图1-45A）、中华广肩步甲（*Calosoma maderae chinense* Kirby）等。

2. 虎甲科

中型，具有鲜艳的色斑和金属光泽。头较前胸宽，下口式。复眼突出。触角丝状，跗节5节。成、幼虫捕食小型昆虫，常见种类有中华虎甲（*Cicindele chinensis* Degeer）（图1-45B）、星斑虎甲（*Cicindela kaleea* Bates）等。

3. 叩头甲科

小至中型，触角锯齿状。前胸背板后侧角突出，前胸腹板中间有一锐突，镶嵌在中胸腹板的凹槽内,可弹跳。幼虫统称为金针虫,多地下害虫,取食植物的根部。常见的害虫种类有沟金针虫(*Pleonomus canaliculatus* Faldemann)(图 1-46A～C)、细胸金针虫(*Agriotes fuscicollis* Miwa)等。

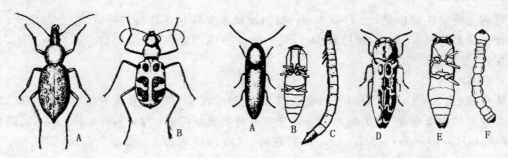

图 1-45　步甲科与虎甲科　　　　　　　图 1-46　叩甲科与吉丁甲科
　A.步甲科　B.虎甲科　　　　　　　　A～C.叩甲科　D～F.吉丁甲科

　4.吉丁甲科

　　体长形,末端尖削。大多数具有美丽的金属光泽。触角短,锯齿状。前胸与中胸嵌合紧密,不能活动,后胸腹板上有一明显的横沟。幼虫体细长扁平,以幼虫钻蛀园艺植物枝干为主。常见的有杨十斑吉丁虫(*Melanophila decastigma* F)(图 1-46D～F)、六星吉丁虫(*Chrysobothris succedanea* Saunders)等。

　5.瓢甲科

　　体小型至中型,头小,触角锤状。体半球形,体色多变,色斑各异。足短,跗节隐 4 节。幼虫体上常生有枝刺、毛瘤、毛突等。大多数为捕食性益虫,常见的有七星瓢虫(*Coccinella septempunctata* L.)(图 1-47)、异色瓢虫(*Leis axyridis* Pallas)等。少数为植食性害虫,如危害茄科植物的茄二十八星瓢虫(*Hemosepilachna vigintioctotlata* Fabr.)等。

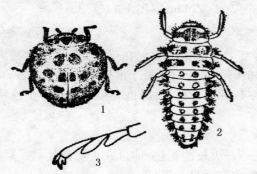 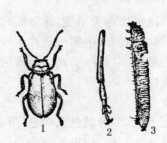

图 1-47　瓢甲科　　　　　　　　　　　图 1-48　叶甲科
1.成虫　2.幼虫　3.跗节　　　　　　　1.成虫　2.跗节　3.幼虫

　6.叶甲科

　　体中小型,体色多鲜艳,具金属光泽。触角丝状,常短于体长。跗节隐 5 节。幼虫体上常有肉质刺及瘤状突起。成、幼虫均为植食性,多取食植物叶片。常见的有黄曲条跳甲(*Phyllotreta striolata* Fabricius)、黄守瓜(*Aulacophora femoralis* Motsch.)、黑盾守瓜(*Aulacophora almora* Maulik)(图 1-48)等。

7.金龟甲科

体中型至大型，触角鳃叶状。前足开掘足。鞘翅短，腹部可见腹板5～6节。幼虫为蛴螬，土栖，为重要的地下害虫，取食植物幼苗的根茎部分，成虫取食园艺植物的叶、花、果等部位。常见种类有铜绿丽金龟（*Anomola corpulenta* Motsch）（图1-49）、小青花金龟（*Oxycetonia jucunda* Fald）等。

8.天牛科

体中型至大型种类，体狭长。触角丝状，常与体等长或超过身体。复眼肾形，环绕触角基部。跗节隐5节。幼虫体肥胖，以幼虫钻蛀树干、树根或树枝危害为主，常见的有星天牛（*Anoplophora chinensis* Forster）、桑天牛（*Apriono germari* Hope）（图1-50）、菊天牛（*Phytoecia rufiventris* Gautier）等。

9.象甲科

体小至大型，头部向前延伸成象鼻状突起，通称象鼻虫。触角膝状。幼虫无足型，身体柔软弯曲。成虫和幼虫均为植食性，常见的有大灰象甲（*Sympiezpmias velatus* Chevrolat）（图1-51）、绿鳞象甲（*Hypomeces squamosus* Fabr.）等。

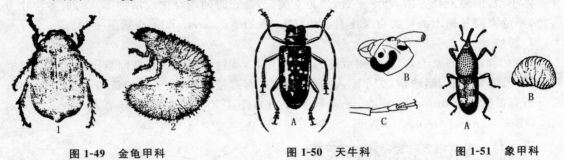

图1-49 金龟甲科　　　　图1-50 天牛科　　　　图1-51 象甲科

1.成虫 2.幼虫　　　A.成虫 B.头部 C.胫节与跗节　　　A 成虫 B 幼虫

（七）鳞翅目

鳞翅目包括各种蝶类和蛾类。体小至大型，成虫体翅密被鳞片，组成不同形状的色斑。触角有丝状、羽毛状、棒状等。成虫口器虹吸式。完全变态，幼虫为多足型，蛹是被蛹。成虫除少数种类外，一般不危害植物，但幼虫口器为咀嚼式，绝大多数为植食性，可取食植物的叶、花、芽，或钻蛀植物茎、根、果实，或卷叶、潜叶危害。

1.木蠹蛾科

体中型至大型，体粗壮，喙退化，触角栉齿状或羽毛状。幼虫体粗壮、肥胖，头部发达，多为红色、白色或黄色。幼虫蛀食林木枝干，常见的有芳香木蠹蛾（*Cossus cossus* Linnaeus）（图1-52）咖啡木蠹蛾（*Zeuzera coffeae* Nietner）等。

2.袋蛾科

袋蛾科又叫蓑蛾科，避债蛾科。中小型，雌雄异型，雄虫有翅，翅面鳞毛稀少。雌虫无翅。幼虫肥胖，胸足发达，幼虫食叶，并吐丝缀叶成袋状的囊隐居其中，取食时头胸伸出袋外，并能负囊行走。常见种类有大袋蛾（*Cryptothclea formosicola* Strand）（图1-53）、小袋蛾（*Clania minuscula* Butler）、茶袋蛾（*Cryptothelea minusula* Butler）等。

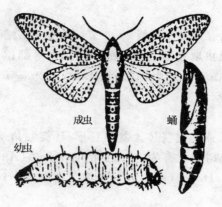

图1-52　木蠹蛾科

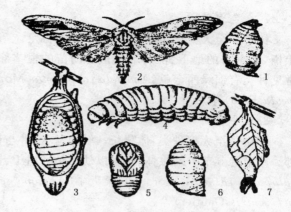

图1-53　袋蛾科

1.雌虫　2.雄虫　3.雌袋(示卵)

4.幼虫　5、6.蛹　7.雄袋

3.卷蛾科

体小型,前翅近长方形,外缘平直,顶角常突出,静止时两翅合拢成吊钟形。幼虫多卷叶为害,常见危害园林树木的种类有梨小食心虫(*Grapholitha molesta* Busck)(图1-54)等。

4.刺蛾科

体中型,体粗短密毛,多为黄褐或绿色,触角丝状,雄性双栉状。翅宽而被厚鳞片。幼虫俗称洋辣子,体短而胖,蛞蝓型,头小缩入前胸,体上生有毒枝刺,茧为坚硬的雀卵形。幼虫食叶,常见的有黄刺蛾(*Cnidocampa flavescens* Walker)(图1-55)、绿刺蛾(*Latoia consocia* Walker)、扁刺蛾(*Thosoa steinonsis* Walker)等。

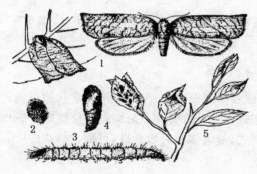

图1-54　卷蛾科

1.成虫　2.卵　3.幼虫　4.蛹　5.为害状

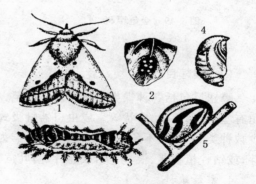

图1-55　刺蛾科

1.成虫　2.卵　3.幼虫　4.蛹　5.茧

5.尺蛾科

体小至大型,体多细长,鳞片稀少,翅大质薄;幼虫体细长,只在第6节、第10节上生有2对腹足,行走时,身体一曲一伸,故称"尺蠖、步曲"。以幼虫食叶为主,多食性,常见的种类主要有丝绵木金星尺蛾(*Calospilos suspecta* Warren)(图1-56)、大造桥虫(*Ascotis selenaria* S.)等。

6.螟蛾科

体中小型,细长柔弱,腹末尖削,鳞片细密,翅三角形。幼虫细长光滑,多钻蛀或卷叶为害。常见的种类主要有绿翅绢野螟(*Diaphania angustalis* Snellen)、竹织叶野螟(*Algedonia co-*

clesalis Walker)(图 1-57)等。

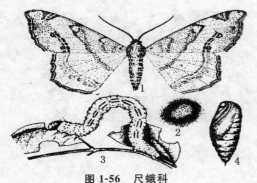

图 1-56　尺蛾科

1. 成虫　2. 卵　3. 幼虫　4. 蛹

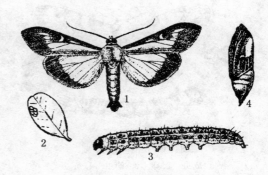

图 1-57　刺蛾科

1. 成虫　2. 卵　3. 幼虫　4. 蛹

7. 夜蛾科

　　体中至大型,体粗壮毛多,色多暗。前翅三角形,密被鳞片,形成色斑。幼虫体粗壮,颜色深。幼虫可食叶、钻蛀果实或茎秆等,常见的种类有小地老虎(*Agrotis ypsilon* Rottemberg)(图 1-58)、斜纹夜蛾(*prodenia litura* Fabr.)、银纹夜蛾(*Argyrogramma aganata* Staudiner)等。

8. 毒蛾科

　　体中至大型,体粗壮多毛,喙退化,触角栉齿状,静止时多毛的前足伸向体前方。幼虫体生有长短不一的毒毛簇,腹部第 6、7 腹节背面有翻缩腺。以幼虫食叶为主,常见的种类有舞毒蛾(*Lymantria dispar* L.)(图 1-59)、双线盗毒蛾(*porthesia scintillans* Walker)等。

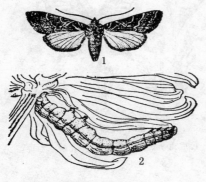

图 1-58　夜蛾科

1. 成虫　2. 幼虫

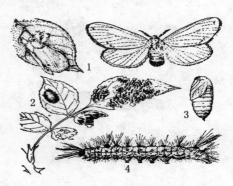

图 1-59　毒蛾科

1. 成虫　2. 卵　3. 蛹　4. 幼虫

9. 枯叶蛾科

　　体中至大型,体粗壮而多毛,喙退化,触角双栉状;后翅无翅缰。幼虫粗壮,多长毛。以幼虫食叶为主,常见的种类有天幕毛虫(*Malacosoma neustria testacea* Motsch)(图 1-60)、马尾松毛虫(*Dindrolimus pnnctatus* Walker)等。

10. 天蛾科

　　体大型,粗壮,纺锤形,腹末尖削;触角棒状,末端弯曲成小钩。前翅较狭长,后翅小。幼虫大而粗壮,第 8 腹节上有 1 尾角。以幼虫食叶为主,常见的种类有豆天蛾(*Clanis bilineata* tsingtanica Walker)（图 1-61）、（霜天蛾 *Psilogramma menephron* Cramer）等。

图 1-60 枯叶蛾科
1. 成虫 2. 卵 3. 幼虫 4. 茧

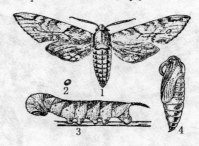

图 1-61 天蛾科
1. 成虫 2. 卵 3. 幼虫 4. 蛹

11. 粉蝶科

体中型，白色或黄色，有黑色或红色斑。前翅三角形，后翅卵圆形，翅展时整个身体略呈正方形。前翅臀脉 1 条，后翅臀脉 2 条。幼虫体表有很多小突起及细毛，多为绿色或黄绿色。幼虫以食叶为主，常为害十字花科、豆科、蔷薇科植物，如菜粉蝶（*Leucochloe daplidice* Z.）（图 1-62）、山楂粉蝶（*Aporia crataegi* Z.）等。

12. 凤蝶科

中大型，翅的颜色及斑纹多艳丽。前翅三角形，后翅外缘波状，臀角处有尾状突。幼虫体光滑无毛，后胸隆起最高，前胸背中央有一可翻出的分泌腺，"Y" 或 "V" 形，红色或黄色，受惊时可翻出，并散放臭气。常见的有柑橘凤蝶（*Papilio xuthus* Linnaeus）（图 1-63）等。

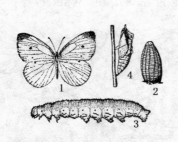

图 1-62 粉蝶科
1. 成虫 2. 卵 3. 幼虫 4. 蛹

图 1-63 凤蝶科
1. 成虫 2. 卵 3. 幼虫 4. 蛹

13. 弄蝶科

体中小型，粗壮多毛，色深暗，翅上常有透明斑。触角末端呈钩状，幼虫头大，颈细，体呈纺锤形。幼虫卷叶为害，常见的种类有香蕉弄蝶（*Erionota torus* Evens）（图 1-64）等。

（八）膜翅目

本目包括蜂类和蚂蚁。体微小至中型，翅膜质，口器咀嚼式或咀吸式。复眼大，触角多为膝状。雌虫产卵器发达，锯状或针状。完全变态，幼虫一类为无足型，一类为多足型如叶蜂类：除 3 对胸足外，还具 6～8 对腹足，但无趾钩。蛹为离蛹，一般有茧。植食性、捕食性和寄生性。本目昆虫主要分为广腰亚目和细腰亚目。

1.叶蜂科

体粗壮,前胸背板后缘弯曲,触角丝状或棒状,前足胫节有 2 个端距。幼虫 3 对胸足,腹足 6～8 对,无趾钩,以幼虫食叶为主,有些种类可潜叶或形成虫瘿。常见种类有樟叶蜂(*Mesoneura ru fonota* Rohwer)(图 1-65)、月季叶蜂(*Atractomorpha sinensis* Bolivar)等。

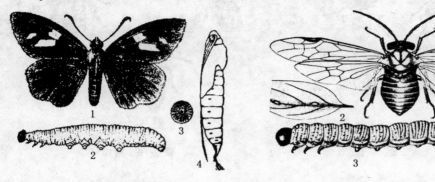

图 1-64 弄蝶科

1.成虫 2.卵 3.幼虫 4.蛹

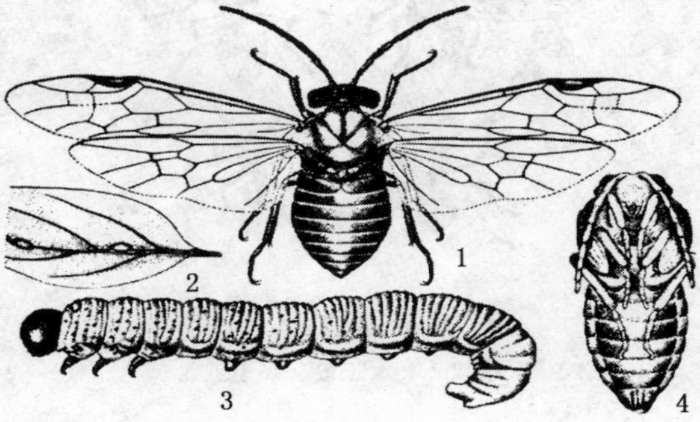

图 1-65 叶蜂科

1.成虫 2.卵 3.幼虫 4.蛹

2.姬蜂科

体中小型,体细长,触角线形。前翅常有一"小室",有回脉两条。主要寄生于鳞翅目昆虫,如寄生松毛虫的黑点瘤姬蜂(*Xanthpoimpla pedator* Fabricjus)(图 1-66)等。

3.茧蜂科

体小型至微小型,前翅只有 1 条回脉,无"小室"。以幼虫寄生于同翅目、鳞翅目或鞘翅目昆虫,常见的有寄生于蚜虫的蚜茧蜂(*Ephedrus plagiator* Nees)(图 1-67)、寄生于松毛虫、舞毒蛾的松毛虫绒茧蜂(*Apanteles ordinarius* Ratzeburg)等。

4.赤眼蜂科

体极微小,触角膝状,两复眼多为红色,两对翅的翅脉退化,翅面上有排列成行的纤毛(图 1-68)。

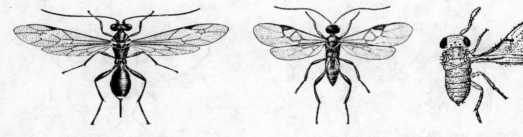

图 1-66 姬蜂科

图 1-67 茧蜂科

图 1-68 赤眼蜂科

5.蚁科

蚂蚁触角膝状,9 或 10 节。腹部基部有 1 或 2 个结节,最易识别。营"社会生活",有明显的多型现象,每一巢中有常具翅的雄蚁和雌蚁以及生殖系统发育不全、常无翅的雌性工蚁,有些种类工蚁中还有上颚发达的兵蚁(图 1-69)。

6.蜜蜂科

体黑色或褐色,生有密毛,后足携粉足,腹末具螯针。蜜蜂喜在树洞或岩洞内作巢,巢是由腹板上腺分泌的蜡质造成。具有很高的社会性与勤劳习性。一个巢群内,有蜂后(女王)、雄蜂和工蜂3型,蜂后只负责产卵(图1-70)。

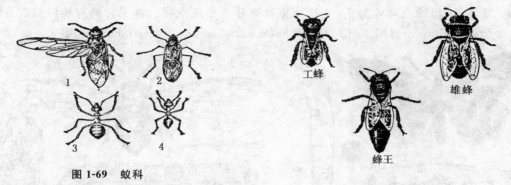

图 1-69　蚁科
1. 雌蚁　2. 雄蚁　3. 大工蚁　4. 小工蚁

图 1-70　蜜蜂科

工蜂　　雄蜂　　蜂王

(九)双翅目

本目包括蚊、蝇、虻等,体小型至中型,触角线状、念珠状或具芒状;口器刺吸式或舐吸式;只有一对膜质的前翅,后翅退化成平衡棒。完全变态,幼虫蛆式,蛹为裸蛹,蝇类的蛹为围蛹。有植食性、捕食性、寄生性、粪食性、腐食性等。

1.瘿蚊科

身小纤弱,足细长,触角念珠状,每节生有长毛。前翅阔而多毛,翅脉简单,仅有3~5条纵脉。幼虫体纺锤形。植食性者,可取食花、果、茎等,能形成虫瘿。常见种类有柳瘿蚊(*Rhabdophaga* sp.)、柑橘花蕾蛆(*Contarinia citri* Barnes)(图1-71)等。

2.潜蝇科

体微小,翅前缘中部有一个折断处。幼虫蛆式,常潜食植物叶肉组织,留下不规则形的白色潜道,常见种类有美洲斑潜蝇(*Liriomyza sativae* Blanchard)(图1-72)等。

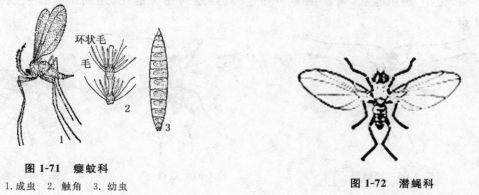

环状毛
毛
2
3
1

图 1-71　瘿蚊科
1.成虫　2.触角　3.幼虫

图 1-72　潜蝇科

3.实蝇科

体小至中型,色彩鲜艳,头大、细颈;翅面上常有云雾状斑;雌虫产卵器细长(图1-73)。幼虫为植食性,多蛀食果实。常见种类有柑橘小实蝇(*Dacus dorsalis* Hendel)等。

4.食蚜蝇科

体中型,色斑鲜艳,外形似蜂,触角具芒状,前翅中央有1条两端游离的"伪脉",外缘有1

条与边缘平行的横脉。成虫善飞,可在空中静止飞行。幼虫蛆式,体表粗糙,主要捕食蚜虫、介壳虫、粉虱、叶蝉等。常见种类有大灰食蚜蝇(*Syrphus corollae* F.)(图1-74)等。

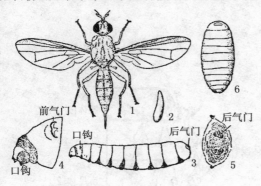

图1-73 实蝇科

1.成虫 2.卵 3.幼虫 4,5.幼虫的前端和后端 6.蛹

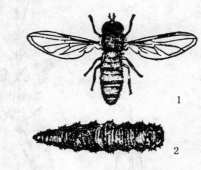

图1-74 食蚜蝇科

1.成虫 2.幼虫

(十)脉翅目

小至大型,口器咀嚼式。复眼发达,触角丝状、念珠状或棒状。前后翅膜质透明,有许多纵脉和横脉呈网状,且在翅缘处多2分叉。完全变态,幼虫寡足型,行动活泼。成、幼虫均为捕食性,可捕食蚜虫、介壳虫、木虱、粉虱、叶蝉、蛾类幼虫及卵、叶螨等,多数为重要的益虫。

草蛉科

体中型,细长柔弱,多呈草绿色。复眼有金属光泽,触角长,丝状。翅前缘区有30条以下的横脉。卵有长柄。幼虫纺锤形,上颚长而略弯,无齿。体两侧多有瘤突,丛生刚毛。喜捕食蚜虫,故称"蚜狮"。蛹包在白色圆形茧中。常见种类有大草蛉(*Chysopa septem* Punctata)(图1-75)等。

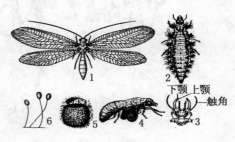

图1-75 草蛉科

1.成虫 2.幼虫 3.幼虫头部
4.蛹 5.茧 6.卵

三、螨类

螨类属于节肢动物门、蛛形纲、蜱螨目。它和蜘蛛、昆虫都很相似,其主要区别见表1-4。

表1-4 昆虫、蜘蛛、蜱螨外形主要区别

构造	昆虫	蜘蛛	蜱螨
体躯	分头、胸、腹3部分	分头胸部和腹部两部分	头、胸、腹愈合不易区分
触角	有	无	无
足	3对	4对	4对,少数2对
翅	多数有翅1~2对	无	无

(一)形态特征

体型微小,圆形或卵圆形,分节不明显,头胸部和腹部愈合。一般有4对足,少数种类只有

2对足。一般分为4个体段：颚体段、前肢体段、后肢体段和末体段。颚体段即头部，由1对螯肢和1对须肢组成口器。口器为刺吸式，刺吸式口器的螯肢特化为针状，称为口针（图1-76）。

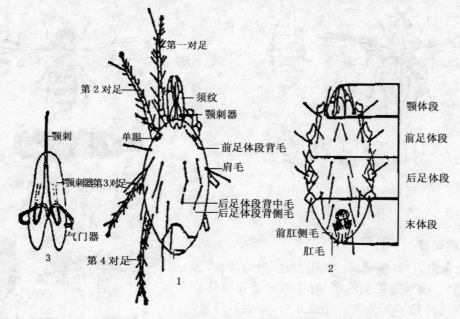

图1-76　螨类的体躯构造及分段
1.背面图　2.腹面观　3.鄂刺器及气门器

（二）生物学特性

螨类一生分为卵、幼螨、若螨、成螨四个阶段。幼螨有足3对，若螨和成螨有足4对。多为两性生殖，个别为孤雌生殖。食性上有植食性、捕食性和寄生性等。

（三）螨类主要科代表

图1-77　叶螨科

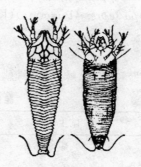

图1-78　瘿螨科

1.叶螨科

体微小，圆形或椭圆形，雄螨腹末尖。体多为红色、暗红色、黄色或暗绿色，口器刺吸式。植食性，以成、若螨刺吸植物叶片汁液为主，有的能吐丝结网。常见种类有柑橘全爪螨（图1-77）（*Panonychus ulmi* Koch）、朱砂叶螨（*Tetranychus cinnabarinus* Boisduval）、茶黄螨

(*Polyphagotarsonemus latus* Banks)等。

2.瘿螨科

体极微小,狭长,蠕虫形,具环纹。仅有 2 对足,位于前肢体段。口器刺吸式。主要危害植物叶片,常见种类有葡萄瘿螨(*Colomerus vitis* Pagenslecher)(图 1-78)、柑橘瘿螨(*Eriophyes sheldoni* Ewing)等。

【材料与用具】

材料:各目的代表昆虫成虫针插标本、浸渍标本、幼虫浸渍标本、盒装生活史标本。

用具:体视显微镜、放大镜、培养皿、镊子、多媒体课件及相关昆虫图片、挂图等。

【实施步骤】

口器类型观察 ⇨ 翅类型观察 ⇨ 足类型观察 ⇨ 幼虫类型观察

⇨ 变态类型观察 ⇨ 形态特征描述 ⇨ 完成任务单

【完成任务单】

填写表 1-5,完成昆虫主要各目、科形态特征识别。

表 1-5 昆虫主要各目、科形态特征识别任务单

序号	昆虫名称	目	科	形态特征识别	备注

【巩固练习】

一、填空题

1.昆虫的命名采用世界上通用的( )法,是由( )名和( )名共同组成。

2.昆虫分类以( )作为分类的基本阶元,蓟马属( )目( )科。

二、选择题

1.鞘翅目昆虫的前翅为鞘翅,其主要功能是( )。

A.飞翔　　B.保护身体　　C.装饰

2.凤蝶属于( )。

A.鳞翅目　　B.膜翅目　　C.缨翅目

3.蚂蚁属于( )。

A.膜翅目　　B.等翅目　　C.直翅目

4.金龟子的幼虫称( )。

A.金针虫　　B.地蛆　　C.蛴螬

5.蚜虫的腹部背面有一对( )。

A.尾须　　B.腹管　　C.蜡孔

6.金龟子的前翅是( )。

A.膜翅　　　B.鞘翅　　　C.鳞翅

7.瓢虫成虫的触角是（　　　）类型。

A.鳃片状　　　B.锤状　　　C.线状

8.蝇类的蛹属（　　　）。

A.裸蛹　　　B.被蛹　　　C.围蛹

9.膜翅目叶蜂的幼虫属（　　　）型幼虫。

A.寡足型　　　B.多足型　　　C.无足型

10.蝼蛄的前足为（　　　）。

A.开掘足　　　B.跳跃足　　　C.步行足

三、简答题

1.简述常见昆虫十大目的名称及代表昆虫。

2.如何区分蛾、蝶类？

3.如何区别螨类和昆虫？农业上的主要害螨属于哪个科？

4.鳞翅目幼虫和叶蜂幼虫有哪些区别？

拓展知识

一、昆虫的内部器官与功能

（一）昆虫的体腔

昆虫体壁是虫体最外面的一个重要组织，它包围着整个体躯，里面形成一个相通的体腔，体腔中存在着血液，各器官都直接浸没在血液中，这不同于脊椎动物的体腔，所以这样的体腔称为血腔（所有的节肢动物都具有血腔）。

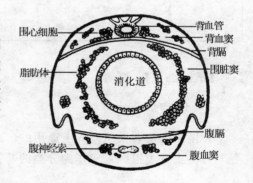

图 1-79　昆虫腹部横切面

1.体腔的分区

昆虫血腔内有1～2层肌纤维和结缔组织构成的隔膜，将血腔纵向地分隔成2～3个小血腔，每个小血腔称为血窦，位于背面在背血管下的一层隔膜称为背膈，它将血腔分隔成背血窦和围脏窦。这为大多数昆虫所具有（图1-79）。

昆虫有背膈和腹膈，它们将血腔分成3个血窦，即背面的背血窦、中央的围脏窦和腹面的腹血窦。背膈和腹膈的两侧以及背膈的末端，都有孔隙可以让血液在其中流动。

2.器官的位置（图1-80）

循环系统：主要器官为背血管，位于背血窦，背血窦因此又称为围心窦。

消化系统：主要器官为消化道，位于围脏窦的中央。与消化功能有关的唾腺位于围脏窦，在消化道的腹面。

排泄系统：主要器官为马氏管，位于围脏窦。与排泄功能有关的脂肪体主要位于背血窦和围脏窦中，包围在内脏器官的周围。

呼吸系统：主要器官为气管，大部分分布于围脏窦中。

神经系统：主要器官为中枢神经系统和交感神经系统。中枢神经系统的脑位于头壳内；腹神经索位于腹血窦，因此腹血窦又称为围神经窦。交感神经系统分布在各内脏器官上，主要位于围脏窦。

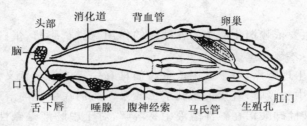

图 1-80　昆虫纵切面模式图

生殖系统：主要器官雄性为睾丸及输精管等；雌性为卵巢及输卵管等，都位于围脏窦，主要在消化道的背、侧面上。

分泌系统：主要器官为内分泌腺体（如心侧体、咽侧体、前胸腺等），位于头部和前胸内（咽喉及气门气管附近）。

（二）消化系统

1. 消化系统的构造与功能

昆虫的消化系统，其主要器官是一条由口到肛门的消化道，以及同消化功能有关的腺体。昆虫除卵、蛹外，幼虫和绝大多数成虫都需要取食，以获得生命活动和繁殖后代所需的营养物质和能量。昆虫的消化道主要用于摄取、运送食物、消化食物和吸收营养物质，并经血液输送到各需能组织中去，将未经消化的食物残渣和代谢的排泄物从肛门排出体外。

由于各类昆虫的口器与食性不同，所以消化道也有相应的变化。但基本上都由具有咀嚼式口器昆虫的消化道演变而来。

咀嚼式口器消化道的基本构造如下（图 1-81）。

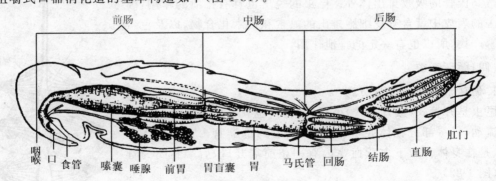

图 1-81　蝗虫的消化系统

前肠包括有口、咽喉、食道、嗉囊和前胃几部分。口是进食的地方；咽喉可以摄食；咽喉与食道一起构成食物的通道；嗉囊能临时贮存食物；前胃有发达的肌肉包围，内壁有瓣状或齿状的突起，可以磨碎食物。但前肠的内膜不能渗透消化产物，因此无吸收营养的作用。

中肠是消化食物和吸收养分的主要器官，中肠能分泌酶类如消化道液分解食物并吸收养料，起着高等动物胃的作用。

后肠包括有回肠、结肠和直肠几部分,后肠前端以马氏管为界,后端终止于腹部最末端的肛门。主要功能是吸收食物残渣中的水分、排出食物残渣和代谢产物。

2.消化系统与防治

昆虫消化食物,主要依赖消化液中的各种酶的作用,把糖、脂肪、蛋白质等水解为单糖、甘油脂肪酸和氨基酸等,才被肠壁所吸收。

了解昆虫的消化生理特点,对于选用杀虫药剂具有一定的指导意义。杀虫药剂被害虫吃进肠内能否溶解和被中肠吸收,直接关系到杀虫效果。药剂在中肠的溶解度与中肠液的酸碱度关系很大。例如,酸性砷酸铝在碱性溶液中易溶解,对于中肠液是碱性的菜青虫毒效很好;反之,碱性砷酸钙易溶于酸性溶液中,对于中肠液是碱性的菜青虫则缺乏杀虫效力。

近年来研究的拒食剂,能破坏害虫的食欲和消化能力,使害虫不能继续取食,以至饥饿而死。

(三)排泄系统

昆虫的排泄系统主要是马氏管。马氏管着生在消化道的中肠与后肠交界处,是一些浸溶在血液里的细长盲管,内与肠管相通。它的功能相当于高等动物的肾脏,能从血液中吸收各组织新陈代谢排出的废物,如酸性尿酸钠和酸性尿酸钾等。这些废物被吸入马氏管后便流入后肠,经过直肠时大部分的水分和无机盐被肠壁回收,以便保持体内水分的循环和利用,形成的尿酸便沉淀下来,随粪便一同排出体外。马氏管的形状和数目随昆虫种类而不同。少的只有两条,如介壳虫等;多的可达150条以上,如蝗虫、蜜蜂等。也有些昆虫的马氏管已退化,如蚜虫等。

昆虫的排泄除马氏管外,还借助于脂肪体进行。此外,昆虫体内还有一种双核细胞,叫做肾细胞,能吸取血液中的废物加以分解,把一部分沉淀物贮存在细胞内,把另一部分可溶性物质排出细胞,再通过马氏管的吸收排出体外。昆虫的蜕皮也具有排泄的作用,因为蜕去的表皮中就含有皮细胞排出的氮素和钙素化合物,以及色素等分解产物,所以也有一定的排泄作用。

(四)循环系统

1.循环系统的构造与功能

昆虫是开管式(或开放式)循环的动物,也就是血液一部分在血管里流动,另一部分在体腔中循环,浸浴着内部器官。它的循环器官,只是在身体背面下方背血窦内有一条前端开口,后端封闭的背血管(图1-82)。

背血管的前段称为大动脉,其前端伸入头部,开口于脑的后方或下方。背血管的后段称为心脏,伸至腹部,由一连串的心室组成,心室又有心门与体腔相通。各心室之间有防止血液回流的心室瓣,使血液在背血管内可以不断向前流通,从头部喷出,然后由头至尾在体腔内流动,形成血液的循环。

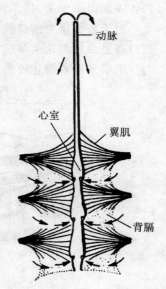

图 1-82
昆虫的背血管和背膈

动脉

心室

翼肌

背膈

昆虫血液的主要作用是把中肠消化后吸收的营养物质,由血液携带运输给身体各组织,同时把各组织新陈代谢的废物运送到马氏管由后肠排出体外。血液还有运送内分泌的激素和消灭细菌的作用。昆虫的孵化、蜕皮和羽化，也有赖于血压的作用把旧表皮胀破脱出。

由于昆虫的血液中无血红素，所以不能担负携带氧气的任务，昆虫的供氧和排碳作用主要由器官系统进行。昆虫的血液多为绿色、黄色和无色。血液中的血细胞类似高等动物的白血球。

2. 循环系统与防治

杀虫剂对昆虫的血液循环是有影响的。烟碱能扰乱血液的正常进行，抑制心脏的扩张，最后停止搏动于收缩期。除虫菊素和氰酸气能降低昆虫血液循环的速率，以至停止搏动。有机磷杀虫剂具有抑制神经系统胆碱酯酶的作用，但在低浓度下，能加速心搏的速率和幅度；在较高的浓度下，则抑制心脏搏动，并停止于收缩期，使昆虫致死。

(五) 呼吸系统

1. 呼吸系统的构造与功能

昆虫呼吸系统的主要器官是气门。昆虫呼吸作用的特点是气体交换（吸收氧气，排出二氧化碳）直接通过气管系统进行。这是昆虫长期适应剧烈运动（如飞行等）的结果，也是与开管式循环系统相适应的一种高效率的呼吸方式（图 1-83）。

气管系统是由气管、支气管及微气管等组成，在飞行昆虫中还有气囊。气管由粗到细，一再分枝。从气门进入体内的一段粗短气管为气门气管，它的端部分成一支伸向血腔背面，称为背气管；一支伸向中央内脏，称为内脏气管；一支伸向腹面，称为腹气管。连接各气门气管、背气管、内脏气管及腹气管的称为纵气管，分别称为背纵干、内脏纵干、腹纵干和侧纵干。微气管

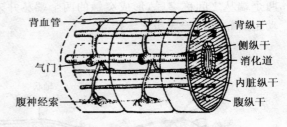

图 1-83 气管分布模式图

是气管系统的末端最小分枝，分布于各组织间或细胞间（内），把氧气直接送到身体各部分。气门具有开闭机构，可以调节呼吸频率，并阻止外来物的侵入。

昆虫的呼吸主要靠气体的扩散作用（昆虫气管内和体外氧与二氧化碳的分压不同而进行的气体交换）和体壁有节奏地张缩而引起的通风作用。为了进行有效的通风作用，昆虫的气管系统具有两种适应结构，即气管本身具有伸缩性，收缩时气管容积可减少 30%；气管的气囊可被血压或体躯弯曲等压缩，表现风箱作用。当体躯收缩时，气管也随之缩短而血压则升高，气囊被压缩或压扁，其中的气流即被压出气门；体躯伸展时，气囊因本身的弹性而扩大并充满气体。这样的通风结果，使得气囊和气管中经常充满新鲜空气，但支气管和微气管中的空气，仍依赖扩散作用进入组织中去。

2. 呼吸系统与防治

既然昆虫的呼吸是吸入氧气，排出二氧化碳，那么当空气中有毒气时，毒气也就随着空气进入虫体，使其中毒而死，这就是使用熏蒸杀虫剂的基本原理。毒气进入虫体与气孔开闭情况关系密切，在一定温度范围内，温度愈高，昆虫愈活动，呼吸愈增强，气门开放也愈大，施用熏蒸杀虫剂效果就好，这也就是在天气热、温度高时熏蒸害虫效果好的主要原因。此外，在空气中二氧化碳增多的情况下，也会迫使昆虫呼吸加强，引起气门开放。因此，在冷天气温低时，使用熏蒸剂防治害虫，除了提高仓内温度外，还可采用输送二氧化碳的办法，刺激害虫呼吸，促使气

门开放,达到熏杀的目的。

昆虫的气门一般都是疏水性的,水湿不会侵入气门,但油类极易进入。因此,油乳剂是杀虫剂较好又广泛应用的剂型。此外,有些黏着展布剂,如肥皂水、面糊水等,可以机械地把气门堵塞,使昆虫窒息死亡。

(六)神经系统

1. 神经系统的构造与功能

昆虫通过神经系统一方面与周围环境取得联系,并对外界刺激作出迅速的反应;另一方面由神经分泌细胞与体内分泌系统取得联系,协调和支配各器官的生理代谢活动。它们之间是相互联系和相互制约的。

昆虫神经系统包括有中枢神经系统、交感神经系统和周缘神经系统3类。

昆虫的神经系统由许多神经细胞及其伸出的分支组成。神经细胞及其分支称为神经元,一个神经元包括一个神经细胞和由此所伸出的神经纤维。由神经细胞分出的主支称为轴状突,只有一根,由轴状突分出的副支称为侧支,呈树枝状;从神经细胞本身生出的树枝状神经纤维称为树状突,多根(图1-84)。不论轴状突的侧支的末端还是树状突的末端,都称为端丛。两个端丛之间称突触,形成突触的两个端丛并未真正的接触,即突触间还有一定间隙,传导冲动主要靠物理传导和化学传导。

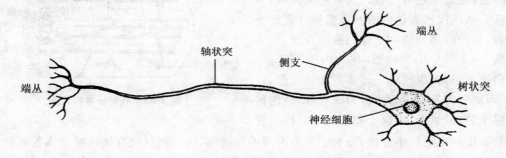

图 1-84 神经元模式图

2. 神经系统与传导

昆虫神经的反射作用和反射弧。昆虫对于感觉神经末梢所受的刺激传导中枢神经,再由中枢神经所引起的反应动作叫做反射作用。所经过的路线:感受器的感觉神经元接受刺激而发生兴奋并将兴奋传导到中枢神经,中枢斟酌情况发出反应;联络神经元将中枢发出的反应传导给运动神经元;运动神经元将此传导给反应器,反应器产生有效的反应。这样一个过程,在生理学上称为反射弧(图1-85)。昆虫神经传导有物理传导及化学传导之说。

物理传导说认为,冲动的传导是神经上出现电位差所形成的。当感受器接受外界刺激时,感觉神经元发生兴奋表现电位上升,出现明显的电位差,即向其他部位传导电子。这种因刺激兴奋而形成的电位差,称为动作电位。动作电位一经发生,立即传播出去,引起神经各部发生动作电位,所以神经的动作电位是物理传导的具体表现。

化学传导说则认为,神经冲动的传播是由乙酰胆碱的产生而形成的,即感觉神经元接受刺激以后,端丛产生乙酰胆碱,靠它才能把冲动传到另一神经元的端丛,完成神经的传导作用。冲动传过后,乙酰胆碱被吸附在神经末梢表面的乙酰胆碱酯酶很快水解为胆碱和乙酰,使神经恢复了常态。可见,乙酰胆碱的产生,配合乙酰胆碱酯酶的分解作用,对于昆虫的生命活动是极为重要的,如果二者配合作用失调,便影响昆虫的生命活动。

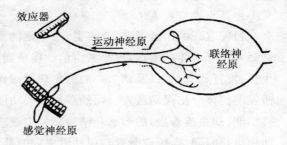

图 1-85　简单反射弧的传导途径

3.神经系统与防治

目前使用的许多杀虫剂的杀虫机理,都是从神经系统方面考虑的,属于神经性毒剂。如有机磷杀虫剂的杀虫机理,就是破坏乙酰胆碱酯酶的分解作用,使昆虫受刺激后,在神经末梢处产生的乙酰胆碱不得分解,使神经传导一直处于兴奋和紊乱状态,破坏了正常的生理活动,以至麻痹衰竭失去知觉而死;也有的药剂作用机理为阻止乙酰胆碱的产生,使害虫瘫痪而亡或药剂破坏神经元结构等。此外,昆虫的视觉、听觉、味觉、嗅觉、触觉以及各种趋性、习性、生理活动等,都受神经系统的控制,可以用于害虫的防治。

(七)生殖系统

昆虫的生殖系统,担负着繁衍后代,延续种族的任务。当个体生殖器官受到抑制或破坏时,虫体不会死亡,只是不能产生后代。这在害虫防治上具有实践意义(图 1-86)。

昆虫雄性生殖器官包括睾丸、输精管、贮精囊、射精管及雄性附腺等。睾丸 1 对,分别位于消化道的背侧面。

昆虫雌性生殖器官包括卵巢、输卵管、交尾囊、受精囊以及雌性附腺等。卵巢 1 对,位于消化道的背侧面。

两性生殖的昆虫,通过雌雄交尾(或称交配),精子与卵细胞相结合的过程称为受精。受精卵再通过雌虫的产卵器产出。

害虫不育防治法是近年发展起来的防治害虫的新技术,它是利用物理学的或化学的或生物的方法来达到害虫绝育的目的,从而控制害虫自然种群的数量。目前应用的有辐射不育法、化学不育法和遗传不育法。

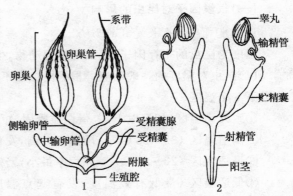

图 1-86　昆虫生殖器官模式构造
1.雌性生殖器官模式构造 2.雄性生殖器官模式构造

在害虫的预测预报上,经常要解剖观察雌成虫的卵巢发育和抱卵情况,预测其产卵时期和幼虫孵化盛期,以便确定防治的有利时机。

(八)分泌系统

昆虫的分泌系统包括内分泌系统和外分泌系统两大类。内分泌系统分泌内激素到体内,经血液循环分布到体内有关部位,用以调节和控制昆虫的生长、发育、变态、滞育、交配、生殖、雌雄异形、个体多态以及一般生理代谢作用。外分泌系统分泌外激素(又叫信息激素)到体外,经空气、水或其他媒介散布到同种其他个体,起着通信联络作用,可以调节、诱发同种个体的特殊行为(如性引诱、群集、追踪等),以及控制同种个体的性发育和性别等。

1. 昆虫内分泌系统

目前发现的内激素有 10 多类，最主要的是脑激素，由昆虫脑的特殊神经分泌细胞产生；保幼激素由咽侧体产生；蜕皮激素由前胸腺或脂肪体等产生。它们相互作用，控制昆虫的形态、生长、发育和变态，以及调节一般的生理代谢作用。脑激素主要激发前胸腺等分泌蜕皮激素和激发咽侧体分泌保幼激素。保幼激素主要功能是抑制"成虫器官芽"的生长和分化，使虫体保持幼期（幼虫或若虫）的形态和结构。蜕皮激素主要功能是激发脱皮过程并促进代谢活动。在幼虫生长时期，当蜕皮激素与保幼激素同时分泌共同作用下，发生幼虫的生长脱皮；当保幼激素含量下降到适度，而蜕皮激素正常分泌下，发生幼虫变蛹的变态脱皮；当保幼激素完全消失，在蜕皮激素单独作用下，发生蛹变成虫或若虫变成虫的变态脱皮。

2. 昆虫外分泌系统

目前发现的外激素有几类，主要一类为性外激素，又称为性信息素，由性引诱腺（又称为香腺，一般香腺在腹部末端，也有的在胸部、腹部或足、翅上）分泌于体外，引诱异性个体前来交尾。分泌性外激素的都是进行两性生殖的昆虫，一般为刚羽化未交尾产卵的成虫。

目前性外激素及其人工合成类似物（称为性诱剂）已作为商品出售，在害虫防治和测报上得到应用。

二、昆虫与环境的关系

(一) 气候因子对昆虫的影响

1. 温度对昆虫生长发育的影响

温度为昆虫的生存因子，昆虫是变温动物，生命活动受温度支配。

(1) 昆虫对温度的一般反应。根据昆虫在不同温度范围的生理反应不同，将温度大概划分为以下 5 个温区。

①致死高温区（48℃以上）。蛋白质凝固，短时间死亡，水蒸发过度。

②高适温区（32～38℃）。随温度升高，发育速度减慢。

③最适温区（22～30℃）。死亡率最小，繁殖能力最强，发育速度最慢。

④低适温区（最低有效温度，发育起点温度）8～10℃ 随温度下降，发育变慢，死亡率上升。

⑤致死低温区（－12℃以下）。原生质结冰，组织或细胞受损，短时间死亡。

昆虫因种类、地区、季节、发育阶段、性别及营养状况不同，对温度的反应也不一样。因此，在分析温度与昆虫种群消长变化规律时，应进行综合分析。

(2) 昆虫生长发育的积温法则。根据实验测得，昆虫完成一定发育阶段（虫期或世代）所需天数，与同期内的有效温度（发育起点以上的温度）的乘积，是一个常数，称此常数为昆虫的有效积温。这一规律称为有效积温法则。可用公式表示：$K=N(T-C)$

式中：K 为有效积温，单位为日度；

N 为发育天数（历期），单位为日；

T 为实际温度，单位为℃；

C 为发育起点温度，单位为℃。

有效积温法则的应用：

①推算昆虫的发育起点温度(C)和有效积温常数(K)。将一种昆虫或某一虫期置于两种不同温度条件下饲养，观察得到两个发育所需的时间，根据 $K = N(T-C)$，联立方程，可计算出发育起点和有效积温常数。

例如：某虫分别在 T_1、T_2 两环境饲养，经 N_1、N_2 天完成。

根据公式 $\qquad K = N_1(T_1-C)$，$K = N_2(T_2-C)$

$N_1(T_1-C) = N_2(T_2-C)$ 求出 C 值，代回求 K 值。

$$C = \frac{(N_2 T_2 - N_1 T_1)}{(N_2 - N_1)}$$

例如：槐尺蠖的卵在 $27.2\,℃$ 条件下，经 4.5 d，$19\,℃$ 条件下，经 8 d。代入上面的积温公式中，则得槐尺蠖卵期有效积温。

$$C = \frac{(8 \times 19 - 4.5 \times 27.2)}{(8 - 4.5)} = 8.5(℃)$$

$$K = N(T-C) = 8 \times (19 - 8.5) = 84(日度)$$

②估测某虫在某地区可能发生的世代数。式中 C、K 可以从实验中测出，某一地区的实际温度 T(日平均温度或旬平均温度)可以从该地历年气象资料中查出(或用试验观察温度)。因此，某种害虫在该地一年发生的世代数就可以推算出来：

$$世代数 = \frac{某地一年的有效积温(日度)}{某虫完成一代所需的有效积温(日度)}$$

例如：小地老虎完成 1 个世代的有效积温(K)为 504.47 日度，南京地区常年有效总积温(K_1)为 $2\,220.9\,℃$，则南京地区 1 年可能发生的代数为：

世代数 $= K_1/K = 4.4(代)$。

③预测害虫的发生期。知道了一种害虫或一个虫态的有效积温(K)和发育起点(C)，以及今后一个时期气温的情况(T)，就可进行发生期的预测。

例如：已知槐尺蛾卵的发育起点温度为 $8.5\,℃$，卵期有效积温为 84 日度，卵产下当时的日平均温度为 $20\,℃$，若天气情况无异常变化，则幼虫孵化的时间为：

$$N = K/(T-C) = 84/(20-8.5) \approx 7.3(d)$$

④控制昆虫的发育速度。人工繁殖寄生蜂防治害虫，按释放日期的需要，可根据公式 $T = K/N + C$ 计算出室内饲养寄生蜂所需要的温度。通过调节温度来控制寄生蜂的发育速度，在合适的日期释放。

例如：利用松毛虫赤眼蜂防治赤松毛虫，赤眼蜂的发育起点温度为 $10.34\,℃$，有效积温为 161.36 日度，根据放蜂时间，要求 12 d 内释放，应在何种温度下饲养才能按时出蜂。

代入公式：$T = K/(N+C) = 161.36/12 + 10.34 = 23.8(℃)$，即在 $23.8\,℃$ 的温度条件下经过 12 d 即可出蜂释放。

⑤预测昆虫地理分布北限。如果当地全年有效总积温不能满足某种昆虫完成一个世代所需的有效积温，则此地就不能发生这种昆虫。这种判断只对一年发生一代、一年发生多代的昆虫适用，多年完成一代的昆虫不能按此办法进行推算。

2.湿度对昆虫的影响

水是昆虫进行一切生理活动的介质，是昆虫的生存条件，没有水就没有昆虫的生命。适宜湿度70％～90％,高低都不利。蚜、蚧、蝉、螨对大气温度不敏感,即使干旱,也不会影响它们对水分的要求,如天气干旱时寄主汁液浓度增大,提高营养成分,有利害虫繁殖,往往干旱时危害严重,一些食叶害虫为得到充足养分,干旱季节猖獗危害。下雨利于地下害虫出土,但暴雨冲刷小型昆虫。

3.温、湿度对昆虫的综合作用

在自然界中,温度与湿度总是同时存在相互影响并综合作用于昆虫的,而昆虫对温、湿度的反应也总是综合要求的。在一定的温、湿度范围内,不同温、湿度组合可以产生相似的生物效应。在相同温度下,湿度不同时产生的效应不同;反过来也是这样。

为了更好地说明温、湿度对昆虫的综合作用,常常采用温湿系数和气候图来表示说明。

①温湿系数。即湿度与温度的比值。公式为温湿系数＝平均相对湿度/平均温度。

②气候图。根据一年或数年中各月的温湿度组合,可以绘制成气候图,用来分析昆虫的地理分布及数量动态。绘制时,纵轴表示每月平均温度、横轴表示每月平均相对湿度或每月总降水量。用气候图时一样存在着一定的局限性,因只考虑了温湿度两个生态因子。在分析昆虫种群数量动态和分布时,还应结合其他因子来综合考虑。

4.光对昆虫的影响

人可见光400～800 nm,分为红、橙、黄、绿、青、蓝、紫,大于800 nm的红外光和小于400 nm的紫外光,人眼均不可见。昆虫的视觉感受700～250 nm的光,偏短波光,尤其对330～400 nm的紫外光有强趋性,因此测报上用黑光灯(365 nm)诱杀,蚜虫(550～600 nm)为黄色光反应,因此用黄胶粘板诱杀。光强度影响昆虫行为,表现为日出型,夜出型,趋光性,背光性。光周期影响昆虫年生活史及滞育。

5.风对昆虫的影响

风对昆虫的迁飞、扩散起着重要作用。许多昆虫可以借助风力传播到很远的地方。如蚜虫在风力的帮助下可以迁飞到1 220～1 440 km之外的地方;一些蚊蝇也可以被风带到25～1 680 km以外;其他迁飞性昆虫如飞蝗类、飞虱类、一些蛾蝶类等,在迁飞中都会受到风力的很大影响。一些幼虫在田间扩散也会受到风力的帮助,如槐尺蛾幼虫吐丝下坠,在风力吹动下可以转移到其他的植株上。

(二)土壤因子对昆虫的影响

土壤理化性状的如土温、土湿、机械组织、有机质含量、酸碱性等影响昆虫的生命活动,如蝼蛄、蛴螬、金针虫等地下害虫在冬季严寒和夏季酷热的季节,便潜入深土层越冬或不活动,春、秋温暖季节上升到表土层来取食为害作物等。如小地老虎幼虫及细胸金针虫喜在含水量较高的低洼地为害活动,而沟金针虫则喜在较干旱地为害活动。金针虫喜酸性土壤,金龟子喜在有机质含量丰富的土壤中产卵。人们可以通过耕作制度、栽培条件等的改善来改变土壤状况,从而使土壤有利于作物生长而不利于害虫的生存。

(三)生物因子对昆虫的影响

生物因子包括食物、天敌、病原微生物。

1.食物因子

①食物对昆虫的影响。直接影响生长,发育,繁殖和寿命,不同发育阶段对食物要求不一

样,幼虫发育前期需幼嫩多汁,含碳水化合物少的食物,后期含碳水化合物和 Pr 丰富食物,因此幼虫后期多雨不利,干旱利。

②食物联系与食物链。昆虫通过食料关系与其他生物间建立了相对固定的联系,这种联系称为食物联系。由食物联系建立起来的相对固定的各个生物群体,好像一个链条上的各个环节一样,这个现象叫食物链(或叫营养链)。食物链往往由植物或死的有机体开始,而终止于肉食动物。例如,黄瓜被蚜虫为害,而蚜虫又被捕食性瓢虫捕食,瓢虫又被寄生性昆虫寄生,后者又被小鸟取食,小鸟又被大鸟捕食……正如古语所说:"螳螂捕蝉,黄雀在后",形象地说明了这种关系。

通过食物链形成生物群落,再由群落及其周围环境形成生态系。食物链中任何一个环节的变动(增加或减少),都会影响整个食物链的连锁反应。如人工创造有利于害虫天敌的环境,或引进新的天敌种类,以加强天敌这一环节,往往就能有效地抑制害虫这一环节,并会改变整个食物链的组成及由食物联系而形成的生物群落的结构。这就是我们进行生物防治的理论基础。通过改变食物链来达到改造农业生态系的目的,这也就是综合防治的依据。

③植物的抗虫性。根据植物抗虫性的机制,可以分以下 3 类。

A.不选择性:植物不具备引诱产卵取食化学物质或物理性状。

B.抗生性:植物不能全面满足营养或含有毒物质。

C.耐害性:为害后,补偿能力强。

利用植物的抗虫性来防治害虫,在害虫的综合防治上具有重要的实践意义。

2.天敌因子

天敌:凡能捕食或寄生于昆虫的生物或使昆虫致病的微生物,则称为天敌。

天敌种类很多,大致可分为以下几类。

(1)病原生物。细菌、真菌、病毒。

(2)捕食性天敌昆虫。种类颇多,常见有的螳螂、蜻蜓、捕食蝽、草蛉、步行虫、瓢虫、食虫虻、食蚜蝇。

(3)寄生性天敌昆虫。种类也很多,其中以双翅目和膜翅目中的寄生性昆虫如寄蝇、姬蜂、茧蜂、小蜂、细蜂等在生物防治上的利用价值最大。

(4)捕食性鸟、兽及其有益动物。此类动物主要包括蜘蛛、捕食螨、鸟类、两栖类及爬行类等。鸟类的应用早为人们所见,蜘蛛的作用在生物防治中越来越受到人们的重视。

(四)人类活动对昆虫的影响

人类活动对昆虫的影响主要有以下几个方面。

1.改变了一个地区的生态系统

通过人类从事果园、菜园的农事活动,如基本建设,兴修水利、改变耕作制度,引进推广新品种,变换种植作物等。由于当地生态系统的变化,改变了昆虫的生存条件,而从生态上控制了害虫的发生。

2.改变一个地区的昆虫种类

人类频繁地调引种苗,扩大了害虫地理分布范围,如巴西铁树从国外引种到广东,再从广东调运苗木到北京,就将该树的主要害虫蔗扁蛾传播到广东、北京等地。相反,有目的地引进和利用昆虫天敌,又可为控制害虫提供新的手段。如广东在 20 世纪八九十年代间,从日本引进的松突圆蚧花角蚜小蜂成功地控制了危害松树的松突圆蚧。

3．改变昆虫的生态环境

人类的各种农业措施,如中耕除草、施肥灌溉、整枝修剪等,因改变了昆虫赖以生存的环境条件,从而达到减少害虫发生而保护益虫的目的。

4．直接杀灭害虫

园艺生产中通常采用农业、化学、物理、生物等各种方法防治害虫,从而直接或间接地杀死害虫。

【巩固练习】

一、填空题

1．昆虫生长发育的最适温区(　　　)。

2．外界环境对昆虫的影响主要包括 4 个方面(　　　)、(　　　)、(　　　)、(　　　)。

3．天敌昆虫包括(　　　)、(　　　)两大类。

4．植物的"抗虫三机制"包括(　　　)、(　　　)、(　　　)3 方面。

二、简答题

1．土壤对昆虫有何影响?

2．有效积温法则应用在哪几个方面?

3．已知小地老虎卵的发育起点温度为 11.64℃,有效积温为 46.64 日度,5 月 8 日卵产下时的平均温度为 20℃,计算发育天数。

项目计划实施

1．工作过程组织

3～5 名学生一组,选出小组长。

2．材料与用具

每组提供一定量(50 种以上)的害虫标本、危害状标本或图片,放大镜、体视显微镜。

3．实施过程

提供 50 种以上的主要害虫标本、为害状标本或图片。进行昆虫形态特征识别,昆虫为害状识别。从 50 种标本中随机抽取 20 种标本组成一标本组,对照标本能正确写出每一种害虫名称得 2 分,正确鉴定每一种害虫、科得 3 分,选题抽签方式,测试为每 3 人一组,考核 15 min(表 1-6)。

表 1-6 亚热带园艺植物昆虫识别项目考核

组别： 姓名： 学号：

标本号	害虫名称	标准分	得分	害虫或为害虫目科	标准分	得分
1		2			3	
2		2			3	
3		2			3	
4		2			3	
5		2			3	
6		2			3	
7		2			3	
8		2			3	
9		2			3	
10		2			3	
11		2			3	
12		2			3	
13		2			3	
14		2			3	
15		2			3	
16		2			3	
17		2			3	
18		2			3	
19		2			3	
20		2			3	
总 分				考核教师签字		

评价与反馈

完成虫害识别与诊断工作任务后，要进行自我评价、小组评价、教师评价。考核指标权重为：自我评价 20％，小组互评 40％，教师评价 40％。

自我评价：根据自己的学习态度、完成园艺植物昆虫识别任务的成绩实事求是进行评价。

小组评价：组长根据组员对 50 种昆虫识别情况对组员进行评价。主要从小组成员配合能力、完成识别工作任务的成绩给组员进行评价。

教师评价：教师评价是根据学生学习态度、完成园艺植物昆虫识别成绩、任务单完成情况、出勤率等方面进行评价。

综合评价：综合评价是将个人评价、小组评价、教师评价成绩进行综合，得出每个学生完成一个工作任务的综合成绩。

信息反馈：每个学生对教师进行评价，对本工作任务完成提出建议。

项目二　亚热带园艺植物病害诊断

项目描述　本项目要求能准确对亚热带园艺植物生产上常见的病害进行诊断,正确区分病状与病征;能识别病原真菌、细菌、病毒、线虫等植物病原物中重要类型的形态特征及其所致病害的症状特点;能正确运用植物病害诊断方法。

工作任务 2-1　识别亚热带园艺植物病害症状

◆**目标要求**:通过完成任务能正确识别亚热带园艺植物病害的主要症状类型及特点,为田间病害诊断奠定良好的基础。

【相关知识】

一、植物病害的概念

植物在生长发育和储藏运输过程中,由于遭受其他生物的侵染或不适宜环境条件的影响,使植物正常生长和发育受到干扰和破坏,从生理到组织结构上发生了一系列的变化,以致外部形态表现异常,最后导致产量降低、品质变劣、甚至死亡的现象,称为植物病害。定义指出植物病害的原因(病因),即病原生物或不良环境条件;植物病害的病理程序(病程),即正常的生理功能受到严重影响;指出植物病害的结果,即外观上表现出异常或产生经济损失。

植物病害有一定的病理变化过程,即由内部生理产生一系列的持续的变化,最终反映到外部形态的不正常表现,称为病理程序。而植物的自然衰老凋谢以及风、雹、虫伤和动物等对植物所造成的突发性机械损伤及组织死亡,因无病理变化过程,不能称之为病害。有些植物在外界环境因素和栽培条件影响下,生长发育出现一系列异常变化,但其经济价值没有降低,反而有所提高,这不称为植物病害。如食用茭白受到黑粉菌侵染后,其茎更为肥嫩脆;郁金香感染了病毒后,花瓣的颜色千姿百态,增添了观赏价值。韭黄菌是韭菜黄化栽培,得到的韭菜更为鲜嫩。这些植物的病态都不被认为病害。

二、亚热带园艺植物病害的症状

症状是植物感病后其外表的不正常表现。植物本身的不正常表现称为病状,病原物在发病部位的特征性表现称为病征。植物病害由病状和病征组成,但也有例外。非侵染性病害是由非生物因素引发的,因而没有病征。侵染性病害中也只有真菌、细菌、寄生性植物有病征,病毒、类病毒、植原体、线虫所致的病害无病征,也有些真菌病害没有明显的病状。症状是植物内部病理变化在植物外部的表现。各种植物病害的症状都有一定的特征和稳定性,是认识和诊断植物病害的重要依据。

(一)病状

植物病害的病状主要分为变色、坏死、腐烂、萎蔫、畸形五大类型。

1.变色

变色是指植物的局部或全株失去正常的颜色。变色是由于色素比例失调造成的,其细胞并没有死亡。主要表现有花叶、黄化、褪绿等。如柑橘黄龙病、缺镁的叶片黄化;月季花叶病的花叶。

2.坏死

坏死指植物细胞和组织的死亡。多为局部小面积发生这类病状。坏死在叶片上常表现为各种叶斑(轮斑、圆斑、条斑、角斑、穿孔)、叶枯、溃疡、疮痂、猝倒、立枯等。

3.腐烂

腐烂是植物大块组织的分解和破坏。植物幼嫩多汁的根、茎、花和果实上容易发生腐烂。腐烂可以分干腐、湿腐和软腐。如果组织崩溃时伴随汁液流出便形成湿腐,腐烂组织崩溃过程中的水分迅速丧失或组织坚硬则形成干腐。软腐则是中胶层受到破坏而后细胞离析、消解形成。

4.萎蔫

萎蔫是由于植物维管束受到毒害或破坏,植物整株或局部因脱水而枝叶下垂的现象。病原物侵染引起的萎蔫一般不能恢复。植株失水迅速仍能保持绿色的称青枯,如番茄青枯病。不能保持绿色的称枯萎,如香蕉枯萎病。

5.畸形

受害植物的细胞或组织生长过度或抑制性的病变,使被害植物全株或局部形态异常。畸形多由病毒、类病毒、植原体等病原物侵染引发的。常见有矮化、缩叶、丛枝、瘤肿、蕨叶和线叶等。如香蕉束顶病、龙眼丛枝病、桃缩叶病等常见畸形病状。

(二)病症

病症是病原物在发病部位表现出的特征。植物病害的病症可分为五大类,为真菌和细菌形成的特征物。有些病害不表现病症。常见的有霉状物、粉状物、颗粒状物、线状物及脓状物等。

1.霉状物

在病部出现各种颜色霉层,是真菌的菌丝、孢子梗和孢子在植物表面构成的特征。常见有霜霉、绵霉、灰霉、青霉、黑霉等。霜霉多生于叶背。如葡萄霜霉病、黄瓜霜霉病等。绵霉是病部产生的大量的白色、疏松、棉絮状霉状物。如茄绵疫病。灰霉、青霉、黑霉等霉状物最大的差别是颜色的不同。如柑橘储藏期青霉病、番茄灰霉病、芒果煤污病等。

2.粉状物

病部出现各种颜色的粉状物。根据粉状物的颜色不同可分为锈粉、白粉、黑粉和白锈。如驳骨草锈病、瓜类白粉病、甘蔗黑穗病、十字花科植物白锈病。

3.颗粒状物

在病部产生的形状、大小、色泽和排列方式各不相同的小颗粒状物。一种为针尖大小的小黑点。如茶轮斑病、茄子褐纹病、柑橘炭疽病、莴苣菌核病等。

4.线状物和伞状物

伞状物是真菌形成的较大型的子实体,蘑菇状,颜色有多种变化。如各种蔬菜菌核病的子囊盘、多种果树的木腐病的子实体等。线状物是真菌菌丝体的形成较细的索状结构,白色或紫褐色,如茉莉花白绢病。

5.脓状物

脓状物是细菌性病害在病部溢出的脓状黏液,气候干燥时形成菌胶粒。如黄瓜细菌性角斑病。

三、亚热带园艺植物病害的类型

植物病害的类型很多,发病原因也各不相同。为掌握各类病害发生规律,便于诊断并指导防治,有必要对植物病害进行适当的分类。分类有多种方法,常见的分类方法有以下几种。

(一)按照病原性质分类

病原是指植物病害发生的原因。病原物是指引起植物病害的生物。根据病原不同,可以将植物病害分为非侵性病害和侵染性病害两大类。

1.非侵染性病害

此病害又称为生理性病害。这类病害发生特点是病害不会相互传染,是由非生物因素引起的病害。如营养缺乏或过多、植物黄化或徒长、水分供应失调、温度过高或过低、霜害与冻害及强光引起的果实日灼病;施用农药和化肥不当造成药害以及环境污染等。

2.侵染性病害

侵染性病害是由病原生物引起的病害。如真菌、细菌、病毒、植物寄生线虫和寄生性种子植物等。侵染性病害的特点是具有传染性,病害发生后不能恢复。一般可以在寄主体上找到它的寄生物,并通过风雨、昆虫、土壤等进行传播,使病害不断蔓延。

(二)按照寄主作物类别分类

植物病害可以分为大田作物病害、果树病害、蔬菜病害、花卉病害、园林植物病害、药用植物病害等。

(三)按照病原物种类分类

根据病原物种类可分为真菌病害、病毒病害、线虫病害以及高等寄生植物、藻类等导致的病害。它们在侵染过程、病状及流行等有一定的特征。

【材料与用具】

材料:当地植物不同症状类型的新鲜、蜡叶或浸渍病害标本。

用具:生物显微镜、放大镜、培养皿、镊子、挑针、多媒体课件及相关病害典型症状的图片、挂图等。

【实施步骤】

| 观察植物病害病状 | ⇨ | 观察植物病害病征 | ⇨ | 症状描述 | ⇨ | 完成任务单 |

【完成任务单】

填写表 2-1,完成植物病害症状观察记录。

表 2-1 植物病害症状观察记录表

序号	病害名称	寄主名称	发病部位	病状类型	病症类型	症状描述

【巩固练习】

一、简答题

1. 植物病害都可以看到病状和病症吗？为什么？
2. 亚热带园艺植物病害的病状与病征有什么区别？病状与病征有哪些类型？
3. 什么是侵染性病害和非侵染性病害？在田间表现各有什么特点？

二、名词解释

植物病害　病害症状　病状与病征　病原与病原物　侵染性病害与非侵染性病害

工作任务 2-2 识别亚热带园艺植物病原生物

◆**目标要求**：通过完成任务能正确识别各亚门真菌与植物病害有关的重要属、植物病原细菌、病毒及线虫的主要形态特征及其所致病害的症状特点，为鉴定病害奠定基础。

【相关知识】

亚热带园艺植物病害的病原包括生物性病原和非生物性病原。

一、亚热带园艺植物非侵染性病害的病原

园艺植物正常的生长发育，要求一定的外界环境条件。各种园艺植物只有在适宜的环境条件下生长，才能发挥它的优良性状。当植物遇到恶劣的气候条件、不良的土壤条件或有害物质时，植物正常的代谢作用与生理机能受到干扰和破坏，因此，在外部形态上必然表现出症状来。引起非侵染性病害发生的原因很多，主要有营养失调、温度失调和有毒物质污染。

(一)营养缺乏

植物所必需的营养元素有氮、磷、钾、钙、镁和微量元素铁、硼、锰、锌、铜等十几种。缺乏这些元素时，就会出现缺素症；某种元素过多时，也会影响亚热带园艺植物的正常生长发育。常见的缺素症有以下几种。

1. 缺氮

植物生长不良，矮小，分枝较少，成熟较早，叶稀疏，小而薄，色变淡或黄化、早落。在酸性强、有机质少的土壤中，常有氮素不足的现象。

2. 缺磷

植物生长受抑制，严重时停止生长，植株矮小，叶片初期变成深绿色，但灰暗无光泽，后渐呈紫色，早落。磷素在植物体内可以从老熟组织中转移到幼嫩组织中重被利用，症状常从老叶

上开始出现。

3. 缺钾

植株下部老叶首先出现黄化或坏死斑块,通常从叶缘开始,植株发育不良。

4. 缺铁

植株叶片黄化或白化。开始时,脉间部分失绿变为淡黄色或白色,叶脉保持绿色,后也变为黄色。由缺铁引起的黄化病先从幼叶开始发病,逐渐发展到老叶黄化。防止缺铁症应增施有机肥料改良土壤性质,使土壤中的铁素变为可溶性的。

5. 缺镁

缺镁症的症状与缺铁症相似,所不同的是先从枝条下部的老叶开始发病,然后逐渐扩展到上部的叶片。

6. 缺硼

缺硼主要表现是分生组织受抑制或死亡,常引起芽丛生或畸形、萎缩等症状。

7. 缺锌

病树新枝节间短,叶片变小且黄色,根系发育不良,结实量少,称小叶病。

8. 缺铜

缺铜常引起树木枯梢,同时还出现流胶及在叶或果上产生褐色斑点等症状。

9. 缺硫

缺硫的症状与缺氮相似,但以幼叶表现更明显。植株生长较矮小,叶尖黄化。

10. 缺钙

缺钙的症状多表现在枝叶生长点附近,引起嫩叶扭曲或嫩芽枯死。

(二)水分供应失调

水是植物生长不可缺少的条件。水分直接参与各种物质的转化和合成,也是维持细胞膨压、溶解土壤中矿质养料、平衡树体温度不可缺少的因素。在缺水条件下,植物生长受到抑制,组织中纤维细胞增加,引起叶片凋萎、黄化、花芽分化减少、落叶、落花、落果等现象。

土壤水分过多,会造成土壤缺氧,使植物根部呼吸困难,造成叶片变色、枯萎、早期落叶、落果,最后导致根系腐烂。

水分供给失调、变化剧烈时,对植株会造成更大的伤害。如先干旱后涝害,会使根菜类的根茎、果树的果实开裂,前期水分充足,后期干旱则使番茄果实发生脐腐病,严重影响蔬果产品的产量和品质。

(三)温度不适宜

低温可以引起霜害和冻害,这是温度降低到冰点以下,使植物体内发生冰冻而造成的危害。亚热带园艺植物,常发生寒害。寒害为冰点以上的低温对喜温植物造成的危害。寒害常见的症状是组织变色、坏死,也可以出现芽枯、顶枯及落叶等现象。

高温能破坏植物正常的生理生化过程,使原生质中毒凝固导致细胞死亡,造成茎、叶或果实发生局部的伤害,通常称为日灼病,如柑橘日灼病。表现为组织褪色变白呈革质状、硬化易被腐生菌侵染而引起腐烂,灼伤主要发生在植株的向阳面。

(四)环境污染

自然界中的有毒气体、尘埃、农药等污染物对植物产生不良影响,严重时甚至导致植物死亡。空气中的有毒气体主要有硫化物、氟化物、臭氧、氮的氧化物、乙烯、硫化氢及带有各种金属元素的气体等。大气污染往往延迟植物抽芽、发叶、结实少而小,叶片失绿变白或有坏死斑,严重时大量落叶、落果,甚至使植物死亡。

硝酸盐、钾盐或酸性肥料、碱性肥料使用不当,常产生类似病原菌引起的症状。如果天气干旱,使用过量的硝酸钠,植株顶叶会变褐,出现灼伤。除草剂使用不慎会使树木和灌木受到严重伤害,甚至死亡。阴凉、潮湿天气使用波尔多液和其他铜素杀菌剂时,有些植物叶面会发生灼伤或是出现斑点。

二、亚热带园艺植物侵染性病害的病原物

(一)植物病原真菌

1. 真菌的一般性状

真菌的个体分为营养体和繁殖体两部分。

真菌属于真菌界、真菌门,种类很多,已经描述的有 12 万多种,分布很广,植物的寄生性病害约 80% 是由真菌引起的。

(1)真菌的营养体。真菌营养体生长阶段的结构称为营养体。典型的营养体是极小而分支纤细的呈丝状体,单根丝状体称为菌丝。菌丝可以分枝,许多菌丝团聚在一起,称为菌丝体。低等真菌的菌丝没有隔膜,称无隔菌丝;高等真菌的菌丝有隔膜,称有隔菌丝(图 2-1)。

菌丝一般是从孢子萌发以后形成的芽管发育而成。菌丝的每一段都有潜在的生长能力。大多数菌丝体都在寄主细胞内或细胞间隙生长,由菌丝细胞壁和寄主原生质直接接触而吸收养分;生长在寄主细胞间隙的真菌,尤其是专性寄生真菌,从菌丝体上形成伸入寄主细胞内吸收养分的结构称为吸器,吸器形状有小瘤状、分枝状、掌状等(图 2-2)。有些真菌的菌丝在不良的环境条件下或生活的后期发生变态,形成一些特殊结构织,常见的有菌核、菌索及子座(图 2-3)。

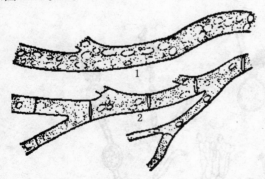

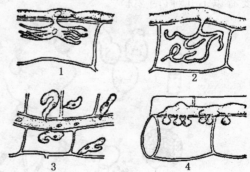

图 2-1 真菌的菌丝体
1.无隔菌丝 2.有隔菌丝

图 2-2 真菌的吸器类型
1.白粉菌 2.霜霉菌 3.锈菌 4.白粉菌

①菌核。菌核是由拟薄壁组织和疏丝组织形成的一种较坚硬的休眠体。其大小、形状和颜色不一,比较坚硬,可以度过不良环境条件。当环境适宜时,菌核萌发产生新的营养体和繁殖体。

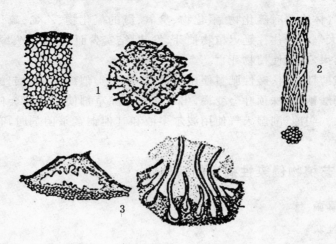

图 2-3　菌丝的变态

1.菌核　2.菌索　3.子座

②菌索。菌索是菌丝体平行排列而成的绳索状物。它不仅对不良环境有很强的抵抗能力,而且还可以蔓延和直接侵染的作用。

③子座。子座是产生各种繁殖体的垫状组织,可由菌丝分化而成,也可由菌丝与部分寄主组织结合而成,可以渡过不良环境条件。

(2)真菌的繁殖体。在营养体上产生,由子实体和孢子两部分组成。子实体是产生孢子的器官,有许多类型和形状。主要有分生孢子器、分生孢子盘、子囊、担子果等。

2.真菌的繁殖

真菌的繁殖有两种方式,无性繁殖和有性繁殖。

(1)无性繁殖。无性繁殖是指不经过性器官的结合而产生孢子,这种孢子称为无性孢子。主要有以下几种(图 2-4)。

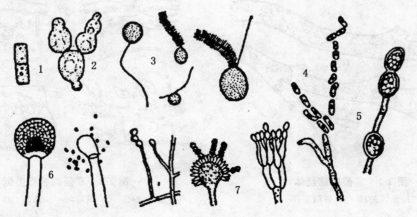

图 2-4　真菌的无性繁殖及无性孢子

1.酵母菌的裂殖　2.酵母菌的出芽繁殖
3.游动孢子　4.节孢子　5.厚垣孢子　6.孢囊孢子　7.分生孢子

①游动孢子。它是产生于孢子囊中的内生孢子。孢子囊球形、卵形或不规则形,从菌丝

顶端长出,或着生于有特殊形状和分枝的孢囊梗上,形成具有1～2根鞭毛的游动孢子。

②孢囊孢子。孢囊孢子也是产生孢子囊中的内生孢子。没有鞭毛,不能游动,孢子囊着生于孢囊梗上。孢子囊成熟时,囊壁破裂散出孢囊孢子。

③分生孢子。真菌最普遍的一种无性孢子,着生在由菌丝分化而来呈各种形状的分生孢子梗上。

④厚垣孢子。在不良的环境下,有些真菌菌丝内的原生质收缩变为浓厚的一团原生质,外壁很厚,称为厚垣孢子。

(2)有性繁殖。有性繁殖是指通过性细胞或性器官的结合而进行繁殖,所产生的孢子称为有性孢子。有性生殖要经过质配、核配和减数分裂三个阶段。常见的有性孢子有下列几种。

①卵孢子。鞭毛菌产生的有性孢子,由较小的棍棒形的雄器与较大的圆形的藏卵器结合形成的(图2-5)。

②接合孢子。接合菌类产生的有性孢子,由两个同形的配子囊结合形成。

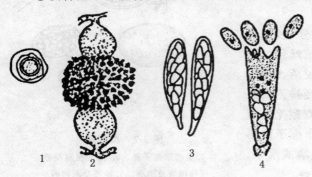

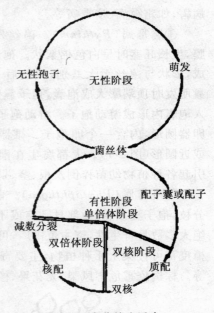

图2-5 真菌的有性孢子

1.卵孢子 2.接合孢子 3.子囊孢子 4.担孢子

③子囊孢子。子囊菌产生的有性孢子,由两个异形的配子囊雄器和产囊体结合而成。一般在子囊内形成8个细胞核为单倍体的子囊孢子,形状为球形、圆桶形、棍棒形或线形等。

④担孢子。担子菌产生的有性孢子,由性别不同单核的初生菌丝结合而形成双核的次生菌丝。次生菌丝经过营养阶段后直接产生担子和担孢子,或先产生一种休眠孢子(冬孢子或厚垣孢子),再由休眠孢子萌发产生担子和担孢子。

图2-6 真菌的生活史

3.**真菌的生活史**

真菌从一种孢子开始,经过萌发、生长和发育,最后又产生同一种孢子的个体发育周期,称为真菌的生活史。真菌的营养菌丝体在适宜条件下,产生无性孢子,无性孢子萌发形成芽管并继续生长形成新的菌丝体,这是无性阶段。在生长季节中,这种无性繁殖往往发生若干代。至生长后期进入有性阶段,从单倍体的菌丝体上形成配子囊或配子,经过质配、核配和减数分裂,形成单倍体的细胞核,这种细胞发育成单倍体的菌丝体(图2-6)。

4.真菌的主要类群及其所致病害

1973 年出版的由 Ainsworth 等主编的《真菌辞典》(第 8 版)提出将菌物界下分为黏菌门和真菌门,真菌门下分为 5 个亚门,即鞭毛菌亚门(Mastigomycotina)、接合菌亚门(Zygomycotina)、子囊菌亚门(Ascomycotina)、担子菌亚门(Basidiomycotina)和半知菌亚门(Deuteromycotina)。这一分类系统现已被广泛接受。

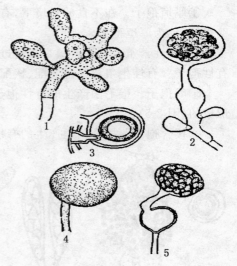

(1)鞭毛菌及其所致病害。鞭毛菌亚门是较低等的真菌,共同的特征是产生具鞭毛、能游动、不具细胞壁的游动孢子。低等水生鞭毛菌多生活在水中的有机物残体上或寄生在水生植物上。比较高等的鞭毛菌生活在土壤中,常引起植物根部和茎基部的腐烂与苗期猝倒病。具陆生习性的鞭毛菌可以侵害植物的地上部,其中许多是专性寄生菌,引起极为重要的病害,如霜霉病、疫霉病等。

①腐霉属(*Pythium*)。菌丝发达,有分枝,无隔膜,生长旺盛时呈白色棉絮状。孢子囊在菌丝顶端形成,形状与菌丝无大差别,成熟后一般不脱落。孢子囊萌发时顶端膨大成泡囊,孢子囊内含物经排孢管进入泡囊内形成游动孢子。游动孢子肾形、双鞭毛。藏卵器圆形,内含一个卵孢子。雄器侧生,卵孢子圆形或近圆形(图 2-7)。大都腐生在潮湿的土壤或水中,引起各种植物幼苗猝倒及根、茎、果实的腐烂。

图 2-7 腐霉属
1.姜瓣形孢子囊 2.孢子囊萌发形成排孢管及泡囊 3.雄器及藏卵器 4.球形孢子囊 5.孢子囊萌发

②疫霉属(*Phytophthora*)。菌丝无隔、发达、多分枝,孢子囊顶生,顶部具乳突或不具乳突。卵孢子具厚壁,光滑,呈浅黄至黄褐色(图 2-8)。绝大多数具寄生性,寄主范围广,可侵染植物的根、茎、叶和果实,引起组织腐烂和死亡。其中樟疫霉可侵染上千种植物,主要寄主有凤梨、山茶花、雪松、木瓜、香樟、杜鹃花、刺槐、凤仙花等。棕榈疫霉危害凤梨、无花果、橡胶树、胡椒、芒果、卫矛等引起根腐或茎溃疡。

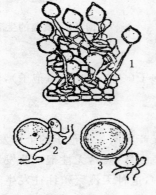

图 2-8 疫霉属
1.孢囊梗及孢子囊 2.雄器侧位 3.雄器下位

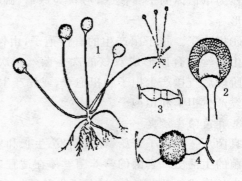

图 2-9 根霉属
1.孢囊梗、假根及匍匐丝 2.孢囊梗放大、示囊轴 3.配囊柄及原配子囊 4.接合孢子

（2）接合菌及其所致病害。接合菌的共同特征是有性繁殖产生接合孢子。接合菌几乎都是陆生的，多数腐生，少数弱寄生。接合菌纲能引起植物花及果实、块根、块茎等储藏器官的腐烂，病部初期产生灰白色，后期呈灰黑色的霉层。

根霉属（*Rhizopus*）。菌丝发达，有分枝，一般无隔，有匍匐丝与假根，孢囊梗球形，产生大量孢囊孢子。孢囊孢子球形、多角形或棱形，表面有饰纹。接合孢子有瘤状突起，配囊柄不弯曲，无附属丝（图2-9）。主要引起腐烂。其中匍枝根霉引起果实、种子的腐烂。

（3）子囊菌及其所致病害。子囊菌共同特点是有性繁殖产生子囊及子囊孢子。子囊菌根据有性子实体的形态结构分为6个纲，即半子囊菌纲、不整子囊菌纲、核菌纲、盘菌纲、腔菌纲和虫囊纲。子囊菌全部陆生、腐生或寄生。无性繁殖发达产生分生孢子，可引起多次再侵染。有性繁殖产生子囊和子囊孢子。子囊菌的子囊由菌丝组成的包被包围着形成具有一定形状的子实体，称为子囊果。子囊果有4种类型：闭囊壳即子囊层外面的保护组织是完全封闭的，不留孔口；球形或瓶状、顶端有小孔口的称子囊壳；盘状或杯状、顶部开口大的称子囊盘；子囊着生于子座的空腔内，称子囊腔。子囊菌亚门根据是否形成子囊果、子囊果的类型和子囊结构进行分类。

①外囊菌目（Taphrinales）。子囊裸生，平行排列在寄主组织表面形成棚状层，子囊长圆筒形，其中有8个子囊孢子，子囊孢子单细胞、椭圆形或圆形。侵染植物的叶、果和芽，引起畸形。如桃缩叶病、樱桃丛枝病等（图2-10）。

②白粉菌目（Erysiphales）。其中白粉菌科真菌都是专性寄生的，以吸器伸入表皮细胞吸取养分，无性阶段发达，自菌丝体上产生分生孢子梗，分生孢子单生或串生，单细胞，无色。有性阶段产生闭囊壳，根据闭囊壳表面附属丝、子囊数、子囊孢子的数目等特征，分为单丝壳属（*Sphaerotheca*）、叉丝单囊壳属（*Podosphaera*）、球针壳属（*Phyllactinia*）、钩丝壳属（*Uncinula*）、白粉菌属（*Erysiphe*）、叉丝壳属（*Microsphaera*）（图2-11）。

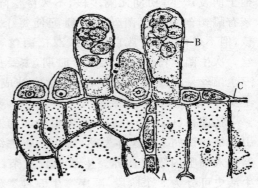

图2-10 桃缩叶外囊菌
A. 胞间菌丝　B. 子囊及子囊孢子　C. 角质层

③球壳菌目（Sphaeriales）。子囊壳多暗色，散生或聚生在基质表面或部分或整个埋在子座内，子囊孢子单胞或多胞，无色或有色。子囊间大多有侧丝。无性世代发达，形成各种形状的分生孢子。引起叶斑、果腐、烂皮和根腐等病害。其中小丛壳属（*Glomerella*）、日规壳属（*Gnomonia*）、内座壳属（*Endothia*）、黑腐皮壳属（*Valsa*）、丛赤壳属（*Nectria*）常引起植物腐烂（图2-12）。

④座囊菌目（Dothideales）。子囊果是子囊腔，子囊成束或平行排列在子囊腔内，子座内有一个或几个子囊腔，无性阶段发达，形成各种形状的分生孢子。如煤炱属（*Capnodium*）、黑星菌属（*Venturia*）、球腔菌属（*Mycrosphaerella*）、葡萄座腔菌属（*Botryosphaeria*）、球座菌属（*Guignardia*）等属中，有许多种引起园艺植物严重病害（图2-13）。

（4）担子菌及其所致病害。真菌中最高等的一个类群，全部陆生。营养体为发育良好的有隔菌丝。多数担子菌的菌丝体分为初生菌丝、次生菌丝和三生菌丝3种类型。初生菌丝由担

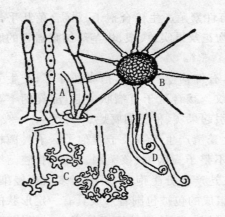

图 2-11　白粉菌

A.生孢子梗和分生孢子　B.具针状附属丝的
闭囊壳　C.叉型附属丝　D.钩状附属丝

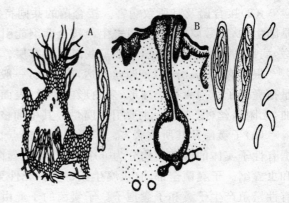

图 2-12　小丛壳和黑腐皮壳属

A.小丛壳属　B.黑腐皮壳属

孢子萌发产生,初期无隔多核,不久产生隔膜,而为单核有隔菌丝。初生菌丝联合质配使每个细胞有两个核,但不进行核配,常直接形成双核菌丝,称为次生菌丝。次生菌丝占生活史大部分时期,主要行营养功能。三生菌丝是组织化的双核菌丝,常集结成特殊形状的子实体,称担子果。重要的有:

锈菌目(Uredinales)。锈菌目全部为专性寄生菌,引起植物锈病。菌丝体发达,寄生于寄主细胞间,以吸器穿入细胞内吸收营养。生活史较复杂,典型的锈菌生活史可分为 5 个阶段,顺序产生 5 种类型的孢子:性孢子、锈孢子、夏孢子、冬孢子和担孢子(图 2-14)。

图 2-13　黑星菌属

锈菌种类很多,并非所有锈菌都产生 5 种类型的孢子。因此,各种锈菌的生活史是不同的,一般可分 3 类:

①5 个发育阶段(5 种孢子)都有的为全型锈菌,如松芍柱锈菌。

②无夏孢子阶段的为半型锈菌,如梨胶锈菌、报春花单孢锈菌。

③缺少锈孢子和夏孢子阶段,冬孢子是唯一的双核孢子为短型锈菌,如锦葵柄锈菌。

此外,有些锈菌在生活史中,未发现或缺少冬孢子,这类锈菌一般称为不完全锈菌,如女贞锈孢锈菌。除不完全锈菌外,所有的锈菌都产生冬孢子。

锈菌对寄主有高度的专化性。有的锈菌全部生活史可以在同一寄主上完成,也有不少锈菌必须在两种亲缘关系很远的寄主上完成全部生活史。前者称同主寄生或单主寄生,后者称转主寄生。转主寄生是锈菌特有的一种现象。松芍柱锈菌为转主寄生锈菌,性孢子和锈孢子在松树枝干上为害,夏孢子和冬孢子在芍药叶片上为害。

锈菌寄生在植物的叶、果、枝干等部位,在受害部位表现出鲜黄色或锈色粉堆、疱状物、毛状物等显著的病征。引起叶片枯斑,甚至落叶,枝干形成肿瘤、丛枝、曲枝等畸形现象。因锈菌引起的病害病征多呈锈黄色粉堆,故称为锈病。

黑粉菌目(Ustilaginales)。黑粉菌因其形成大量黑色的粉状孢子而得名。由黑粉菌引起

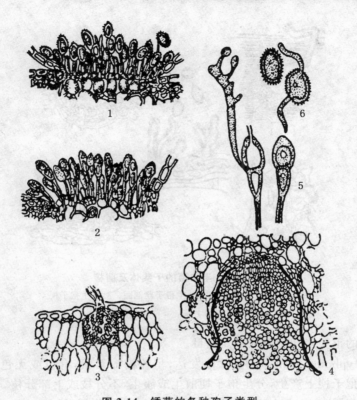

图 2-14　锈菌的各种孢子类型
1. 夏孢子堆和夏孢子　　2. 冬孢子堆和冬孢子　　3. 性孢子器和性孢子
4. 锈孢子腔和锈孢子　　5. 冬孢子及其萌发　　6. 夏孢子

的植物病害称黑粉病。黑粉菌无性繁殖，通常由菌丝体上生出小孢子梗，其上着分生孢子，或由担子和分生孢子以芽殖方式产生大量子细胞，它相当于无性孢子。有性繁殖产生圆形厚壁的冬孢子，因冬孢子的形成方式有些像厚垣孢子，故过去也称厚垣孢子。被黑粉菌寄生的植物均在受害部位出现黑色粉堆或团。最常见的是寄生在花器上，使其不能授粉或不结实；植物幼嫩组织受害后形成菌瘿；叶片和茎受害其上发生条斑和黑粉堆；少数黑粉菌能侵害植物根部使它膨大成块瘿或瘤。黑粉菌与锈菌一样，主要根据冬孢子性状进行分类。

　　外担子菌目（Exobasidiales）。不形成担子果，担子果裸生在寄主表面，形成子实层，担孢子 2～8 枚生于小梗上。危害植物的叶、茎和果实。常常使被害部位发生膨肿症状，有时也引起组织坏死。常见的有杜鹃和山茶的饼病。

　　（5）半知菌及其所致病害。由于半知菌的生活史只发现无性阶段，所以称为半知菌。已发现的有性态多属于子囊菌亚门，极少数属于担子菌，个别属于接合菌。半知菌亚门分 3 个纲，即丝孢菌纲、腔孢菌纲和芽孢菌纲。其繁殖方式是从菌丝体上分化出特殊的分生孢子梗，由产孢细胞产生分生孢子，孢子萌发产生菌丝体。分生孢子梗分散着生在营养菌丝上或聚生在一定结构的子实体中。半知菌的无性子实体有以下几种（图 2-15）。

　　分生孢子器球形或烧瓶状，顶端具孔口结构的为分生孢子器。

　　分生孢子盘扁平开口的盘状结构称分生孢子盘。

　　分生孢子座垫状或瘤状结构，其上着生分生孢子梗的称为分生孢子座。

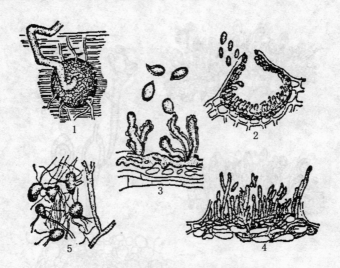

图 2-15　半知菌的子实体及菌核
1.分生孢子器外形　2.分生孢子器剖面　3.分生孢子梗
4.分生孢子盘　5.菌丝及菌核

与植物有关的重要半知菌有以下 5 个目。

①丝孢目(Hyphomycetales)。菌丝体发达,呈疏松棉絮状,有色或无色。分生孢子直接从菌丝上或分生孢子梗上产生,分生孢子梗散生或簇生,不分枝或上部分枝。

重要的有粉孢属(*Oidium*)、葡萄孢属(*Botrytis*)、轮枝孢属(*Verticillium*)、链格孢属(交链孢属)(*Alternaria*)(图 2-16)。

②无孢菌目(Agonomycetales)。菌丝体发达,褐色或无色,有的能形成厚垣孢子,有的只能形成菌核。不产生分生孢子。主要危害植物的根、茎基或果实等部位,引起立枯、根腐、茎腐和果腐等症状。重要的植物病原有(图 2-16)以下几种。

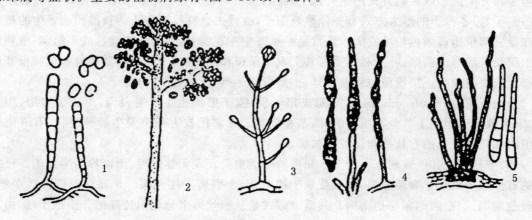

图 2-16　丝孢目重要属
1.粉孢属　2.葡萄孢属　3.轮枝孢属　4.交链孢属　5.尾孢属

丝核菌属(*Rhizoctonia*)。菌丝细胞短而粗,褐色,分枝多呈直角,在分枝处较细缢,并有一隔膜。菌核表面及内部褐色至黑色,形状多样,生于寄主表面,常有菌丝相连[图 2-17(1)]。

引起多种植物猝倒病、立枯病。

小核菌属（*Sclerotium*）。产生较有规则的圆形或扁圆形菌核，表面褐色至黑色，内部白色，菌核之间无菌丝相连［图 2-17（2）］。引起兰花等多种花木白绢病。

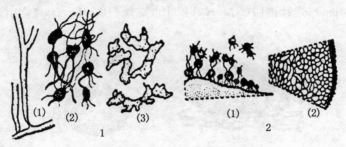

图 2-17 丝核菌属和小菌核属

1. 丝核菌属：(1)菌丝分枝基部缢缩 (2)菌核 (3)菌核组织的细胞

2. 小核菌属：(1)菌核 (2)菌核部分切面

③瘤座孢目（Tuberculariales）。分生孢子梗集生在菌丝体纠结而成的分生孢子座上。分生孢子座呈球形、碟形或瘤状，鲜色或暗色。主要有以下几种。

镰刀菌属（*Fusarium*）。分生孢子有两种：大分生孢子多胞、细长、镰刀形；小分生孢子卵圆形、单胞，着生在子座上，聚生呈粉红色。本属种类多，分布广，腐生、弱寄生或寄生，引起根、茎、果实腐烂，穗腐，立枯，或破坏植物输导组织，引起萎蔫。如黄瓜枯萎病、香石竹等多种 6 花木枯萎病（图 2-18）。

④黑盘孢目（Melanconiales）。分生孢子梗产生在孢子盘上。其中刺盘孢属、盘多毛孢属引起园艺植物多种炭疽及各种叶斑病。

刺盘孢属（*Colletotrichum*）。分生孢子盘有刚毛，孢子单胞，无色，圆形或圆柱状。如兰花、梅花、茉莉花、米兰、山茶、樟树炭疽病菌等（图 2-19A）。

痂圆孢属（*Sphaceloma*）。分生孢子盘半埋于寄主组织内，分生孢子较小，单胞，无色，椭圆形，稍弯曲。如葡萄黑痘病、柑橘疮痂病菌等（图 2-19B）。

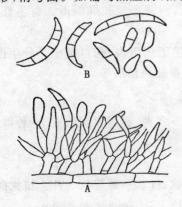

图 2-18 镰孢属

A. 分生孢子梗和分生孢子

B. 大、小型分生孢子

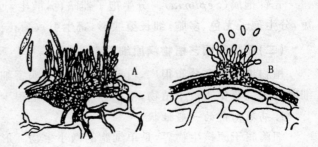

图 2-19 黑盘孢菌的分生孢子器和分生孢子

A. 刺盘孢属　B. 痂圆孢属

盘多毛孢属（*Pestalotia*）。分生孢子多胞，两端细胞无色，中部细胞褐色，顶端有 2～3 根刺毛。如山楂灰斑病菌等。

⑤球壳孢目（Sphaeropsidales）。分生孢子梗着生在分生孢子器内。大茎点属（*Macrophoma*）、茎点属（*Phoma*）、壳针孢属（*Sptoria*）和叶点霉属（*Phyllosticta*）常引起枝枯及各种叶斑病（图 2-20）。

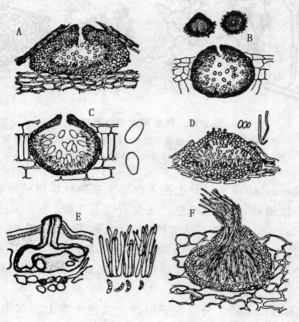

图 2-20 球壳孢菌的分生孢子器和分生孢子
A.叶点霉属 B.茎点霉属 C.大茎点属 D.拟茎点霉属
E.壳囊孢属 F.壳针孢属

叶点霉属（*Phyllosticta*）。分生孢器暗色，扁球形，有孔口，埋生于寄主组织内，部分突出，或以孔口突破表皮外露。分生孢子梗短，孢子小，单胞，无色，卵圆形至长椭圆形。寄生性强，主要在植物叶片上。如荷花斑枯病、桂花斑枯病菌等。

壳针孢属（*Septoria*）。分生孢子器暗色，散生，近球形，生于病斑内，孔口露出。分生孢子梗短，分生孢子无色、多胞，细长至线形，寄生引致菊花褐斑病、番茄斑枯病等。

(二)亚热带园艺植物病原细菌

植物细菌病害分布很广，目前已知的植物病害细菌有 300 多种，我国发现的有 70 种以上。细菌病害主要见于被子植物，松柏等裸子植物上很少发现。

1.病原细菌的一般性状

细菌属于原核生物界，是单细胞的微小生物。形状有球状、杆状和螺旋状 3 种。植物病原细菌全部都是杆状，两端略圆或尖细，一般宽 0.5～0.8 μm，长 1～3 μm。

细菌的结构较简单。外层是有一定韧性和强度的细胞壁。细胞壁外常围绕一层黏液状物质，比较厚而固定的黏质层称为夹膜。在细胞壁内是半透明的细胞膜，它的主要成分是水、蛋白质和类脂质、多糖等。细胞膜是细菌进行能量代谢的场所。细胞膜内充满呈胶质状的细胞质。细胞质中有颗粒体、核糖体、液泡、气泡等内含物,但无高尔基体、线粒体、叶绿体等。细菌的细胞核无核膜,在电子显微镜下呈球状、卵状、哑铃状或带状的透明区域。它的主要成分是脱氧核糖核酸(DNA),而且只有一个染色体组(图2-21)。

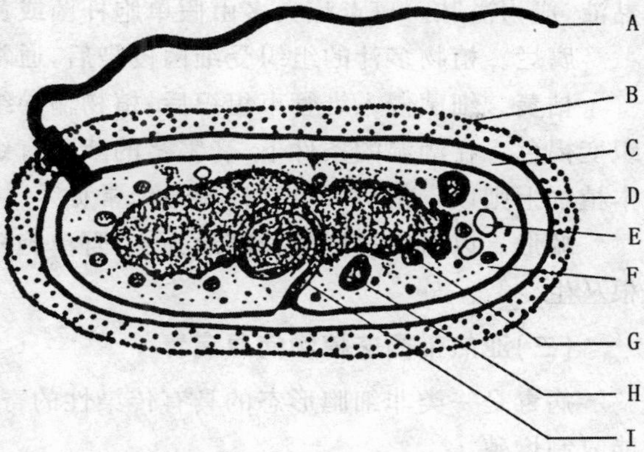

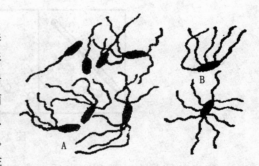

绝大多数植物病原细菌不产生芽孢,但有一些细菌可以生成芽孢。芽孢对光、热、干燥及其他因素有很强的抵抗力。通常煮沸消毒不能杀死全部芽孢,必须采用高温、高压处理或间歇灭菌法才能杀灭。

大多数植物病原细菌都能游动,其体外生有丝状的鞭毛。鞭毛数通常3~7根,多数着生在菌体的一端或两端,称极鞭;少数着生在菌体四周,称周鞭。细菌有无鞭毛和鞭毛的数目及着生位置是分类上的重要依据之一(图2-22)。

图 2-21 细菌内部结构
A.鞭毛 B.荚膜 C.细胞壁 D.原生质膜
E.气泡 F.核糖体 G.核质 H.内含体 I.中心体

细菌的繁殖方式一般是裂殖。即细菌生长到一定限度时,细胞壁自菌体中部向内凹入,胞内物质重新分配为两部分,最后菌体从中间断裂,形式两个菌体。细菌的繁殖速度很快,在适宜的条件下有的只要20 min就能分裂一次。

2.细菌的生理特性

植物病原细菌都是非专性寄生菌,都能在培养基上生长繁殖。在固体培养基上可形成各种不同形状和颜色的菌落,通常以白色和黄色的圆形菌落居多,也有褐色和形状不规则的。菌落的颜色和细菌产生的色素有关。细菌的色素若限于细胞内,则只有菌落有颜色,若分泌到细胞外,则培养基也变色。假单胞杆菌属的植物病原细菌,有的可产生荧光性色素并分泌到培养基中。青枯病细菌在培养基上可产生大量褐色色素。

图 2-22 细菌的鞭毛
A. 极生鞭毛 B. 周生鞭毛

大多数植物病原细菌是好气的,少数是嫌气菌。细菌的最适生长温度是26~30℃,温度过高过低都会使细菌生长发育受到抑制,一般致死温度是50~52℃。

革兰氏染色反应是细菌的重要属性。细菌用结晶紫染色后,再用碘液处理,然后用酒精或丙酮冲洗,洗后不褪色是阳性反应,洗后褪色的是阴性反应。革兰氏染色能反映出细菌本质的差异,阳性反应的细胞壁较厚,为单层结构;阴性反应的细胞壁较薄,为双层结构。

3.植物病原细菌的主要类群

植物病原细菌分属于土壤杆菌属(*Agrobacterrum*)、黄单胞杆菌属(*Xanthomonas*)、假单胞杆菌属(*Pseudomonas*)、欧文氏杆菌属(*Erwinia*)和棒形杆菌属(*Clavibacter*)等。

4.植物细菌病害的症状特点

植物细菌病害的主要症状有斑点、腐烂、枯萎、畸形等类型。

斑点。细菌性病斑发生初期,病斑常呈现半透明的水渍状,其周围形成黄色的晕圈,扩大到一定程度时,中部组织坏死呈褐色至黑色。病斑到了后期,常从自然孔口和伤口溢出细菌性黏液,成为溢脓。斑点症大多由假单胞杆菌或黄单胞杆菌引起的。

腐烂。植物多汁的组织受细菌侵染后,通常表现腐烂症状。腐烂主要是由欧氏杆菌引起。

枯萎。细菌侵入维管束组织后,植物输导组织受到破坏,引起整株枯萎,受害的维管束组织变褐色。在潮湿的条件下,受害茎的断面有细菌黏液溢出。枯萎多由棒状杆菌属引起,在木本植物上则以青枯病假单胞杆菌最为常见。

畸形。以组织过度生长畸形为主,野单胞杆菌的细菌可以引起根或枝干产生肿瘤,或使须根丛生。

(三)亚热带园艺植物病原病毒

病毒是一类非细胞形态的具有传染性的寄生物,需要有寄主细胞的核糖体和其他成分才能复制增殖。

1. 植物病毒的一般性状

(1)病毒的形态结构。病毒比细菌小,只有在电子显微镜下才能观察到病毒粒体。其形态可分为 3 类:①棒状,软棒状一般长 450~1 250 nm,个别长 2 000 nm,宽 10~13 nm;硬棒状长130~300 nm,宽 15~20 nm。②球状,粒体常呈几面体,直径一般在 16~80 nm。③弹状或称杆状,一般呈子弹状。长 50~240 nm,为宽的 3 倍。不同类型的病毒粒体大小差异很大(图 2-23)。

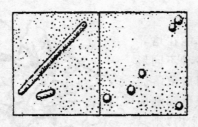

图 2-23 植物病毒形态

病毒粒体是由核酸和蛋白质两大部分组成,蛋白质在外形成衣壳,核酸在内,形成轴心。绝大部分植物病毒的核酸是核糖核酸(RNA),个别种类是脱氧核糖核酸(DNA)。RNA 为单链,少数是双链的。核酸携带着病毒的遗传信息,使病毒具有传染性。

(2)病毒的特征。

①病毒的寄生性。病毒是一种专性寄生物,它的粒体只能存在于活的细胞中。它的寄主范围很广。如烟草花叶病毒能侵染 36 科 236 种植物。有的病毒在寄主上只具有寄生性而不具有致病性。这种现象称为带毒现象,被寄生的植物称为带毒体。

②病毒的增殖。病毒以复制方式繁殖,称为增殖。病毒只能在活细胞内利用寄主的营养物质和能量分别合成蛋白质和核酸,从而形成新的病毒粒体。通常病毒的增殖过程也是病毒的致病过程。

③病毒对外界条件的稳定性。病毒对外界因子的影响较其他微生物稳定,主要表现在以下几个方面。

致死温度（失毒温度）：将病毒汁液在不同温度下处理 10 min 后,使病毒失去致病力的最低温度,称为致死温度。

稀释终点：将病毒汁液加水稀释,直至仍能保持侵染力的最大倍数,称为稀释终点。

体外保毒期：病毒汁液离体后,在 20～22℃条件下保持侵染力的最长时间,称为体外保毒期。

2. 植物病毒病害的症状特点

植物病毒病害只有病状,没有病症。

(1)变色。变色主要表现为花叶和黄化两种类型,这两种类型是病毒病的普遍症状。

(2)组织坏死。最常见的是叶片上产生坏死斑或坏死条纹。大多数是寄主过敏反应引起的,它阻止了病毒侵入植物体后的进一步扩展。

(3)畸形。植株矮化、节间缩短、丛枝、皱叶、厥叶、卷叶、肿瘤等变态表现。

3. 病毒病害的传播

病毒是专性寄生物,它必须在活体细胞内寄生活动,只能通过轻微的伤口侵入植物体。病毒的具体传播方式主要有以下几种。

(1)接触传播。病、健植株的叶片因相互接触摩擦而产生轻微伤口,病毒随着病株汁液从伤口流出侵染健株。通过沾有病毒汁液的手和操作工具也能将病毒传给健株。

(2)嫁接传播。几乎所有的植物病毒均能通过嫁接的方式传播。树木根系间的自然接合也会造成病毒的株间传播。

(3)昆虫传播。植物病毒的媒介昆虫主要是蚜虫和叶蝉,其他如飞虱、粉蚧、蟥、木虱、蓟马等。其传播病毒的方式有 3 种类型。①口针携带型,这种传播方式最简单。昆虫的口针在病株刺吸以后,立即获得传毒能力,但口腔内的病毒排完后,便失去传毒能力,所以这种传毒方式也叫做非持久性传播。②体内循回型,这种传毒方式较复杂。昆虫吸取病毒汁液后,不能立即传毒,必须经过一定时间后,才具有传毒能力,这类病毒在虫体内保持的时间较长,但不能遗传给后代,一般称为半持久性传播。③增殖型传毒,病毒能在昆虫体内增殖,即昆虫吸毒后获得传毒能力且保持很长时间,并可以通过卵把病毒传给它的后代,故又称为持久性传播。

(4)其他介体传播。植物病毒的传播介体除昆虫外,少数也可以由线虫、螨类、真菌及菟丝子等传播。

(5)种子及无性材料繁殖传播。种子传播有的是因种皮带毒,有的是种子内部带毒。由于病毒系统侵染的特性,一般无性繁殖材料都可能传播病毒病害。

(四)亚热带园艺植物病原植原体

植原体是 1967 年从桑萎缩病中认识的一种新病原。目前已发现 300 多种植物的 90 种病害是由植原体引起。

1. 植原体的一般性状

植物菌原体没有细胞壁,无拟核,没有革兰氏染色反应,也无鞭毛等其他附属结构。菌体外缘为三层结构的单位膜。细胞内有颗粒状的核糖体和丝状的核酸物质。植原体模式图如图 2-24 所示。

植原体一般以裂殖、出芽繁殖或缢缩断裂法繁殖。

植原体对四环素、土霉素等抗生素敏感。

2.植原体病害的症状和防治

由植原体引起的植物病害,大多表现为黄化、花变绿、丛枝、萎缩症状。

植物上的植原体在自然界主要是通过叶蝉传播,少数可以通过木虱和菟丝子传播。嫁接也可以是传播植原体的有效方法。

防治植原体病害基本上与防治病毒病害相似。严格选择无病的繁殖材料,防治媒介昆虫,选用抗病品种。由于植原体对四环素药物敏感,使用这类药物可以有效地抑制许多种植原体病害。

(五)亚热带园艺植物病原线虫

线虫属线形动物门,线虫纲,它在自然界分布很广,种类繁多,有的可以在土壤和水中生活,有的为害动、植物体。如香蕉、柑橘、番石榴及瓜类等均有线虫病。

1.线虫的一般性状

植物病原线虫多为不分节的乳白色透明线形体,雌雄异体,少数雌虫可发育为梨形或球形,线虫长一般不到1 mm,宽0.05～0.1 mm。线虫虫体通常分为头部、颈部、腹部和尾部。头部的口腔内有吻针,用以刺穿植物并吮吸汁液(图2-25)。线虫有卵、幼虫、成虫,交配后雄虫死亡,雌虫产卵,线虫完成生活史的时间长短不一,有的需要1年,通常是4周。

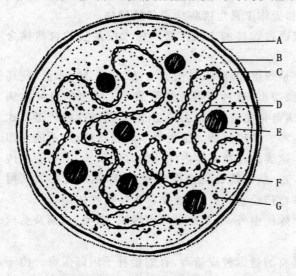

图2-24 植原体模式图
A～C.三层膜 D.核酸链
E.核糖体 F.蛋白质 G.细胞质

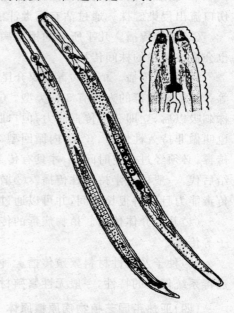

图2-25 线虫的形态和结构

线虫主要靠种子、苗木作远距离传播,土壤、灌溉水、病株残体也可以传播线虫。不同类群的线虫有不同的寄生方式,有的寄生在植物体内,称为内寄生;有的线虫只以头部或吻针插入寄主体内吸取汁液,虫体在寄主体外,称为外寄生。

线虫除直接引起植物病害外,还能成为其他病原物的传播媒介。现已证明,寄生线虫中有3个属都是病毒的传播者。如已发现一种美洲剑线虫能将马铃薯环斑病毒传给南美扁柏的根,但不表现症状。同时,因线虫危害常为其他根病的病原物开辟了侵入途径,甚至将病原物直接带入寄主组织内。例如,香石竹萎蔫病是由一种假单孢杆菌和任何一种根线虫联合引起的,细菌是通过线虫造成的伤口侵入植物的。

2.植物线虫病害的症状

线虫对植物的致病作用,除了吻针对寄主刺伤和虫体在寄主组织内穿行所造成的机械损伤之外,线虫还分泌各种酶和毒素,使寄主组织和器官发生各种病变。植物线虫病害的主要症状表现为以下两种类型。

(1)全株性症状。植株生长衰弱矮小,发育缓慢,叶色变淡,甚至萎黄,类似缺肥、营养不良的现象。这种症状主要是根部受线虫危害所致。

(2)局部性症状。由于线虫取食时寄主细胞受到线虫唾液(内含多种酶如酰胺酶、转化酶、纤维酶、果胶酶和蛋白酶等)的刺激和破坏作用,常引起各种异常的变化,其中最明显的是瘿瘤、丛根及茎叶扭曲等畸形症状。

(六)寄生性种子植物

种子植物大都是自养的,只有少数因缺乏叶绿素不能进行光合作用或因某些器官退化而成为异养的寄生植物。

依据寄生方式可分为半寄生和全寄生两种。主要的半寄生性种子植物为桑寄生科,这种植物的叶片有叶绿素,可以进行光合作用,但必须从树木寄生体内吸取矿质元素和水分。其中主要的是桑寄生属,其次是槲寄生属。主要的全寄生性种子植物有菟丝子科和列当科。这种植物的根、叶均已退化,全身没有叶绿素,只保留茎和繁殖器官,它们的导管、筛管与寄生植物的导管和筛管相连,从寄主植物中吸收水和无机盐,并依赖寄主植物供给碳水化合物和其他有机营养物质。

寄生性种子植物对木本植物的危害是使生长受到抑制,如落叶树受桑寄生侵害后,树叶早落,次年发芽迟缓,常绿树则在冬季引起全部落叶或局部落叶,树木受害,有时引起顶枝枯死,叶面缩小等。

1.桑寄生

桑寄生为半寄生、茎寄生,是一种常绿性寄生灌木,高 1 m 左右,叶对生,轮生或互生,全缘。两性花,花被4~6枚,浆果,呈球形或卵形。桑寄生的种子是鸟类传播的,有的鸟喜欢浆果,但种子不能消化,被吐出或经消化道排出,当种子落到树上,便黏附在树皮上,在适宜的条件下萌发,萌发过程产生胚根,胚根与寄主接触后形成盘状吸盘,附着在树皮上,由吸盘产生初生吸根,伸入木质部与寄主导管相连,吸取寄主的水分和无机盐,供桑寄生生长发育,被害植物树势衰退,严重者可使上部枝条枯死。该属在我国最常见的有桑寄生和樟寄生(褐背寄生)两种。

2.槲寄生

槲寄生为半寄生、茎寄生。槲寄生是槲寄生属植物的总称,叶片革质,对生或全部退化;小茎作叉状分枝,不产生匍匐茎。花极小,单生或互生,雌雄异株,果实浆果,内果皮外有一层吸水性很强的黏性物质,内含槲寄生素,味涩,对种子有保护作用,果实成熟后,以其鲜艳的颜色招引鸟类啄食,种子自鸟嘴吐出或从粪便中排出,以此来传播。

3.菟丝子(图2-26)

菟丝子为全寄生。菟丝子是菟丝子属植物的总称。常见的有中国菟丝子和日本菟丝子。防治菟丝子主要是减少侵染来源,消除菟丝子和种子,冬季深耕,使种子深埋土中,不能萌发。此外,在春末夏初进行苗地检查,发现菟丝子立即清除,以免蔓延。

4.列当

寄生在根部,危害瓜、向日葵、豆、茄科等植物。

【材料与用具】

用具:拨针、刀片、木板、酒精灯、火柴、载玻片、盖玻片、纱布、乳酚油、二甲苯、显微镜成像系统、擦镜纸、吸水纸等。

材料:瓜果腐霉病菌、瓜叶菊白粉病菌、植物煤烟病菌、驳骨草锈病、柑橘青霉病、番茄灰霉病、黄瓜霜霉病菌等标本或装片;无性子实体和有性子实体装片;绵腐病、马铃薯或番茄晚疫病、葡萄霜霉病、油菜白锈病装片。

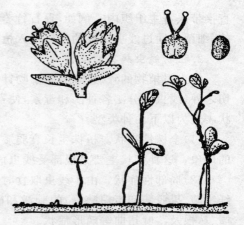

图 2-26 菟丝子种子萌发及侵害方式

【实施步骤】

载玻片滴一滴水 ⇨ 挑取病菌 ⇨ 盖上盖玻片 ⇨ 镜检 ⇨ 进行病原诊断

【完成任务单】

对病害病原观察后,填写表 2-2。

表 2-2 亚热带园艺植物病害病原观察任务单

序号	病害名称	病原	备注

【巩固练习】

一、填空题

1.真菌进行营养生长的菌体部分称为(   )。

2.常见的菌丝变态结构有(   )。

3.真菌的繁殖方式分(   )繁殖和(   )繁殖两种。

4.真菌的无性孢子有(   )。

5.真菌的有性孢子有(   )。

6.真菌从一种孢子萌发开始,经过生长和发育阶段,最后又产生同一种孢子的过程称为(   )。

7.子囊果可分为(   )、(   )、(   )、(   )4 类。

8.闭囊壳外(   )的形态和闭囊壳内(   )是白粉菌分类的依据。

9.典型的锈菌生活史可分为 5 个阶段,顺序产生 5 种类型的孢子(   )、(   )、(   )、(   )和(   )。

10.病毒粒子结构简单,是由(   )和(   )两部分组成。

11.病毒侵入植物时,必须从植物的(　　)侵入。

二、简答题

1.列表比较真菌五亚门的形态特征。

2.植物非侵染性病害有哪些不同类型的病因?

3.线虫对植物的致病性表现在哪些方面?

工作任务 2-3　亚热带园艺植物病害诊断方法

◆**目标要求**:通过完成任务能正确运用主要病害的诊断方法,正确识别亚热带园艺植物病害的主要症状类型及特点、主要病原物的形态特征及其致病特点,为田间病害调查、预测预报及防治提供依据。

【相关知识】

一、亚热带园艺植物病害的诊断步骤

病害诊断是防治的前提,查明发病原因,对症下药,才能及有效地进行病害防治。诊断步骤可以分为田间症状观察、室内鉴定及人工诱发试验 3 个步骤。

(一)田间症状观察

通过田间观察,考察环境、栽培管理等特点,先区别是伤害还是病害,再进一步确定是哪类病害,即生理性或是非生理性病害。

非侵染性病害病株在田间的分布具有规律性,一般比较均匀,往往是大面积成片发生,没有先出现明显的发病中心,没有从点到面扩展的过程;病株只表现病状,无病征;病株间不互相传染;病害发生与环境条件、栽培管理措施密切相关。而传染性病害大多有明显的病征,常是零星发生,有发病中心,有传染的迹象。

植物病害症状是诊断病害的重要依据之一,特别是各种常见病和症状特征十分明显的病害,如各种植物的白粉病、锈病等,通过症状观察就可以诊断。但病害的症状并不是固定不变的,症状有同原异症及同症异原,即同一病原可以有不同的症状及同一症状由不同病原引起的现象。因此,仅凭症状诊断病害,有时并不完全可靠。常需要对发病现场进行系统、认真调查和观察,进一步分析发病原因或鉴定病原物。

(二)室内鉴定(病原物的显微镜观察)

初步诊断为真菌病害的,可挑取、刮取或切取表生或埋在组织中的菌丝、孢子梗、孢子或子实体体进行镜检。如果病征不够明显,可放在保湿器中保湿 1~2 d 后再镜检。细菌病害的病组织边缘常有细菌中云雾状溢出。病原线虫和螨类,均可以显微镜下观察到其形态。病毒、植原体需在电子显微镜下才能观察清楚其形态,一般需经汁液接种、嫁接试验、昆虫传毒等试验确定。生理性病害在组织内检查不到任何的病原物,但可以通过镜检看到细胞形态和内部结构的变化。

(三)人工诱发试验(病原物不能确定时采用)

人工诱发试验即从受病组织中把病菌分离出来,人工接种到同种植物的健康植株上,以诱发病害发生。如果被接种的健康植株产生同样的症状,并能再一次分离出相同的病菌,就能确定该菌为这种病害的病原菌。人工诱发试验采用柯赫氏(Koch's)法则,分为分离、培养、接种和再分离。

二、亚热带园艺植物病害的诊断要点

1.非侵染性病害的诊断

病株发生比较集中,发病面积大且均匀,没有由点到面的扩展过程,发病时间比较一致,发病部位大致相同。如日灼病都发生在果、枝干的向阳面,除日灼、药害是局部病害外,通常植株表现在全株性发病,如缺素病、旱害、涝害等。

(1)症状观察。对病株上发病部位,病部形态大小、颜色、气味、质地有无病症等外部症状,用肉眼和放大镜观察。非侵染性病害只有病状而无病症,必要时可切取病组织表面消毒后,置于保温(25~28℃)条件下诱发。如经24~48 h仍无病症发生,可初步确定该病不是真菌或细菌引起的病害,而属于非侵染性病害或病毒病害。

(2)显微镜检。将新鲜或剥离表皮的病组织切片并加以染色处理。显微镜下检查有无病原物及病毒所致的组织病变(包括内含体),即可提出非侵染性病害的可能性。

(3)环境分析。非侵染性病害由不适宜环境引起,因此应注意病害发生与地势、土质、肥料及与当年气象条件的关系;栽培管理措施、排灌、喷药是否适当;城市工厂三废是否引起植物中毒等,都作分析研究,才能在复杂的环境因素中找出主要的致病因素。

(4)病原鉴定。确定非侵染性病害后,应进一步对非侵染性病害的病原进行鉴定。

①化学诊断。主要用于缺素症与盐碱害等。通常是对病株组织或土壤进行化学分析,测定其成分、含量,并与正常值相比,查明过多或过少的成分,确定病原。

②人工诱发。根据初步分析的可疑原因,人为提供类似发病条件,诱发病害,观察表现的症状是否相同。此法适于温度、湿度不适宜元素过多或过少、药物中毒等病害。

③指示植物鉴定。这种方法适用于鉴定缺素症病原。当提出可疑因子后,可选择最容易缺乏该种元素、症状表现明显、稳定的植物,种植在疑为缺乏该种元素园艺植物附近,观察其症状反应,借以鉴定园艺植物是否患有该元素缺乏症。

④治疗试验。采取治疗措施排除病因。如缺素症可在土壤中增施所缺元素或对病株喷洒、注射、灌根治疗。根腐病若是由于土壤水分过多引起的,可以开沟排水,降低地下水位以促进植物根系生长。如果病害减轻或恢复健康,说明病原诊断正确。

2.侵染性病害的诊断

侵染性病害的发生具有发病中心,病害总是有由少到多,点到片,由轻到重的发病过程。但由于不同的病原,病害的症状也不完全相同。大多数病害的病斑上,在发病后期有症状的出现。据典型的症状表现,对许多病害可以做出初步的诊断。

(1)真菌病害的诊断。真菌病害的症状以腐烂和坏死居多,并有明显的症状。对这类病害可以直接采用做临时玻片,在显微镜上观察病菌的形态结构,并根据典型的症状表现,确定具体的病害种类。对一些病征不明显的标本,可以放在适温保湿培养24~72 h,病原真菌常会长出菌丝或孢子,再进行镜检。如保湿结果不理想,再选择采用人工诱发试验。

（2）细菌病害的诊断。细菌病害的典型症状是在初期病斑水渍状或油渍状边缘、半透明，有黄色晕圈。在潮湿条件下，出现黄白色或黄色的菌脓，但无菌丝。萎蔫型细菌性病害，横切病茎基部，可见污白色菌脓溢出，且维管束变褐。

（3）病毒病害的诊断。病毒病害的在田间诊断时很容易和非侵染性病害混淆，在诊断时应注意几点，病毒病具有传染性，在新叶、新梢症状最明显，而且有独特的症状表现，如花叶、脉带、环斑、矮缩等。初步诊断的病毒病，还可以在实验室进一步确诊，如通过传播方式的测定，通过病毒物理和化学特性的测定，还可以从病组织中挤出汁液，经复染后在透射电镜下观察病毒粒体的形态与结构来准确地诊断病毒病。

（4）线虫病害的诊断。线虫多引起植物地下部分发病，受害植物大部分表现生长缓慢的衰退症状，很少有急性发病。因此，在发病初期不易发现。通常表现的症状是病部产生虫瘿、肿瘤、茎叶扭曲、畸形、叶尖干枯、须根丛生及生长衰弱等，似营养缺乏症状。可将虫瘿或肿瘤切、挑出线虫制片或做成病组织切片镜检。

三、植物病害诊断时应注意的问题

①不同的病原可导致相似的症状。如萎蔫性病害可由真菌、细菌、线虫等病原引起。

②同一病原在同一寄主植物的不同生育期，不同的发病部位，表现不同的症状。

③同一病原在不同的寄主植物上，表现的症状也不相同。

④环境条件可影响病害的症状，腐烂病类型在气候潮湿时表现湿腐症状，气候干燥时表现干腐症状。

⑤缺素症生理性病害与病毒病、类菌原体、类立克次氏体引起的症状类似。

⑥在病部的坏死组织上，可能有腐生菌，容易混淆和误诊。

【材料与用具】

材料：瓜果腐霉病、白粉病、煤烟病、锈病、青霉病、灰霉病、霜霉病、猝倒病、枯萎病、丛枝病、线虫病等；日灼病、缺素、药害等病害。

用具：显微镜成像系统、投影仪、载玻片、盖玻片、拨针、刀片、木板、酒精灯、火柴、纱布、乳酚油、二甲苯、擦镜纸、吸水纸以及上面具有病害典型症状的照片、挂图、光盘、多媒体课件等。

【实施步骤】

田间观察症状 ⇨ 病状诊断 ⇨ 室内病原诊断 ⇨ 病征诊断 ⇨ 症状描述、诊断

【完成任务单】

将植物病害症状的识别结果记录在表 2-3 中。

表 2-3 亚热带园艺植物病害症状识别记录表

序号	病害名称	为害部位	病状	病征	病原	症状描述

【巩固练习】

简答题

1.简述真菌、细菌、病毒及线虫病害的诊断方法。

2.如何区别真菌病害和细菌病害？

3.植物病害诊断分为哪几个步骤？

拓展知识 亚热带园艺植物侵染性病害的发生与流行

一、病原物的寄生性与植物的抗病性

（一）病原物的寄生性

1.病原物的寄生性

病原物的寄生性是指病原物从寄主活的细胞和组织中获得营养物质的能力。按照它们从寄主获得活体营养能力的大小，可以把病原物分为 3 种类型。

（1）专性寄生物。它们的寄生能力最强，也可以只能从活的寄主细胞和组织中获得营养，所以也称为活体寄生物。该类病原物包括所有的植物病毒、植原体、寄生性种子植物，大部分植物病原线虫和霜霉、白粉和锈菌等部分真菌。

（2）非专性寄生物（兼性寄生物、兼性腐生物）。这类病原既能在寄主活组织上寄生，又能在死亡的病组织和人工培养基上生长。据寄生能力的强弱，可分为兼性寄生物和兼性腐生物两种。

（3）专性腐生物。该类微生物不能侵害活的有机体，因此不是寄生物。常见的是食品上的霉菌，木材上的木耳、蘑菇等腐朽菌。

2.病原物的致病性

致病性是病原物所具有的破坏寄主而后引起病害的能力。

寄生物从寄主吸取水分和营养物质，起着一定的破坏作用。一般来说，寄生物就是病原物，但不是所有的寄生物都是病原物。例如，豆科植物的根瘤细菌和许多植物的菌根真菌都是寄生物，但并不是病原物。病原物的致病性大致通过以下几种方式来实现。

①夺取寄主营养物质和水分。例如，寄生性种子植物和线虫，靠吸收寄主的营养使寄主生长衰弱。

②分泌各种酶类、毒素及植物生长调节物质，破坏植物组织和细胞、干扰植物的正常激素代谢，引起生长异常。

（二）植物的抗性

1.植物的抗病性

寄主植物抑制或延缓病原活动的能力称为抗病性，是寄主的一种属性。主要表现有如下几种类型。

（1）免疫。寄主对病原物侵染的反应表现为完全不发病，或没可见的症状。

（2）抗病。寄主对病原物侵染的反应表现为发病较轻。发病很轻的称为高抗。

（3）耐病。寄主对病原物侵染的反应表现为发病较重，但产量损失较小。

（4）感病。寄主对病原物侵染的反应表现为发病较重，产量损失较大。

（5）避病。寄主在某种条件下避免发病或避免病害大发生的习性，寄主本身是感病的。

2.抗病性机制

按照发生时期大体分为抗接触、抗侵入、抗扩展、抗损害等几种类型。而按照抗病的机制可以分为结构抗病性和生物化学抗病性。前者有时称为物理抗病性或机械抗病性。植物一般是从两个方面来保卫自己、抵抗病原物的活动,一是机械的阻碍作用,利用组织和结构的特点阻止病原物的接触、侵入与在体内的扩展、破坏,这就是结构抗病性;二是植物的细胞或组织中发生一系列的生理生化反应,产生对病原物有毒害作用的物质,来抑制或抵抗病原物的活动,这就是生化抗病性。

二、植物侵染性病害的侵染过程

病原物与植物接触之后,引起病害发生的一系列过程,称作侵染程序,简称病程。病程一般可分为接触期、侵入期、潜育期和发病期 4 个时期。

(一)接触期

从病原物与寄主接触,到病原物开始萌动为止,称为接触期。在接触期病原物除了直接受到寄主的影响外,还受到环境因素的影响,如大气的温度和湿度、植物表面渗出的化学物质、植物表面微生物群落颉颃或刺激作用等。病毒、类病毒、类菌质体和类立克次体的接触和侵入是同时完成的。细菌从接触到入侵几乎是同时完成。真菌接触期的长短不一,一般从孢子接触到萌发侵入,在适宜的环境条件下,几小时可以完成。

(二)侵入期

从侵入到病原物与寄主建立寄生关系为止,这一时期称为侵入期。

1. 侵入途径

病原物侵入寄主的途径因种类不同而异。

(1)直接侵入。一部分真菌可以从健全的寄主表皮直接侵入。

(2)自然孔口侵入。植物体表的自然孔口,有气孔、皮孔、水孔、蜜腺等,绝大多数真菌和细菌都可以通过自然孔口侵入。

(3)伤口侵入。植物表面各种伤口如剪伤、虫伤、碰伤、落叶的叶痕等都是病原物侵入的途径。在自然界,一些病原细菌和许多寄生性较弱的真菌往往由伤口侵入。

在 3 大类病原物中,病毒仅能靠外力通过微伤或以昆虫作为介体而进行侵入;细菌可以被动地落在自然孔口或伤口而进行侵入,而真菌除以上途径外尚有直接侵入的途径。

2. 影响侵入的条件

影响病原物侵入的环境条件,首先是湿度和温度,其次是寄主植物。

(1)湿度。湿度对侵入影响最大,真菌除白粉菌外,孢子萌发的最低相对湿度都在 80% 以上。

(2)温度。温度影响孢子萌发和菌丝生长的速度,各种真菌的孢子都有其最高、最适及最低的萌发温度。应当指出,在病害能够发生的季节里,温度一般能满足要求,而湿度则变化较大,常成为病害侵入的限制因素。

(三)潜育期

从病原物侵入与寄主建立寄生关系开始,直到表现明显的症状为止称为潜育期。

1. 局部侵染和系统侵染

大多数真菌和细菌在寄主体内扩展的范围限于侵入点附近,称局部侵染。叶斑类病害是典型的局部侵染病害。病原物自侵入点能扩展到整个植株或植株的绝大部分,称系统侵染。如许多病毒、植原体以及少数的真菌、细菌的扩展属于这一类型。

2.环境条件对潜育期影响

潜育期的长短因病害而异,叶部病害一般 10 d 左右,也有较短或较长的。在潜育期中,寄主体就是病原物的生活环境,其水分养分都是充足的。潜育期长短受外界环境,特别是气温影响最大。有些病原物侵入寄主后,由于寄主和环境条件的限制,暂时停止生长活动而潜伏在寄主体内不表现症状,当寄主抗病性减弱,环境有利于病菌生长,病菌可继续扩展并出现症状,这种现象称为潜伏侵染。有些病害出现症状后,由于环境条件不适宜,症状可暂时消失,称为隐症现象。有些病毒侵入一定寄主后,在任何条件下都不表现症状称为带毒现象。

(四)发病期

从寄主植物表现出症状后,到症状停止发展这一阶段称为发病期。在发病期中,病原物仍有一段扩展时期,其症状也随着有所发展,最后,病原物产生繁殖器官(或休眠),症状便停止发展,一次侵染过程至此结束。

三、植物病害的侵染循环

侵染循环是指病害从前一生长季节开始发病,到下一生长季节再度延续发病的过程。它包括病害的初侵染和再侵染、病原物越冬、病原物的传播 3 个环节。

1.病害的初侵染和再侵染

由越冬的病原物在植物生长期引起的第一次侵染称初侵染。在初侵染的病部产生的繁殖体(病征)通过传播引起的侵染称为再侵染。在同一生长季节,再侵染可能发生许多次,病害的侵染循环,可按再侵染的有无分为:

(1)多循环病害。一个生长季节中除初侵染过程外还有多次再侵染过程。如各种白粉病和炭疽病等属于这类病害。

(2)单循环病害。一个生长季节只有一次侵染过程。如甘蔗黑穗病属于这类病害。

2.病原物越冬

病原物越冬是指病原物如何渡过寄主的休眠期。越冬是侵染循环中的一个薄弱环节,常常是某些病害防治上的关键问题,病原物越冬的场所有以下几个。

(1)田间病株。田间病株是植物病害最重要的越冬场所,寄主体内的病原物因有寄主组织的保护,不会受到外界环境的影响而安全越冬,成为次年初侵染来源。

(2)病株残体。绝大部分非专性寄生的真菌、细菌都能在因病而枯死的病残体内存活或以腐生的方式存活一段时间。彻底清除病株残体等措施有利于消灭和减少初侵染来源。

(3)种子苗木和其他繁殖材料。种子及果实表面和苗木、接穗、插条和种根等都可能有病原物存活。

(4)土壤、肥料。土壤、肥料也是多种病原物越冬的主要场所,侵染植物根部的病原物尤其如此。根据病原物在土壤中存活能力的强弱,可以分为土壤寄居菌和土壤习居菌。

3.病原物的传播

在植物体外越冬的病原物,必须传播到植物体上才能发生初侵染,病原物的传播主要依赖外界因素被动传播,主要传播方式有:

(1)风力传播(气流传播)。真菌的孢子很多是借风力传播的,真菌的孢子数量多,体积小,易于随风飞散。

（2）雨水传播。植物病原细菌和真菌中的黑盘孢目、球壳孢目的分生孢子多半是由雨水传播的，低等的鞭毛菌的游动孢子只能在水滴中产生和保持它们的活动性。存在土壤中的一些病原物，可以随灌溉和排水的水流而传播。

（3）昆虫和其他动物传播。有许多昆虫在植物上取食活动，成为传播病原物的介体，同时在取食和产卵时，给植物造成伤口，为病原物的侵染造成有利条件。线虫、鸟类等动物也可传带病菌。

（4）人为传播。人们在育苗、栽培管理及运输等活动中，常常无意识传播病原物。人为传播往往是远距离的，而且不受外界条件的限制，这也是实行植物检疫的原因。

四、植物病害的流行与预测

植物病害在一定时期和地区内普遍而严重发生，使寄主植物受到很大损害，称为病害的流行。

1. 病害流行的条件

传染性病害的流行必须具备 3 个方面的条件，即有大量致病力强的病原物存在；有大量的感病性的寄主存在；有对病害发生极为有利的环境。

上述 3 个方面因素是病害流行的必不可少的条件，缺一不可。但是各种流行性病害，由于病原物、寄主和它们对环境条件的要求等方面的特性不同，在一定地区、一定时间内，分析病害流行条件时，不能把 3 个因素同等看待，可能其中某些因素基本具备，变动较小，而其他因素变动或变动幅度较大，不能稳定地满足流行的要求，限制了病害流行。因此，把这种易变动的限制性因素称为主导因素。

2. 病害流行的预测

根据病害流行的规律和即将出现的有关条件，推测某种病害今后一定时期内流行的可能性，称为病害预测。病害预测的方法和依据因不同病害的流行规律而异，通常主要依据：①病害侵染过程和侵染循环的特点；②病害流行因素的综合作用，特别是主导因素与病害流行的关系；③病害流行的历史资料以及当年的气象预报等。

根据测报的有效期限，可区分为长期预测和短期预测两种。长期预测是预测一年以后的情况，短期预测是预测当年的情况。

项目计划实施

1. 工作过程组织

3～5 名学生一组，选出小组长。

2. 材料与用具

每组提供一定量（50 种以上）的病害标本或图片，放大镜、生物显微镜。

3. 实施过程

提供 50 种以上的主要病害标本、挂图或图片。进行病害症状识别、病原鉴定。从 50 种标本中随机抽取 20 种标本组成一标本组，对照标本能正确写出每一种病害名称得 2 分，正确描述病害症状 3 分；选题抽签方式，测试为每 3 人一组，考核 15 min。

【完成任务单】

按照表 2-4，填写植物病害识别记录。

表 2-4 亚热带园艺植物病害识别项目考核

组别： 姓名： 学号：

标本号	病害名称	标准分	得分	病害症状描述	标准分	得分
1		2			3	
2		2			3	
3		2			3	
4		2			3	
5		2			3	
6		2			3	
7		2			3	
8		2			3	
9		2			3	
10		2			3	
11		2			3	
12		2			3	
13		2			3	
14		2			3	
15		2			3	
16		2			3	
17		2			3	
18		2			3	
19		2			3	
20		2			3	
总 分				考核教师签字		

评价与反馈

完成亚热带园艺植物病害诊断工作任务后，要进行自我评价、小组评价、教师评价。考核指标权重：自我评价 20％，小组互评 40％，教师评价 40％。

自我评价：根据自己的学习态度、完成亚热带园艺植物病害识别的成绩，实事求是进行评价。

小组评价：组长根据组员完成任务情况对组员进行评价。主要从小组成员配合能力、完成识别工作任务的成绩给组员进行评价。

教师评价：教师评价是根据学生学习态度、完成亚热带园艺植物病害识别成绩、任务单完成情况、出勤率等方面进行评价。

综合评价：综合评价是将个人评价、小组评价、教师评价成绩进行综合，得出每个学生完成一个工作任务的综合成绩。

信息反馈：每个学生对教师进行评价，对本工作任务完成提出建议。

项目三　亚热带园艺植物病虫害标本的采集、制作与保存

项目描述　掌握亚热带园艺植物病虫害标本的采集、制作与保存的方法,并通过标本采集鉴定,熟悉当地常见病虫害种类,为害特征和发生情况。

工作任务 3-1　亚热带园艺植物害虫标本的采集、制作与保存

◆**目的要求**:掌握采集、制作和保存昆虫标本的方法,并通过标本采集鉴定,熟悉当地常见害虫和天敌昆虫的形态、危害状特征和发生情况。

【相关知识】

一、昆虫标本的采集

1.采集用具

(1)捕虫网。常用的捕虫网有空网、扫网和水网3种。空网主要用于采集善飞的昆虫。网圈为粗铁丝弯成,直径 33 cm,网柄长 1.33 m,为木棍制成。网袋用透气、坚韧、浅色的尼龙纱制成,袋底略圆,以利于将捕获的昆虫装入毒瓶;扫网则用来扫捕植物丛中的昆虫,要求比空网结实。为取虫时方便,网袋可在底端开口;水网用来捕捉水生昆虫。网框的大小和形状不限,以适用为准。网袋要求透水性好,常用铜纱、尼龙等制成(图 3-1)。

(2)吸虫管。吸虫管用于采集蚜虫、蓟马、红蜘蛛等微小昆虫。主要利用吸气时形成的气流将虫体带入容器(图 3-2)。

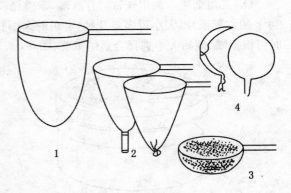

图 3-1　捕虫网种类
1.空网　2.扫网　3.水网　4.可折叠的网

(3)毒瓶和毒管。专用于毒杀昆虫。一般有严密封盖的磨口广口瓶或指形管制成。瓶(管)内最下层放毒剂氰化钾(KCN)或氰化钠(NaCN),压实;上平铺一层细木屑,压实,这两层各 5～10 cm;最上层是一薄层熟石膏粉,压平实后,用滴管均匀地滴入水,使之结成硬块即可。注意熟石膏粉应铺均匀,并尽量压紧实,以免使用时碎裂,影响使用寿命(图 3-3)。有时也可

制备简易毒瓶,在密封的广口瓶底放一些棉花,滴几滴三氯甲烷(氯仿)或敌敌畏即成。

(4)指形管。指形管用于暂时存放虫体较小的昆虫。管底一般是平的,形状如手指(图3-4),大小规格很多,管口直径一般在 10～20 mm,管长 50～100 mm。

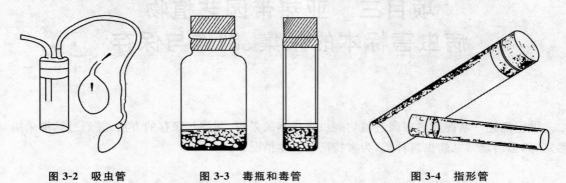

图 3-2　吸虫管　　　　　图 3-3　毒瓶和毒管　　　　　图 3-4　指形管

(5)采集箱和采集袋。防压的标本、需要及时针插的标本及三角纸包装的标本,可放在木制的采集箱内。外出采集的玻璃用具(如指形管、毒瓶等)和工具(如剪刀、镊子、放大镜、橡皮筋等)、记录本等可放在采集箱或采集袋内。其大小可自行设计。

(6)采集盒。通常用于暂时存放活虫。用铁皮制成,盖上有一块透气的铜纱和一个带活盖的孔,大小不同可做成一套,依次套起来,携带方便(图3-5)。

(7)诱虫灯。专门用于采集夜间活动的昆虫。可在市场上购买成品,或自行设计制作。诱虫灯下可设一漏斗并连一毒瓶,以便及时毒杀诱来的昆虫。为保证安全,毒瓶内可用敌敌畏做为毒剂。也可在漏斗下安装纱笼得到活虫,饲养后可得生活史标本。

(8)三角纸袋。常用来暂时存放蝶、蛾类昆虫的标本。一般用坚韧的光面纸,裁成长宽比为3∶2的方形纸片,大小可多备几种,常用的大小有 3 种:100 mm×100 mm、70 mm×70 mm,采集时可根据蝶、蛾的大小选择合适的纸袋(图3-6)。

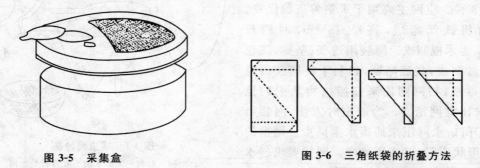

图 3-5　采集盒　　　　　　　　　　图 3-6　三角纸袋的折叠方法

2.采集方法

(1)网捕。网捕用来捕捉能飞、善跳的昆虫。对于飞行迅速的种类,应迎头捕捉,并立即挥动网柄,将网袋下部连虫一并甩到网圈上来(图3-7)。如果捕到的是蝶、蛾类昆虫,应在网外捏压蝶、蛾的胸骨使其骨折,待其失去活动能力后放入毒瓶,以免蝶、蛾与瓶壁相撞损坏和脏污鳞粉;如捕获的是一些中、小型昆虫,且数量很多,可抖动网袋,使昆虫集中于网底,连网放入大口毒瓶内,待昆虫毒死后再取出分装。栖息于草丛中的昆虫应用扫网进行捕捉。采集者应边走边扫,若在扫网底部开口外连一个塑料管,可使虫体直接集中于管底,可减少取虫的麻烦,提高效率(图 3-8)。

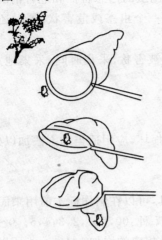

图 3-7 空网的使用

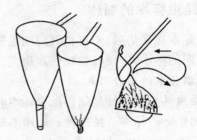

图 3-8 扫网及使用方法

(2)诱集。诱集是利用昆虫的趋性和生活习性设计的招引方法,常用的有灯光诱集和食物诱集等。

灯光诱集常用于蛾类、金龟子、蝼蛄等有趋光性的昆虫。黑光灯的诱集效果最好,诱集的昆虫种类较多,也可用普通白炽灯。在闷热、无风、无月的夜晚,诱集效果最好。

(3)振落。有许多昆虫,因其常隐蔽于枝丛内,或由于体形、体色与植物相似具有"拟态",不易发现,此时应轻轻振动树干,昆虫受惊后起飞,有假死性的昆虫则会坠落或吐丝下垂而暴露目标,再行捕捉。

(4)搜索和观察。许多昆虫营隐蔽生活,如蝼蛄、金针虫和地老虎的幼虫在土壤中生活;天牛、吉丁虫、茎蜂和螟蛾的幼虫在植物的茎干中钻蛀生活,卷叶蛾的幼虫在卷叶团中生活,蓑蛾的幼虫则躲避在由枝叶织造的长口袋中,沫蝉会分泌白色泡沫,还有很多昆虫在避风向阳的石块下、土缝中、叶片背面化蛹或越冬。在这些场所仔细搜索、观察就会采集到很多种类的昆虫。根据害虫的为害状也可以寻找到昆虫,如植物形成虫瘿、叶片发黄、植物叶片上形成白点等,就可能找到蚜虫、木虱、蓟马、叶螨等刺吸式口器的害虫。

3. 采集时间及地点

昆虫要取食和为害各种植物,由于昆虫虫态多样,植物生长发育的时间相差很大,各种昆虫的不同虫态发生时间也有很大的差异,但都和寄主植物的生长季节大致相符。在不同地区气候条件有所差别,同种昆虫的发生期也不尽相同。应掌握在各地区昆虫的大量发生期适时采集。

另外,采集昆虫还应掌握昆虫的生活习性。有些昆虫是日出性昆虫,应在白天采集,而夜出性昆虫则在黄昏或夜间采集。如铜绿丽金龟在闷热的晴天晚间大量活动,而黑绒金龟则在温暖无风的晴天下午大量出土,并聚集在绿色植物上,极易捕捉。

4. 采集标本时应注意的问题

一件好的昆虫标本个体应完好无损,在鉴定昆虫种类时才能做到准确无误。因此,在采集时应耐心细致,特别对于小型昆虫和易损坏的蝶、蛾类昆虫。

此外,昆虫的各个虫态及为害状都要采到,这样才能对昆虫的形态特征和危害情况在整体上进行认识,特别是制作昆虫的生活史标本,不能缺少任何一个虫态或危害状,同时还应采集一定的数量,以便保证昆虫标本后期制作的质量和数量。

在采集昆虫时还应作简单的记载,如寄主植物的种类、被害状、采集时间、采集地点等,必要时可编号,以保证制作标本时标签内容的准确和完整。

二、昆虫标本的制作

昆虫标本在采集后,不可长时间随意搁置,以免丢失或损坏,应用适当的方法加以处理,制成各种不同的标本,以便长期观察和研究。

1. 干制标本的制作用具

(1)昆虫针。昆虫针是制作昆虫标本时必不可少的工具,可以在制作标本前用来固定昆虫的位置,制作针插标本。昆虫针一般用不锈钢制成,型号共 7 种:00,0,1,2,3,4,5。0~5 号针的长度为 38.45 mm,0 号针直径 0.3 mm,每增加一号,直径相应的增加 1/10 mm,所以 5 号针直径0.8 mm。00 号(微针)与 0 号粗细相同,但仅为其长度的 1/3,用于微型昆虫的固定(图 3-9)。

(2)展翅板。常用来展开蝶、蛾类、蜻蜓等昆虫的翅。用硬泡沫塑料板制成的展翅板造价低廉,制作方便。展翅板一般长为 33 cm,宽 8~16 cm,厚 4 cm,在展翅板的中央可挖一条纵向的凹槽,也可用烧热的粗铁丝烫出凹槽,凹槽的宽深各为 5~15 mm(图 3-10)。

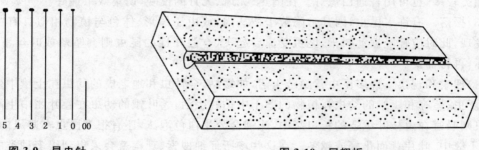

图 3-9　昆虫针　　　　　　　　　　　　　图 3-10　展翅板

(3)还软器。还软器是对于已干燥的标本进行软化的玻璃器皿(图 3-11)。一般使用干燥器改装而成。使用时在干燥器底部铺一层湿砂,加少量苯酚以防止霉变。在瓷隔板上放置要还软的标本,加盖密封,一般用凡士林作为密封剂。几天后干燥的标本即可还软。此时可取出整姿、展翅。切勿将标本直接放在湿砂上,以免标本被苯酚腐蚀。

(4)三级台。由整块木板制成,长 7.5 cm,宽 3 cm,高2.4 cm,分为三级,每级高皆是8 mm,中间钻有小孔(图 3-12)。将昆虫针插入孔内,使昆虫、标签在针上有一定的位置。

(5)三角纸台。用胶版印刷纸剪成底宽 3 mm,高 12 mm 的小三角,或长 12 mm,宽 4 mm的长方纸片,用来粘放小型昆虫。

此外,大头针、黏虫胶(用 95%酒精溶解虫胶制成)或乳白胶等也是制作昆虫标本必不可少的用具。

图 3-11　还软器

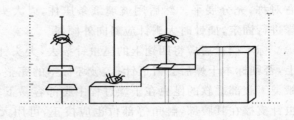

图 3-12　三级台

2.干制标本的制作方法

(1)针插昆虫标本。除幼虫、蛹及个体微小的昆虫以外,皆可用昆虫针插制作后后装盒保存。

插针时,应按照昆虫标本体型大小选择号型合适的昆虫针。对于体型较大的夜蛾类成虫,一般选用 3 号针,天蛾类成虫,多用 4 或 5 号针;体型较小的蟓、叶蝉、小型蝶、蛾类则用 1 或 2 号针。

一般插针位置在虫体上是相对固定的。蝶、蛾、蜂、蜻蜓、蝉、叶蝉等从中胸背面正中央插入,穿透中足中央;蚊、蝇从中胸中央偏右的位置插针;蝗虫、蟋蟀、蝼蛄的虫针插在前胸背板偏右的位置;甲虫类虫针插在右鞘翅的基部;蟓类插于中胸小盾片的中央(图 3-13)。

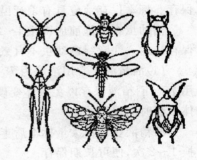

图 3-13　昆虫的针插部位

这种插针位置的规定,一方面是为插针的牢固;另一方面是为避免破坏虫体的鉴定特征。

昆虫虫体在昆虫针上的高度是一定的,在制作时可将带虫的虫针倒置,放入三级台的第一级小孔,使虫体背部紧贴于台面上,其上部的留针位置即为 8 mm。

昆虫插制后还应进行整姿,前足向前,后足向后,中足向两侧;触角短的伸向前方,长的伸向背侧面,并使之对称、整齐、自然美观。整姿后要用大头针或纸条加以固定,待干燥定型后即可装盒保存。

对跳甲、木虱、蓟马等体型微小的昆虫,选用 0 号或 00 号昆虫针,针从昆虫的腹面插入后,再将昆虫针插在软木片上,再按照一般昆虫的插法,将软木片插在 2 号虫针上。也可用虫胶将小昆虫粘在三角纸台的尖端,三角纸台的纸尖应粘在虫体的前足与中足之间,然后将三角纸台的底边插在昆虫针上。插制后三角纸台的尖端向左,虫体的前端向前。

(2)展翅。蝶、蛾和蜻蜓等昆虫,在插针后还需要展翅。将新鲜标本或还软的标本,选择号型合适的昆虫针,按三级台的特定高度插定,首先整理蝶、蛾的 6 足,使其紧贴身体的腹面,不要伸展或折断;其次触角向前、腹部平直向后,然后转移至大小合适的展翅板上,虫体的背面应与两侧面的展翅板水平。

用 2 枚细昆虫针分别插于前翅前缘中部,第一条翅脉的后面,两手同时拉动一对前翅,使两翅的后缘在同一直线上,并与身体的纵轴呈直角,暂时用昆虫针将前翅插在展翅板上固定。再取 2 枚细昆虫针拨后翅向前,将后翅的前缘压到前翅下面,臀区充分张开,左右对称,充分展平。然后用玻璃纸条压住,以大头针沿前后翅的边缘进行固定,插针时大头针应略向外倾斜。

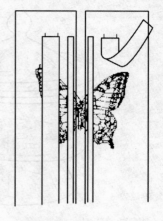

图 3-14 展翅方法

标本插针后应将四翅上的昆虫针拨去,大头针也不可插在翅面上,否则标本干燥后会留下针孔,破坏标本的完整和美观。大型蝶、蛾类等腹部柔软的昆虫在干燥过程中腹部容易下垂,须用硬纸片或虫针支撑在其腹部,触角等部位也应拨正,可用大头针插在旁边板上使姿态固定(图 3-14)。

标本放置 1 周左右,就已干燥、定型,可以取下安插标签。将标本从展翅板上取下时,动作应轻柔,以免将质地脆硬的标本损坏。每个昆虫标本必须有两个标签,一个标签要注明采集地点、时间、寄主种类,虫针插在标签的正中央,高度在三级台的第二级;另一个标签标明昆虫的拉丁文学名和中文名,插在第一级。昆虫标本制作过程中如有损坏,可用粘虫胶粘贴着修补。

3.浸渍标本的制作和保存

身体柔软、微小的昆虫和少数虫态(幼虫、蛹、卵)及螨类可用保存液浸泡后,装于标本瓶内保存。标本保存液应具有杀死昆虫和防腐作用,尽可能保存原有的体形和色泽。

活幼虫在浸泡前应饥饿 1~2 d,待其体内的食物残渣排净后用开水煮杀、表皮伸展后投入保存液内。注意绿色幼虫不宜煮杀,否则体色会迅速改变。常用的保存液配方如下:

(1)酒精液。常用浓度为 75%。小型和体壁较软的虫体可先在低浓度酒精中浸泡后,再用 75%酒精液保存以免虫体变硬。也可在 75%酒精液中加入 0.5%~1%的甘油,可使虫体体壁长时间保持柔软。

酒精液在浸渍大量标本后半个月应更换 1 次,以防止虫体变黑或肿胀变形,以后酌情再更换 1~2 次,便可长期保存。

(2)福尔马林液。福尔马林(含甲醛 40%)1 份,水 17~19 份。保存昆虫标本效果较好,但会略使标本膨胀,并有刺激性的气味。

(3)绿色幼虫标本保存液。硫酸铜 10 g,溶于 100 mL 水中,煮沸后停火,并立即投入绿色幼虫,刚投入时有褪色现象,待一段时间绿色恢复后可取出,用清水洗净,浸于 5%福尔马林液中保存。或用 95%酒精 90 mL,冰醋酸 2.5 mL,甘油 2.5 mL,氯化铜 3 g,混合。先将绿色幼虫饥饿几天,用注射器将混合液由幼虫肛门注入,放置 10 h,然后浸于冰醋酸、福尔马林、白糖混合液中,20 d 后更换一次浸渍液。

(4)红色幼虫浸渍液。用硼砂 2 g,50%酒精 100 mL 混合后浸渍红色饥饿幼虫。或者用甘油 20 mL,冰醋酸 4 mL,福尔马林 4 mL,蒸馏水 100 mL,效果也很好。

(5)黄色幼虫浸渍液。用无水酒精 6 mL,氯仿 3 mL,冰醋酸 1 mL。先将黄色昆虫在此混合液中浸渍 24 h,然后移入 70%酒精中保存。或用苦味酸饱和溶液 75 mL,福尔马林 25 mL,冰醋酸 5 mL 混合液,从肛门注入饥饿幼虫的虫体,然后浸渍于冰醋酸、福尔马林、白糖混合液中。

4.昆虫生活史标本的制作

将前面用各种方法制成的标本,按照昆虫的发育顺序,即卵、幼虫(若虫)的各龄、蛹、成虫的雌虫和雄虫及成虫和幼虫(若虫)的为害状,安放在一个标本盒内,在标本盒的左下角放置标签即可(图3-15)。

三、昆虫标本的保存

昆虫标本是认识昆虫防治害虫的参考资料,必须妥善保存。保存标本,主要的工作是防蛀、防鼠、避光、防尘、防潮和防霉。

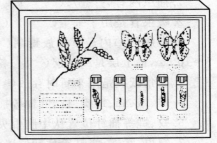

图3-15　昆虫生活史标本

1.针插标本的保存

针插的昆虫标本,必须放在有盖的标本盒内。盒有木质和纸质的两种,规格也多样,盒底铺有软木板或泡沫塑料板,适于插针;盒盖与盒底可以分开,用于展示的标本盒盖可以嵌玻璃,长期保存的标本盒盖最好不要透光,以免标本出现褪色现象。

标本在标本盒中应分类排列,如天蛾、粉蝶、叶甲等。鉴定过的标本应插好学名标签,在盒内的四角还要放置樟脑球以防虫蛀,樟脑球用大头针固定,然后将标本盒放入关闭严密的标本橱内,定期检查,发现蛀虫及时用敌敌畏进行熏杀。

2.浸渍标本的保存

盛装浸渍标本的器皿,盖和塞一定要封严,以防保存液蒸发。或者用石蜡封口,在浸渍液表面加一薄层液体石蜡,也可起到密封的作用。将浸渍标本放入专用的标本橱内。

【材料与用具】

材料:福尔马林、酒精。

用具:剪刀、小刀、镊子、放大镜、挑针、标本瓶、大烧杯、捕虫网、吸虫管、毒瓶、纸袋、采集箱、诱虫灯、昆虫针、展翅板、三级台、标本盒等。

【实施步骤】

昆虫标本采集 ⇒ 插昆虫针于相应部位 ⇒ 昆虫展翅 ⇒ 制干制标本

昆虫标本采集 ⇒ 浸渍配制 ⇒ 浸渍液保存 ⇒ 制浸渍标本

【完成任务单】

将采集制作的昆虫标本进行汇总记录(表3-1)。

表3-1　昆虫采集制作记录表

序号	昆虫名称	数量	标本类型	寄主	采集地

【巩固练习】

一、填空题

1.捕虫网有（   ）、（   ）、（   ）3种。

2.吸虫管是用于采集（   ）、（   ）和（   ）等微小昆虫。

3.毒瓶（管）内最下层放毒剂（   ）或氰化钠，压实，上平铺一层细木屑，压实，这两层各5～10 cm，最上层是一薄层（   ）粉，压平实后，用滴管均匀地滴入水，使之结成硬块即可。

4.三角纸袋是用来暂时存放（   ）蛾类昆虫标本的。

5.蝶、蛾、蜂、蜻蜓、蝉、叶蝉等插针位置是从（   ）背面正中央插入，穿透中足中央。

6.蚊、蝇等插针位置从中胸中央（   ）插入的。

7.蝗虫、蟋蟀、蝼蛄等插针位置为（   ）偏右的位置。

8.甲虫类虫针插位置在右（   ）的基部。

9.蝽类针插位置在中胸（   ）的中央。

10.昆虫保存时用酒精液浓度为（   ）。

11.昆虫保存时常用保存液有（   ）、（   ）两种。

12.绿色幼虫标本常用保存液有（   ）、（   ）两种。

13.昆虫标本常用的保存方法有（   ）、（   ）。

二、简答题

1.根据昆虫不同如何正确选用昆虫采集用具？

2.不同昆虫针插位置有什么不同？

3.昆虫针插标本和浸渍标本在保存方法上有什么不同？

4.红色幼虫浸渍液主要由什么成分混合而成的，比例如何？

5.黄色幼虫浸渍液主要由什么成分混合而成的，比例如何？

6.列举制作昆虫标本用具。

工作任务 3-2
亚热带园艺植物病害标本的采集、制作与保存

◈**目标要求**：掌握采集、制作和保存植物病害标本的方法，并通过植物病害标本采集鉴定，熟悉当地常见植物病害种类、症状和发生情况。

【相关知识】

一、病害标本的采集

1.病害标本采集用具及用途

(1)标本夹。用以夹压各种含水分不多的枝叶病害标本，多为木制的栅状板。

(2)标本纸。应选用吸水力强的纸张，可较快吸除枝叶标本内的水分。

（3）采集箱。采集较大或易损坏的组织如果实、木质根茎，或在田间来不及压制的标本时用。

（4）其他。剪枝剪、小刀、小锯及放大镜、纸袋、塑料袋、记录本和标签等。

2.采集标本应注意的问题

（1）症状典型。要采集发病部位的典型症状，并尽可能采集到不同时期不同部位的症状，如梨黑星病标本应有分别带霉层和疮痂斑的叶片、畸形的幼果、龟裂的成熟果等，以及各种变异范围内的症状。

另外，同一标本上的症状应是同一种病害的，当多种病害混合发生时，更应进行仔细选择。若有数码相机则更好，可以真实记载和准确反映病害的症状特点。每种标本采集的份数不能太少，一般叶斑病的标本最少采集十几份。另外，还应注意到标本应完整，不要损坏，以保证鉴定的准确性和标本制作时的质量。

（2）病征完全。采集病害标本时，对于真菌和细菌性病害一定要采集有病征的标本，真菌病害则病部有子实体为好，以便做进一步鉴定；对子实体不很显著的发病叶片，可带回保湿，待其子实体长出后再行鉴定和标本制作。对真菌性病害的标本如白粉病，因其子实体分有性和无性两个阶段，应尽量在不同的适当时期分别采集，还有许多真菌的有性子实体常在地面的病残体上产生，采集时要注意观察。

（3）避免混杂。采集时对容易混淆污染的标本（如黑粉病和锈病）要分别用纸夹（包）好，以免鉴定时发生差错；对于容易干燥蜷缩的标本，如禾本科植物病害，应随采随压，或用湿布包好，防止变形；因发病而败坏的果实，可先用纸分别包好，然后放在标本箱中，以免损坏和沾污；其他不易损坏的标本如木质化的枝条、枝干等，可以暂时放在标本箱中，带回室内进行压制和整理。

（4）采集记载。所有病害标本都应有记载，没有记载的标本会使鉴定和制作工作的难度加大。标本记载内容应包括寄主名称、标本编号、采集地点、生态环境（坡地、平地、沙土、壤土等）、采集日期（年月日）、采集人姓名、病害危害情况（轻、重）等。标本应挂有标签，同一份标本在记录簿和标签上的编号必须相符，以便查对；标本必须有寄主名称，这是鉴定病害的前提，如果寄主不明，鉴定时困难就很大。对于不熟悉的寄主，最好能采到花、叶和果实，对寄主鉴定会有很大帮助。

二、标本的制作与保存

1.干燥标本的制作与保存

干燥法制作标本简单而经济，标本还可以长期保存，应用最广。

（1）标本压制。对于含水量少的标本，如禾本科、豆科植物的病叶、茎标本，应随采随压，以保持标本的原形；含水量多的标本，如甘蓝、白菜、番茄等植物的叶片标本，应自然散失一些水分后，再进行压制；有些标本制作时可适当加工，如标本的茎或枝条过粗或叶片过多，应先将枝条劈去一半或去掉一部分叶再压，以防标本因受压不匀，或叶片重叠过多而变形。有些需全株采集的植物标本，一般是将标本的茎折成"N"字形后压制。压制标本时应附有临时标签，临时标签上只需记载寄主和编号即可。

（2）标本干燥。为了避免病叶类标本变形，并使植物组织上的水分易被标本纸吸收，一般每层标本放一层（3～4张）标本纸，每个标本夹的总厚度以10 cm为宜。标本夹好后，要用细绳将标本夹扎紧,放到干燥通风处,使其尽快干燥,避免发霉变质。同时要注意勤换标本纸,一般是前3~4 d,每天换纸2次,以后每2~3 d换1次,直到标本完全干燥为止。在第1次换纸时,由于标本经过初步干燥,已变软而容易铺展,可以对标本进行整理。

不准备做分离用的标本也可在烘箱或微波炉中迅速烘干。标本干燥愈快,就愈能保存原有色泽。干燥后的标本移动时应十分小心,以防破碎;对于果穗、枝干等粗大标本,可在通风处自然干燥即可,注意不要使其受挤压而变形。

(3)标本保存。标本经选择整理和登记后,应连同采集记录一并放入胶版印刷纸袋、牛皮纸袋或玻面标本盒中,贴好标签,然后按寄主种类或病原类别分类存放。

玻面标本盒保存:除浸渍标本外,教学及示范用病害标本,用玻面标本盒保存比较方便。玻面标本盒的规格不一,一般比较适宜的大小是长×宽×高=28 cm×20 cm×3 cm,通常一个标本室内的标本盒应统一规格,美观且便于整理。

在标本盒底一般铺一层胶版印刷纸,将标本和标签用乳白胶粘于胶版印刷纸上。在标本盒的侧面还应注明病害的种类和编号,以便于存放和查找。盒装标本一般按寄主种类进行排列较为适宜。

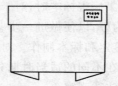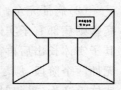

图3-16　植物病害标本纸袋折叠方法

蜡叶标本纸袋的保存:用胶版印刷纸折成纸袋,纸袋的规格可根据标本的大小决定。将标本和采集记录装在纸袋中,并把鉴定标签贴在纸袋的右上角(图3-16)。

袋装标本一般按分类系统排列,要有两套索引系统,一套是寄主索引,一套是病原索引,以便于标本的查找和资料的整理。标本室和标本柜要保持干燥以防生霉,同时还要注意清洁以防虫蛀。可用樟脑放于标本袋和盒中,并定期更换,定期排湿。

2.浸渍标本的制作与保存

果实病害为保持原有色泽和症状特征,可制成浸渍标本进行保存。果实因其种类和成熟度不同,颜色差别很大。应根据果实的颜色选择浸渍液的种类。

(1)保存绿色浸渍液。保存植物组织绿色的方法很多,可根据不同的材料,选用适当的方法。

①醋酸铜浸渍液。将醋酸铜结晶逐渐加到50%的醋酸溶液中至不再溶解为止(每1 000 mL约加15 g),然后将原液加水3~4倍后使用。溶液稀释浓度因标本的颜色深浅而不同,浅色的标本用较稀的稀释液,深色标本用较浓的稀释液。用醋酸浸渍液浸渍标本用冷处理方法比较好,具体做法:将植物叶片或果实用2~3倍的稀释液冷浸3 d以上,取出用清水洗净,保存于5%的福尔马林液中。

醋酸铜浸渍液保存绿色的原理是铜离子与叶绿素中镁离子的置换作用,重复使用时需补加适量的醋酸铜。另外,用此法保存标本的颜色稍带蓝色,与植物的绿色略有不同。

②硫酸铜亚硫酸浸渍液。先将标本洗净,在5%的硫酸铜浸渍液中浸6~24 h,用清水漂洗3~4 h,保存于亚硫酸液中。亚硫酸液的配法有两种:一种是用含5%~6%的亚硫酸溶液45 mL加水1 000 mL;另一种是将浓硫酸20 mL,稀释于1 000 mL水中,然后加16 g亚硫酸钠。但此法要注意密封瓶口,并且每年更换1次浸渍液。

(2)保存黄色和橘红色浸渍液。含有叶黄素和胡萝卜素的果实,如香蕉、黄色芒果、荔枝、李、柿、柑橘及红色的辣椒等,用亚硫酸溶液保存比较适宜。方法是将含亚硫酸5%～6%的水溶液稀释至含亚硫酸0.2%～0.5%的溶液后即可浸渍标本。但亚硫酸有漂白作用,浓度过高会使果皮褪色,浓度过低防腐力又不够,因此浓度的选择应反复实践来确定。如果防腐力不够,可加少量酒精,果实浸渍后如果发生崩裂,可加入少量甘油。

红色多是由花青素形成的,因此水和酒精都能使红色褪去,较难保存。瓦查(Vacha)浸渍液可固定红色(硝酸亚钴15 g ＋ 福尔马林25 g＋ 氯化锡10 g ＋ 水2 000 mL)。将标本洗净,完全浸没于浸渍液中两周,取出保存于以下溶液中:福尔马林10 mL ＋ 95%酒精10 mL ＋ 亚硫酸饱和溶液30～50 mL ＋ 水1 000 mL。

(3)浸渍标本的保存。制成的标本应存放于标本瓶中,贴好标签。因为浸渍液所用的药品多数具有挥发性或者容易氧化,标本瓶的瓶口应很好的封闭。封口的方法如下。

①临时封口法。用蜂蜡和松香各1份,分别熔化后混合,加少量凡士林油调成胶状,涂于瓶盖边缘,将瓶盖压紧封口;或用明胶4份在水中浸3～4 h,滤去多余水分后加热熔化,加石蜡1份,继续熔化后即成为胶状物,趁热封闭瓶口。

②永久封口法。将酪胶和熟石灰各1份混合,加水调成糊状物后即可封口。干燥后,因酪酸钙硬化而密封;也可将明胶28 g在水中浸3～4 h,滤去水分后加热熔化,再加重铬酸钾0.324 g和适量的熟石膏调成糊状即可封口。

【材料与用具】

标本夹、标本纸、采集箱、剪枝剪、小锯、放大镜、镊子、塑料袋、记录本、标签等。

【实施步骤】

病害标本采集 ⇒ 标本压制 ⇒ 标本干燥 ⇒ 标本保存

病害标本采集 ⇒ 浸渍液配制 ⇒ 标本瓶封 ⇒ 标本保存

【完成任务单】

将植物病害标本采集、制作与保存后,记录在表3-2中。

表 3-2   植物病害标本的采集、制作与保存任务单

序号	病害名称	数量	标本类型	寄主	采集地

【巩固练习】

一、填空题

1.采集病害标本主要用具有(   )、(   )、(   )。

2.标本室和标本柜要保持干燥以防生霉,同时还要注意清洁以防虫蛀。可用(   )放于标本袋和盒中,并定期(   ),排湿。

3.果实病害为保持原有色泽和症状特征,可制成(   )标本进行保存。

4.保存绿色浸渍液主要有(   )、(   )。

5.浸渍标本的保存方法有（　　）、（　　）。

二、简答题

1.采集植物病害标本应记录哪些内容？
2.你要采集果树类病害标本应准备哪些用具？
3.果实类病害为了保存原有颜色应怎样制作？
4.列举出永久封口的几种方法。
5.采集标本应注意的问题有哪些？

项目计划实施

1.工作过程组织

5～6个学生分为一组，每组选出一个组长。

2.材料与用具

剪刀、小刀、镊子、放大镜、挑针、标本瓶、大烧杯、捕虫网、吸虫管、毒瓶、纸袋、采集箱、诱虫灯、昆虫针、展翅板、三级台、标本盒、标本夹、标本纸、小锯、塑料袋、记录本、标签等。

3.实施过程

病虫害标本采集按组进行，每5～6个学生分为一组，每组采集病虫害标本60种以上。然后把采集病叶、果实、枝条及昆虫进行分类、整理制作成标本。每组制作病害干制标本10盒，浸渍标本10瓶。

评价与反馈

完成病虫采集、制作、保存工作任务后，要进行自我评价，小组评价，教师评价。考核指标权重：自我评价占20%、小组评价占40%、教师评价占40%。

自我评价：根据自己的工作态度，完成植物病虫害标本采集的成绩、制作任务的效果实事求是地进行评价。

小组评价：组长根据组员完成任务情况对组员进行评价，主要从小组成员配合能力、植物病虫害标本采集及制作工作任务的效果给组员进行评价。

教师评价：根据学生学习态度、完成任务进行综合，得出每个学生完成情况、出勤率四个方面进行评价。

综合评价：将个人评价、小组评价、教师评价成绩进行综合，得出每个学生完成一个工作任务的综合成绩。

信息反馈：每个学生对教师进行评议，提出对工作任务的建议。

项目四　亚热带园艺植物病虫害调查统计与预测预报

项目描述　掌握亚热带园艺植物病虫害取样调查与预测预报方法，能根据当地气候、病虫害发生资料进行预测预报，并制定病虫害防治方案。

工作任务 4-1　亚热带园艺植物病虫害调查统计

◆**目标要求**：掌握病虫害调查取样方法；能对病虫害调查指标记载与计算，撰写病虫害调查报告。

【相关知识】

一、亚热带园艺植物病虫害调查统计

（一）调查类型

病虫害调查一般分为 3 种类型。

1. 普查

普查用于了解病虫害的基本情况，如病虫种类、发生时间、为害程度、防治情况等。可采用访问和田间调查等方法。一般调查面积较大，范围较广，但较粗放。

2. 系统调查

系统调查用于了解某种病虫在当地的年生活史或在当年一定时期内发生发展的具体过程。一般要选择有代表性的园圃，按一定时间间隔进行多次调查，每次都要按规定的项目、方法进行调查和记载。

3. 专题调查

专题调查用于对病虫害发生规律或防治中的某些关键性因子或技术进行研究而进行的调查。这类调查要有周密的计划，而且经常是田间与室内试验相结合。

（二）调查内容

1. 发生和为害情况调查

此调查主要是了解一个地区和一定时间内病虫害种类、发生时期、发生数量及为害程度等。

2. 病虫、天敌发生规律的调查

调查某种病虫或天敌的寄主范围、发生世代、主要习性及不同的农业生态条件下数量变化情况,为制定防治措施和保护利用天敌提供依据。

3. 越冬情况调查

调查病虫的越冬场所、越冬基数、越冬虫态和病原越冬方式等,为制定防治计划和进行预测预报提供依据。

4. 防治效果调查

此调查包括防治前、后病虫发生程度的对比调查,防治区与未防治区以及不同的防治措施、防治时间、防治次数的发生程度对比调查等,为选择有效的防治措施提供依据。

(三)调查取样方法

病虫害调查时,取样方法很重要,它直接关系到调查结果的准确性。进行病虫害调查时,首先要视调查地点基本情况,如面积大小、地形、地势、品种分布及栽培条件等因素和病虫害的发生特点选择调查取样方法。常用的有以下 6 种。

1. 五点取样法

在较方正的园圃内离边缘一定距离的四角和中央各取一点,每点视树龄大小取 1~3 株进行调查(图 4-1)。

2. 对角线取样法

适合于密集的或成行的植物及随机分布的病虫调查,又分为单对角线和双对角线两种。调查时在双对角线上或单对角线上取 5~9 点进行调查,点的数量根据人力而进行增减。一点内抽查株数应不低于全园总株数的 5%(图 4-2)。

3. 棋盘式取样法

此法适合于密集的或成行的植物及随机分布型的病虫害、面积不大的地块和试验地(图 4-3)。

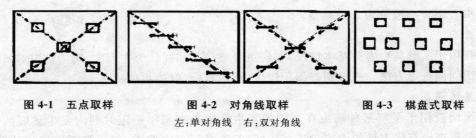

图 4-1　五点取样　　　　图 4-2　对角线取样　　　　图 4-3　棋盘式取样

左:单对角线　右:双对角线

4. 平行线或抽行线取样法

平行取样是园艺植物病虫害中最常用的调查方法。对于分布不均匀的病害,尤其是对检疫性病害和病害种类的调查,为防止遗漏,可用平行取样法(图 4-4)。

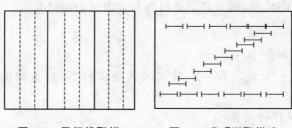

图 4-4　平行线取样　　　　图 4-5　"Z"形取样法

5."Z"形取样法

对于地形较为狭长而地形地势较为复杂的梯田式的果园,可按"Z"字形排列或螺旋式取样法进行调查(图 4-5)。

6.随机取样法

在病害分布均匀的园圃内,根据调查目的,随机选取 5%左右的样本作为调查样本(图 4-6)。

图 4-6　随机取样法

二、植物病虫害调查指标记录与计算

1.虫害调查

(1)虫口密度。虫口密度反映一个调查单位内的虫口数量。

①单位面积虫口密度(头/m²)＝总活虫数/调查总面积。

②每株虫口密度(头/株)＝总活虫数/调查总株数。

③每叶虫口密度(头/叶)＝总活虫数/调查总叶数。

(2)受害率。受害率主要反映害虫危害的普遍程度。

$$受害率 = \frac{有虫株数}{调查总株数} \times 100\%$$

2.病害调查

(1)发病率。发病率主要反映病害危害的普遍程度。

$$发病率 = \frac{发病样本数}{调查样本总数} \times 100\%$$

(2)病情指数。病情指数主要反映单位面积上植物被害的平均严重程度。

$$病情指数 = \frac{\sum(发病级值 \times 各级病叶数)}{样本总数 \times 最高发病级值} \times 100$$

三、植物病害病情分级指标

1.枝、叶、果病害分级标准(表 4-1)

表 4-1　枝、叶、果病害分级标准

严重度分级	分级标准
0	完全无病
1	1/4 以下枝、叶、果感病
2	1/4～1/2 枝、叶、果感病
3	1/2～3/4 枝、叶、果感病
4	3/4 以上枝、叶、果感病

2.杆部病害分级标准(表4-2)

表 4-2　杆部病害分级标准

严重度分级	分级标准
0	完全无病
1	病斑的横向长度占树干周长的 1/5 以下
2	病斑的横向长度占树干周长的 1/5～3/5
3	病斑的横向长度占树干周长的 3/5～4/5
4	全部感病或死亡

四、农药的田间药效试验

田间药效试验是一种在田间条件下评价农药对靶标生物效应的试验技术,是一种综合评价药剂使用价值的试验方法,也是农药在推广使用之前进行的一项工作。田间药效试验与大田病虫害防治不同,它是在一定控制条件下进行的,在试验地的选择、试验方法的设计、处理方法、调查取样和结果评价等方面都应随试验的具体情况而异。

(一)田间药效试验的基本原则

正确的试验设计可以有效地减少误差和估算误差,有利提高药效试验的准确性。田间药效试验设计必须遵守以下基本原则。

1.试验地选择

选择有代表性的试验地是使土壤差异减少至最小限度的一项重要措施,对提高试验精确度有很大作用。选择试验地要考虑到肥力均匀;作物种植和管理水平一致;病、虫、草发生为害程度比较均匀;地势平坦的地块。

2.试验区的设置

(1)设置重复。在田间药效试验中,每个处理都必须设置适当的重复次数,一般以重复3～5次为宜。这样有利减少试验误差。

(2)随机排列。随机排列是指各种处理所着落的小区由机会去决定而非人为安排。一般采用抽签或查随机数字来实现处理小区的排列。

(3)局部控制。采用局部控制的办法可以使各种处理所属的小区彼此肥力相仿或病、虫、草等密度相近,使每种药剂处理在不同的环境中的机会均等。因此,局部控制能消除重复之间的差异,可以大大减少试验误差。

(4)设立对照区及保护行。对照是用来评定试验的各个处理优劣的标准,任何试验都应设对照。一般情况下,对照分为 3 种,完全不处理的"空白"对照即自然对照、以标准药剂(常用药剂)处理的对照以及不含农药的或用清水处理的对照。为避免各种外来因素的干扰和消除边际效应,在试验区四周应设保护行。

(二)药效试验类型及基本方法

1.药效试验类型

根据试验目的,分如下 4 种。

(1)农药品种比较试验。目的是测定新农药品种或当地未用过的农药品种的药效,为今后的推广示范和使用提供依据。

(2)农药不同剂型比较试验。目的是确定某一种农药最合适的剂型作为生产和推广的依据。

(3)农药使用方法比较试验。此实验包括施药量、施药浓度、施药时间和次数、残效期测定。目的是选择和确定比较经济、有效的使用方法,作为推广使用的依据。

(4)药害试验。目的是了解各种农药及其不同剂型、不同药量对不同作物的安全系数,确定其经济有效的安全界限,使农药真正发挥防治病虫、保护作物的作用。

2.试验方法

(1)田间小区药效试验。

A.选择当地发生较普遍的一种害虫或病害,制订试验计划,做好准备工作。按供试农药品种、常用剂量、使用方法,设对照区等,在试验田中划定小区面积,插试验牌。

B.定点调查防治前各小区虫口密度或发病率和病情指数。

C.按供试农药品种及所需要浓度配药,分别喷于小区。必要时可辅以人工接种,创造适于病虫发生的环境条件等,使试验结果更正确可靠。

D.害虫喷药后1、2、3 d分次在原定点调查虫口密度,计算各小区害虫死亡率。当自然死亡率为5%～20%,应根据不施药对照区害虫死亡或增殖情况,计算校正死亡率(校正虫口减退率)。若自然死亡率超过20%,试验应重做。

E.病害防治后7、10、15 d调查发病率和病情指数。根据防治前后的发病率或病情指数计算病害减退率或防治效果。

(2)田间大区药效试验。一般在小区药效试验的基础上,选择药效较高和有希望的少数几种药剂或剂型,进行大区比较试验。试验田数需3～5块,面积1/3～2/3 hm²;化学除草大区试验面积不少于3/4 hm²,大区药效试验因面积较大可不设重复,必要时重复一次即可。大区试验一般误差较小,试验结果的正确性较高。试验时,应设标准药剂对照区。除草剂应设人工除草或不除草对照区。

(3)大面积示范试验。经小区和大区试验完全肯定了药效和经济效益好的农药品种,可进一步大面积多点示范试验。经实践鉴定,切实可行时才可正式推广使用。

3.农药的药效检查

(1)观察和记载。观察和记载是试验实施及取样调查的一项重要工作。一般应对实验过程中所经历的项目逐一记载留档,特别要根据试验报告中所需提供的项目认真记载。

(2)取样和检查方法。药效试验的调查是农药试验中的一个重要环节。其取样方法和取样多少是影响试验结果的重要因子。限于人力和时间,不可能将试验区的供试对象进行逐一调查,也很难全部调查。因此,只能通过抽取有代表性的样点对总体进行评估。由于各种病、虫、草的生物学特性不同,被害作物在田间的分布也不同,在取样调查时,必须明确调查的对象、项目和内容,根据调查对象在田间的分布型,采用适当的取样方法和足够的样本数,使调查得到的数据更能反映出客观真实情况。在进行田间药效试验时,田间调查采用哪种取样方法,应根据该种有害生物及其被害作物在田间的空间分布型来确定。

在田间药效试验调查中还应注意:①同一试验要专人调查记载,以减少人为误差;②在试验地防治其他病、虫、草害时,各小区使用的农药产品及剂型要一致,且应为同一厂家生产的产品,同时使用剂量、兑水量要相同,并采用相同喷洒工具均匀喷施;③尽管由于试验地有限,本次试验结束后,最好不要在这块试验地进行下一个试验。因为上次试验时,处理区与空白对照区受害不一致,造成作物的生长也不一致,进行下一个试验常会出现低剂量防效高于高剂量防效的现象,这样就难以反映药剂的真实效果。

在田间药效试验中掌握好以上几个方面,并结合当地实际情况和工作经验,就能很好地在试验中减少试验误差,提高试验的精确度。

(3)药效表示方法及结果统计。

①杀虫剂。杀虫剂防治害虫的试验,因害虫的食性和药剂的作用不同,防治效果的检查时间与方法,及其计算方法也不同。杀虫剂药效的评价指标大致分为两类:一类是以害虫本身对药剂的反应作为评判指标,如死亡率、虫口减退率;另一类是以害虫造成的为害、损失作为评判指标,如被害株数、蛀孔数、枯心数等。

$$死亡率 = 死虫数/供试总虫数 \times 100\%$$

$$虫口减退率 = (防治前的活虫数 - 防治后的活虫数)/防治前的活虫数 \times 100\%$$

$$被害株率 = 被害株数(叶数、蕾数、果数\cdots)/调查株数(叶数、蕾数、果数\cdots) \times 100\%$$

以上求出的死亡率、虫口减退率包含了杀虫剂造成的死亡率和自然因素造成的死亡率。如果自然死亡率低于5%,则上面公式算出的结果基本上反映了药剂的真实效果;如果自然死亡率大于5%,按上面公式算出的结果就不能反映药剂的真实效果,应予以校正,求出校正死亡率和校正虫口减退率。

$$校正死亡率或校正虫口减退率 = (防治区虫口减退率 - 对照区虫口减退率)/(1 - 对照区虫口减退率) \times 100\%$$

②杀菌剂。杀菌剂药效的评价指标主要有发病率、病情指数、病情指数的增长率、相对防效等。具体采用何种指标应视病害种类、作物、试验药剂、施药时间等情况而定。

$$发病率 = 发病苗(果数\cdots)/调查苗数(果数\cdots) \times 100\%$$

$$病情指数 = 发病级别各级病株数或病叶数/样本总数最高分级级别 \times 100\%$$

$$相对防治效果 = (对照区发病率 - 防治区发病率)/对照区发病率 \times 100\%$$

③除草剂。除草剂药效主要根据杂草株数和杂草鲜重或干重为指标定量求出的"除草效果"和目测法定性测定的"除草效果"。播前、播后或苗前用除草剂进行土壤处理,在杂草出土后调查除草情况,计算除草效果。

$$除草效果 = [对照区杂草株数(或鲜重) - 试验区杂草株数(或鲜重)]/对照区杂草株数(或鲜重) \times 100\%$$

苗期喷药处理,在施药前和施药后调查活草数,计算杂草死亡率。

$$杂草死亡率 = (施药前杂草数 - 施药后的杂草数)/施药前杂草数 \times 100\%$$

(三)药效试验总结

1.试验目的要求

扼要简述当地病、虫、草发生的概况和试验目的,包括过去有关这种病、虫、草害的研究成果和存在的问题以及该试验尚待讨论的问题。必要时也要将该试验的主要结果,作摘要简述。

2.试验材料和方法

由于采用的试验材料和方法不同,常得出不同的试验结果。因此,要介绍试验材料,并将试验方法详细叙述。

3．试验结果

试验结果是总结的主要部分，包括详细的原始试验调查资料，以及归纳统计而得出的数据和结论。试验结果一定要力求简明，重点突出，通常需要简要的表格或图解表达，应竭力避免用烦琐的文字说明。

4．讨论

对药效试验所得的结果，尤其是对有矛盾的现象，均应加以分析讨论，从客观情况的相互联系中找出一定规律和问题所在。

5．结论

要根据所掌握的数据，提出明确的观点和看法，并得出正确的结论。同时，还要指出试验中存在的问题和不足之处，供以后试验作参考。

【材料与用具】

常见昆虫检索表、镊子、挑针、培养皿、指形管、标本采集箱、标本夹、塑料袋、枝剪、放大镜、生物显微镜、体视显微镜等。

【实施步骤】

选园 ⇒ 取样 ⇒ 调查 ⇒ 计算 ⇒ 撰写调查报告

【完成任务单】

黄瓜霜霉病调查。

1．目的

了解本地黄瓜霜霉病田间发生及危害情况，熟悉蔬菜病害的调查统计方法。

2．材料与用具

记录本、放大镜、计数器等标本采集鉴定用具。

3．取样方法

选择有代表性的瓜田 2～3 块，每块对角线取 5 点，每点查 10 株，共 50 株。

4．调查结果分析与计算

例如，黄瓜霜霉病调查时取样 500 片叶，其中 0 级 350 片、1 级 100 片、2 级 40 片、4 级 10 片（表 4-3）。

表 4-3　黄瓜霜霉病叶片分级标准

发病级别代表值	分级标准
0	健康
1	1/4 以下枝、叶感病
2	1/4～1/2 枝、叶感病
3	1/2～3/4 枝、叶感病
4	3/4 以上枝、叶感病

$$发病率 = \frac{100 + 40 + 10}{500} \times 100\% = 30\%$$

$$病情指数 = \frac{\sum(350 \times 0 + 100 \times 1 + 40 \times 2 + 10 \times 4)}{500 \times 4} \times 100\% = 11\%$$

5.调查计算结果填入表 4-4

表 4-4　病害调查记录表

调查日期：　　　　　　　　　　调查人：

调查地点	植物名称	病害名称	总叶数（片）	病叶数（片）	发病率％	病情指数	备注
试验田	黄瓜	黄瓜霜霉病	500	150	30	11	

6.写出调查报告

(1)调查地区概况。

(2)调查结果的综述。

(3)黄瓜霜霉病的综合治理意见。

【巩固练习】

简答题

1.亚热带园艺植物病虫害调查主要有哪些内容？

2.亚热带园艺植物病虫害调查主要方法有哪 6 种？

工作任务 4-2　亚热带园艺植物病虫害预测预报

◆**目标要求**：掌握病虫害预测预报主要方法；能根据当地气候、病虫害发生等资料进行病虫害预测预报，并根据预测预报结果制定病虫害防治方案。

【相关知识】

植物病虫害的预测预报是在了解具体有害生物发生规律的基础上，通过实地系统调查与观察，并结合历史资料将所得资料经过统计分析，正确判断、预测有害生物未来的发生动态和趋势，进而将这种预测及时通报有关单位或农户，以便做好准备，及时开展防治工作。果蔬植物有害生物的预测预报是有害生物综合治理的重要组成部分，是一项监测有害生物未来发生与危害趋势的重要工作。随着我国有机、绿色和无公害农业生产的发展，对减少化学农药使用次数与剂量，适时防治有害生物的工作日趋严格要求。要做到这点，就务必要求有害生物的预测预报工作更趋及时、准确。否则，就会错过有效的防治时期，导致药剂使用量和次数增多。因此，预测预报是实施有害生物有效综合防治的前提条件，也是生产低农药残留或无残留优质安全农产品的重要技术保证。

1. 病虫害预测的种类

(1)按预测的内容分为发生时期的预测、发生数量的预测、发生趋势的预测、产量损失的预测率。

①发生时期的预测。指对病虫发生时期进行预测，为确定防治适期提供依据。

②发生数量的预测。对病虫害发生数量进行的预测，是判断危害程度、损失大小和决定是否需要进行防治的依据。

③发生趋势的预测。主要是预测病虫分布和发展蔓延的动向。了解病虫害发生动向，为制定防治计划提供依据，及时把病虫害控制在蔓延之前。

④产量损失的预测。是对因病虫害危害而造成的作物经济损失情况的预测,为选择合理的防治措施提供参考。

(2)按预测的期限。分为短期预测、中期预测、长期预测等。

(3)按病虫害发生程度。分为小发生、中等偏轻发生、中等发生、中等偏重发生、大发生的预测。

(4)按特殊要求进行品种抗病(虫)性、小种变化动态、病虫害种群演变等预测。

(5)按预测的形式和方法。分为定性、分级、数量、概率等预测。

2. 病虫害预报的种类

(1)预报。根据调查统计结果,结合历史资料和天气预报,对该病虫的发生量、发生期和危害程度进行估计预测,将预测结果公开,叫预报。离防治适期 10 d 以内的预报为短期预报;离防治适期 11～30 d 的预报为中期预报;离防治适期一个月以上的预报为长期预报。

(2)警报。预计某种病虫的发生将造成严重危害,将要新发生的或突发性的病虫害,需要人们特别警惕抓紧防治的预报。

(3)预报技术、提供情报。为植保专业公司等服务的病虫情报,提供某一阶段或某一作物上发生的一种或几种病虫的预报,并提供防治技术措施。

(4)病虫情况的预报。分为小发生、中等偏轻、中等发生、中等偏重和大发生等 5 种,如果预报发出后,病虫情况发生了变化,还要发补充预报。

3. 病害的主要预测方法

(1)病圃预测法。此方法指在作物田中,专门选一块地,针对本地区发生的主要病害,选种一些感病品种,种植观察感病品种的病害发生发展情况,提前掌握病害发生的时间和条件,以此估计病情发展的趋势。

(2)气象指标预测法。根据温度、湿度等气象指标变化情况,进行变化发生发展趋势的预测。

(3)孢子捕捉预测方法。采用空中捕捉孢子的方法预测真菌性病害的发生发展动态。

4. 虫害的主要预测方法

(1)历期预测法。此方法用于预测害虫的发生期。历期是指个虫态虫龄在一定温度条件下,完成其发育进行所需要的天数。历期预测是根据害虫在田间发育进度的检查结果,加上当时温度条件下的虫态历期,推算下一个虫态虫龄或以后几个虫态虫龄的发生期。一个虫态在某一地区最早出现的时间,出现数量达到一个虫态总数的 5% 时,称为始见期;出现数量达到一个虫态总数的 15% 时,称为始盛期;出现数量达到一个虫态总数的 50% 时,称为盛期;出现数量达到一个虫态总数的 80% 时,称为盛末期。例如,对柑橘潜叶蛾产卵盛期和孵化盛期进行预测,在 7 月 9 日调查统计第 4 代化蛹率达 49.7%,根据资料,蛹期 6～7 天,产卵前期约 1 天,卵期约 2 天,幼虫 6～7 天,可预测第 5 代产卵盛期为 7 月 16 日、孵化盛期 7 月 18 日,第 6 代产卵盛期为 8 月 1 日、孵化盛期 8 月 3 日。

(2)有效积温法。昆虫完成一定的发育阶段(世代或虫期等),所需要的天数与同期内有效温度的乘积是一个常数,这一常数叫有效积温。当知道了某害虫的某一虫态或全世代的发育起点温度和有效积温后,便可根据田间调查害虫所获得的资料,结合天气预报,并参考历史资料,利用有效积温公式 $K = N(T - C)$ 进行发生期预测。

(3)物候预测法。此方法是指害虫的某一发育阶段常常与其寄主植物的一定生长阶段,或与周围其他植物的某一发育阶段同时出现,以寄主植物或其周围植物的发育期作为预测害虫发育期的物候指标。

(4)灯光诱集法。利用昆虫的趋光性,应用白炽灯或黑光灯等诱集害虫。灯光对多种蛾类、金龟甲、蝼蛄等有很强的诱集力,以黑光灯诱集效果最好。

(5)糖醋液诱集法。利用害虫的趋化性,诱集越冬代黏虫、小地老虎、甘蓝夜蛾等成虫,根据诱集的数量,再结合当地的气候条件推算预测该害虫的发生期和发生量。

(6)田间调查预测法。此方法是种植业生产经营者预测害虫发生期、发展期最常用的一种方法。通过查害虫发育进度、查卵、查虫口密度等,为开展田间防治提供依据。

【材料与用具】

常见昆虫检索表,镊子、挑针、培养皿、指形管、标本采集箱、标本夹、塑料袋、体视显微镜、黑光灯等。

【实施步骤】

收集气象、病虫害发生情况资料 ⇨ 选取适合的方法进行病虫害预测

⇨ 每组调查一种亚热带园艺植物病虫情况 ⇨ 撰写情况报告

【完成任务单 1】

白菜霜霉病预测预报。

1.目标要求

掌握白菜霜霉病的预测预报的主要方法,提高预测预报能力。

2.材料与用具

标本夹、标本纸、采集箱、塑料袋、记录本、标签等。

3.预测方法

(1)中心病株调查。选早播、易感品种菜地 2~3 块,每块菜地采取五点取样法,每点固定调查 10 株,每块地共调查 50 株,每 5 d 天调查 1 次,在露水未干之前调查,记载中心病株出现日期。当气候条件适合霜霉病的发生,而田间已出现病株时应发第一次预报,要求各地做好病虫普查和防治准备。

(2)发病程度调查。出现中心病株后,选取一块有代表性的地块,用五点取样法,每点固定调查 10 株,每隔 5 d 调查 1 次,计算病情指数,记入表 4-5 中。当发病率达 10%~15%,病情指数达到 5 时,结合当地的气象预报,预测病情发展趋势,再次发出预报,准备进行防治(表 4-6)。

病情严重度分级标准:

0 级:无病叶。

1 级:全株仅一片病叶,病斑小,霜霉不明显。

2 级:病叶占全株总叶片的 1/4 以下,霜霉显著。

3 级:病叶占全株总叶片的 1/4~1/2,病叶部分枯黄,但不影响包心。

4 级:病叶占全株总叶片的 1/2 以上,大部分病叶不能包心。

表 4-5　白菜霜霉病发病程度调查记录

日期	地点	品种	生育期	中心病株出现日期	调查株数	病株数	病株率(%)	各级发病株数					病情指数
								0	1	2	3	4	

表 4-6 白菜霜霉病发病程度指标

流行程度	发病率(%)	病情指数
大流行年	>90	>75
中流行年	70	50
小流行年	<50	<25
轻发生年	<30	<10

【完成任务单 2】

柑橘溃疡病预测预报。

1.目标要求

掌握柑橘溃疡病的预测预报的主要方法,提高预测预报能力。

2.材料与用具

标本夹、标本纸、采集箱、塑料袋、记录本、标签等。

3.预测预报

(1)调查。在各次新梢老化后进行。按不同品种、地势、树龄选择有代表性的柑橘园 10 块(每块 0.7 hm² 左右),每块棋盘式取样 10 株,每株分不同方向、不同层次调查 10 个新梢和 50 个果实。记载调查数据,并计算病株率、病叶率、病果率及病情指数。病情分级标准见表 4-7。

表 4-7 柑橘病情分级标准

级别	叶片病斑数(个/叶)	果实病斑数(个/颗)
0 级	无	无
1 级	1~5	1~5
2 级	6~10	6~10
3 级	10 以上	10 以上

(2)预测。在有初侵来源的情况下,以品种的感病性,新梢抽放期、抽放次数和数量、整齐度等情况和新梢长 1.5 cm 至幼果横径 0.9~3.0 cm(落花后 30~60 d)期间的气象预报作为本病预测的依据。旬均气温在 15℃以上,相对湿度 60%以上,春梢即可受侵染,加上 20 d 左右的潜育期,即为春梢期溃疡病的始发期。春、夏、秋梢期间,旬均温 20~30℃,相对湿度 80%以上,旬雨量 20~200 mm 时,又与新梢和幼果的易侵入期相吻合,则可能严重发生。落花后 30~60 d,如遇上述气象条件,需要防治。

4.写出虫情报告

根据柑橘溃疡病发生情况,写一份病情报告,对该病害做出测报并提出防治方案。

案例:黄曲条跳甲预测预报。

(1)目的要求。掌握黄曲条跳甲预测预报的主要方法,提高预测预报能力。

(2)材料与用具。标本瓶、大烧杯、福尔马林、酒精、吸虫管、毒瓶、纸袋、采集箱、塑料袋、记录本标签等。

(3)预测预报。

①田间调查。在黄曲条跳甲发生盛期开始至年度的发生末期止,选播种出苗后 15 d 以上主栽品种、主栽茬口的早、中、晚茬十字花科蔬菜田各 2 块。采用对角线 5 点取样法,每 10 d 调查 1 次,每点取样 20 株。调查 100 株的有虫率和破叶株,统计有虫株率和破叶率。受害程度分级标准。

0 级:有虫株率为 0;

1 级:有虫株率为 25%,或有轻弱的破叶;

2 级:有虫株率为 25.1%~50%,破叶率≤10%;

3 级:有虫株率为 50.1%~75%,破叶率 11%~25%;

4 级:有虫株率为 75.1%,破叶率>10%。

②预测预报。当地春季气温达 10℃ 左右始,至秋季温度回落到 10℃ 以下时止,在主要生产基地,选择有代表性的茬口、主栽品种,区域生产面积至少应大于 0.67 hm²。在空旷、便于调查进出的田边放置 30 cm×30 cm×10 cm 黄色方形诱杀盘或 18~25 cm 直径黄色圆盘 3 只,周边应避免有同类的光谱干扰,盆间距离 10 m,在盆深2/3 左右位置开 5~8 个 2 mm 直径的溢水孔,盆放在近地面,盆内盛清水至溢水孔,并加入少量敌百虫农药,防止已诱捕盆内的成虫再跳出诱虫盆,在每日上午同一时间调查隔日的诱虫数。

根据黄盘诱虫系统消长调查,在成虫盛发期前 5~7 d,向主要生产区发布大田虫情防治适期预报。防治适期为成虫始盛至高峰期。防治对象田为大田虫情普查有虫株率达 10% 以上的田块(或发生程度属中等发生以上)和连茬种植萝卜类型田。

(4)写出虫情报告。根据黄曲条跳甲发生情况,写一份虫情报告,对该虫害做出测报并提出防治方案。

【完成任务单3】

柑橘红蜘蛛预测预报。

1.目标要求

掌握柑橘红蜘蛛预测预报的主要方法,提高预测预报能力。

2.材料与用具

标本瓶、大烧杯、福尔马林、酒精、吸虫管、毒瓶、纸袋、采集箱、塑料袋、记录本标签等。

3.预测预报

选取 2 个有代表性的柑橘园,用五点取样方法,每个柑橘园固定 5 株为调查观察株,每株按东、南、西、北、中各随机(或固定)选择取 2 张叶片,每株共 10 片叶,分别编好序号,5~7 d 观察 1 次,分别加以记载。同时记录天敌的种类和数量。当调查到有 45% 的越冬卵孵化时应及时发出预报。柑橘现蕾期和春芽长 1 cm 左右,平均每叶有虫 2~3 头,百叶天敌在 3 头以下时;柑橘春芽长 3~5 cm,初花期和秋梢生长期,平均每叶有虫 4~6 头,百叶天敌不足 5 头时;柑橘其他物候期,每叶平均有虫 8 头以上,天敌每叶不足 0.1 头时,都要进行药剂防治。

4.写出虫情报告

根据黄曲条跳甲发生情况,写一份虫情报告,对该虫害做出测报并提出防治方案。

【巩固练习】

一、填空题

1.预测预报工作的开展是根据有害生物过去和现在的变动规律、(   )、作物物候、

（　　）等资料,应用数理统计分析和先进的测报方法。

2.病虫害预测按内容分(　　)、(　　)、(　　)、(　　)。

3.病害主要的预测方法有(　　)、(　　)、(　　)。

4.虫害主要的预测方法有(　　)、(　　)、(　　)、(　　)、(　　)、(　　)。

二、简答题

1.病虫害预测的种类主要有哪些?

2.简述害虫的主要预测方法。

项目计划实施

1.工作过程组织

5～6个学生分为一组,每组选出一个组长。

2.材料与用具

果树、蔬菜及观赏植物病虫害资料、镊子、挑针、指形管、标本瓶、大烧杯、福尔马林、酒精、吸虫管、毒瓶、纸袋、采集箱、塑料袋、记录本、标签等。

3.实施过程

每5～6个学生分为一组,选择当地1～2种观赏植物、果树和蔬菜的典型病虫害进行发生情况调查,写出调查报告。

评价与反馈

完成亚热带园艺植物病虫调查与预测预报工作任务后,进行自我评价,小组评价,教师评价。考核指标权重:自我评价占20%,小组评价占40%,教师评价占40%。

自我评价:根据自己的工作态度、完成亚热带园艺植物病虫调查与预测预报的完成情况实事求是地进行评价。

小组评价:组长根据组员完成任务情况对组员进行评价。主要从小组组员配合能力、病虫调查结果总结报告的效果给组员进行评价。

教师评价:教师是根据学生学习态度、作业单、技能单、出勤率4个方面进行评价。

综合评价:综合评价是把个人评价、小组评价、教师评价成绩进行综合,得出每个学生完成一个工作任务的综合成绩。

信息反馈:每个学生对教师进行评议,提出对工作任务建议。

项目五
亚热带园艺植物病虫害综合防治

项目描述 了解有害生物综合防治方案制定的原理；了解亚热带园艺植物主要病害症状特点及害虫为害特点；掌握病虫害综合防治方案的制定；掌握当地园艺植物主要病虫害的发生规律及防治方法；能正确制定亚热带果树、观赏植物及蔬菜主要病虫害综合防治方案，并组织实施。

工作任务 5-1
亚热带园艺植物病虫害综合防治方案制定

◈**目标要求**：了解植物病虫害综合防治的概念和综合防治方案制定的原则；能灵活应用各种防治措施；结合当地具体的园艺植物病虫害制定合理的综合防治方案；实施有害生物的综合治理，达到经济、生态和社会效益的统一。

【相关知识】

一、综合治理的概念

联合国粮农组织（FAO）有害生物综合治理专家小组，提出了"有害生物综合治理"的概念：病虫害综合治理是一种方案，依据有害生物的种群动态与其环境间的关系的一种管理系统，尽可能协调运用适当的技术与方法，使有害生物工程种群保持在经济为害水平以下。它从农业生态系统总体出发，根据病虫与环境之间的相互关系，充分发挥自然因素的控制作用，因地制宜，协调应用化学防治、生物防治、物理防治、农业防治等措施，达到经济、安全、有效地控制病虫害的目的。我国在 1975 年召开的全国植物保护工作会议，确定预防为主、综合防治为我国的植保方针。我国提出的综合防治与国际流行的有害生物综合治理的基本含义是一致的。

二、综合治理的观点

（一）生态观

病虫害综合治理从园林生态系的总体出发，根据生态系统中病虫和环境之间的关系，强调利用自然因素控制病虫害的发生，同时有针对性地调节和操纵生态系统里某些组分，创造一个有利于植物和病虫天敌生存，不利于病虫发生发展的环境条件，从而预防或减轻病虫害的发生与为害。通过全面分析各生态因子之间的相互关系，防治效果与生态平衡的关系，综合治理有害生物。

(二)经济观

在综合治理过程中,所采取措施并非把病虫彻底消灭,而是以预防为主,将病虫种群数量控制在经济损失允许水平之下。有害生物对植物的损害不一定造成经济损害,只有在它的种群数量达到经济受害水平时,才造成损失。

(三)环境保护观

由于农药的长期使用和滥用,造成了有害生物的抗性、再增猖獗和农药的残留问题。有害生物综合防治就是要尽可能协调运用适当的技术与方法,使有害生物种群保持在经济为害水平下。同时,将对人类、对环境的负面影响降至最低。在实际防治中综合考虑治理对象,尽可能地协调运用栽培园艺控制技术、物理机械控制技术、生态控制技术和生物控制技术,持续治理才能达到控制病虫为害的目的。在使用化学控制技术时,合理使用农药,包括使用高效、低毒、低残留的农药,严格按控制指标用药,严格针对控制对象选择最适农药,尽可能使用选择性农药,尽可能更替农药,注意安全用药,掌握适当浓度和用量;掌握用药时机,选用最合适的剂量和施药方式,选择用药部位等。

近年来,提出无公害园艺产品,绿色食品的生产与园艺植物综合治理的环境保护观点是一致的。在无公害园艺产品生产中,规定了允许使用、限制使用、禁止使用的化学合成农药的种类、使用次数、规定了一整套的无公害综合治理技术和操作规程。绿色食品中的 A 级食品生产中,禁止使用一些有机合成的化学杀虫剂、杀菌剂、杀螨剂、杀线虫剂、除草剂和植物生长调节剂,禁止使用生物源、矿物源农药中混配有机合成农药的各种制剂。

三、综合治理方案的制订

植物保护要以"预防为主、综合防治"为指导思想,认真研究当地植物病虫害的种类、为害程度、发生发展规律以及当地环境条件,管理水平等情况,从生态系统的整体观出发,设计和制定防治方案。设计和制定的防治方案,充分发挥生态系统的自我调控作用,重视经济阈值在方案中的实施。在此基础上综合、协调、灵活的应用各种防治措施,将病虫害种群数量控制在经济损失允许水平之下。

(一)病虫害综合治理方案制订的原则

在植物病虫害综合治理方案的制定时,要坚持"安全、有效、经济、简单"的原则,将病虫害控制在防治指标之内。"安全"是指所制订的防治方法对人、畜、天敌、植物等无毒副作用,对环境无污染;"有效"指在一定时间内所用的防治方法能使病虫害减轻,即控制在经济损失允许水平之下;"经济"是指尽可能投入少,回报效益高;"简单"就是所采用的防治方法应简单易行,便于掌握。

(二)综合治理方案的类型

(1)以一种病虫为对象。如对黄褐天幕毛虫的综合治理措施。

(2)以一种植物上所发生的病虫为对象。如对泡桐病虫害的综合治理。

(3)以某个区域为对象。如对某个乡、镇、绿化小区、公园、街道等主要植物的病虫害的综合防治方案。

四、综合防治的主要措施

植物病虫害防治的基本方法归纳起来有植物检疫、园艺技术控制、物理机械控制、生物控制及化学控制等措施。

(一)植物检疫

植物检疫又称法规防治,是指一个国家或地方政府用法律、法规的形式,禁止或限制危险性病、虫及杂草人为地传入或传出,或对已传入的危险性病、虫、杂草,采取有效措施消灭或控制其扩大蔓延。植物检疫是一项根本的预防性措施。

1.植物检疫的任务及措施

(1)对外检疫和对内检疫。植物检疫包括对外检疫和对内检疫两部分。对外检疫的任务是禁止危险性病、虫及杂草随着植物及产品由国外输入或国内输出。对外检疫是国家在对外港口、国际机场及国际交通要道等场所设立的检疫机构,对进出口货物、旅客携带物及邮件等进行检查。

(2)划定疫区和保护区。有检疫对象发生的地区划为疫区,对疫区要严加控制,禁止检疫对象传出,并采取积极措施,加以消灭。未发生检疫对象但有可能传播进检疫对象的地区划定为保护区,对保护区要严防检疫对象传入,充分做好预防工作。

2.检疫对象的确定

植物病虫害检疫对象的确定原则:

(1)国内尚未发生的或局部发生的病、虫及杂草。

(2)危害严重,传入后可能给农林生产造成重大损失,而防治又比较困难的病、虫及杂草。

(3)靠人为活动传播的,即随种子、苗木及包装材料等传播的病、虫及杂草。

3.疫情处理

疫情处理是指在一定区域内植物及其产品带有检疫性有害生物时,必须采取适当的措施进行处理,以阻止有害生物的传播蔓延。除害处理是植物检疫处理常用的方法,主要有机械处理、热处理、射线处理等物理方法;药物熏蒸、浸泡、喷洒等化学方法。

(二)园艺控制技术

园艺技术措施是指科学利用植物栽培管理技术,改善环境条件,使之有利于植物的生长发育而不利于病虫害的发生,从而达到防治病虫害的目的,是综合治理的治本措施。其优点是贯穿于整个园艺生产环节中,不需过多额外劳力物力的投入就能达到目的,且与其他控制措施,如化学控制、生物控制、物理控制等措施相配套,易推广。但也有一定的局限性,如控制效果慢,对暴发性病虫害的控制效果不大,具有较强的地域性和季节性,常受自然条件的限制等。园艺技术措施包括以下几个环节。

1.选育抗病虫品种

选育抗病虫品种是长远目标,也是预防病虫害的重要环节,不同品种对病虫害的抗性差异较大。尤其是病毒病,选育抗病虫品种尤为重要,是防治病虫害发生、危害的根本措施。

2.选用健壮无病的繁殖材料

在选用种子、球茎、种苗等繁殖材料时,应选用无病虫、饱满、健壮的繁殖材料,以减少病虫害的传播和提高苗期的抗性。在建植草坪时要使用无病种子,移植草皮、单株、匍匐茎等繁殖材料也要选择健康的。有些花木中病害是由种子传播的,如仙客来病毒病、百日菊白星病、草坪病害等,必须从健康植株上采种,才能减轻或避免这类病害的发生。

3. 清洁田园

清洁田园的目的是减少病虫害的侵染来源、改善环境条件。主要工作包括及时清楚园林植物的病虫害残体、草坪的枯草层,并加以处理,深埋或烧毁。生长期摘除病、虫枝叶,尤其发病初期和比较集中的病、虫枝叶。拔除病株,必要时可用 70% 的五氯硝基苯粉剂 $8 \sim 9$ g/m^2 或 $1 : 50$ 的福尔马林 $4 \sim 8$ kg/m^2 等进行土壤处理。园艺操作过程中应避免人为传染,如摘心、除草、切花时要防止工具和人手对病菌的传带。温室中带有病虫的土壤、盆钵要进行药剂处理方可使用。在无土栽培时,被污染时,被污染的污染液要及时清除,不得继续使用。及时除草,许多杂草是植物病害的野生寄主,如车前草等杂草是根结线虫的野生寄主,增加了病虫害的侵染来源,同时杂草丛生提高了周围环境的湿度,有利于病害的发生。

4. 园艺植物的合理布局

在绿地植物栽植中,为了保证美化效果,往往是许多种植物混栽,忽视了植物病虫害间的相互传染。如海棠和柏属树种等近距离栽植易造成海棠锈病的大发生。桃、梅等与梨邻近栽植,有利于梨小食心虫的大发生。多种花卉混栽加重了病毒病的发生。因此,在园林设计工作中,植物的配置不仅要考虑景观的美化效果,还要考虑病虫害的问题,尽量避免害虫相同食料及病原菌相同寄主范围的园林植物混栽。

5. 园艺植物的合理轮作

园艺植物连作会加重病虫害的发生,尤其土传病害。如温室中香石竹多年连作时,会加重镰刀菌枯萎病的发生。实行轮作可以减轻病虫的发生与为害。轮作时间视具体病虫害而定。如鸡冠花褐斑病实行 2 年轮作即有效,而胞囊线虫需要较长时间。

6. 加强植物栽培管理

(1)加强肥水管理。加强肥水管理,平衡土壤的水分和营养状况,可提高绿地植物的健康水平,提高植物抵抗有害生物入侵的能力,从而起到壮势、美观、抗病虫作用。

植物在栽培管理中要讲究科学施肥。若使用有机肥应充分腐熟且无异味,以免污染环境,并可把有机物中的病原菌及害虫杀死。使用无机肥要注意氮、磷、钾的比例要合理。

观赏植物的灌溉技术,无论是灌水方法,还是灌水量、灌水时间等都影响着病虫害的发生。灌水方式要适当,喷灌和洒水等方式容易加重叶部病害的发生,最好采用沟灌、滴灌或沿盆钵的边缘浇水。浇水要适量,浇水过多易造成烂根,浇水过少易使花木因缺水生长发育不良,出现生理性病害以及抗病虫能力减弱。

(2)改善环境条件。改善环境条件主要指调节栽植地的温湿度,尤其是温室栽培的植物,要经常通风、透光,降低一些病虫害的发生,如减少花卉灰霉病的发生发展,可减少、削弱介壳虫为害等。种植密度及盆花摆放密度要适宜,以便通风透气,减少病害发生。

(3)合理修剪。合理修剪、整枝不仅可以增强树势、提高观赏价值,还可以减少病虫危害。

(4)球茎等器官的收获及收后管理。许多花卉是以球茎、鳞茎等器官越冬,为了保障这些器官的健康贮存,要在晴天收获,挖掘过程中要尽量减少伤口。

(三)物理机械控制技术

物理机械防治是指人工或者利用各种器械和各种物理因素(如光、温度等)直接或间接来消灭病虫害的方法。此法简单易行、见效快,不污染环境、不伤天敌,适合无公害生产,但费时费力。

1.人工捕杀

人工捕杀是指利用人力或器械来捕杀害虫的方法。此方法主要适用于具有假死性、群集性以及在某一阶段活动场所相对固定的害虫。如多数金龟子、象甲、天牛的成虫具有假死性，可在清晨或傍晚将其振落杀死。

2.阻隔法

人为设置各种障碍，以切断病虫害的侵害途径，这种方法称为阻隔法。具体方法：

(1)覆盖薄膜。覆盖薄膜不仅能够提高土壤温度、保持土壤水分，还能达到防治病虫害的目的。许多叶部病害的病原物是在病残体上越冬的，花木栽培地早春覆膜可大幅度地减少叶病的发生，如芍药地覆膜后，芍药叶斑病成倍减少。

(2)纱网阻隔。对于温室、大棚中栽培的植物，在夏季使用防虫网，不但阻隔了蚜虫、粉虱等害虫的侵入，而且也有效地减少了病毒病的侵染。

(3)挖障碍沟。对不能迁飞的害虫，为了阻止其迁移为害，可在未受害区周围挖沟，保护植物。

3.诱杀法

(1)灯光诱杀。利用害虫对灯光的趋性，人为设置灯光来诱杀害虫的方法称为诱杀法。此法诱集面积大成本低。生产上常用的光源是黑光灯。此外，还有高压电网灯。

(2)毒饵诱杀。利用害虫的趋化性在其所嗜食的食物中掺入适当的毒剂，制成各种毒饵来诱杀害虫的方法称为毒饵诱杀。例如，蝼蛄、地老虎等地下害虫，可用麦麸、谷糠等做饵料，掺入适量的敌百虫、辛硫磷等药剂制成毒饵来诱杀。所用配方一般是饵料 100 份、毒剂 1～2 份、水适量。

(3)饵木诱杀。许多蛀干害虫，如天牛类、吉丁甲类、小蠹虫等喜欢在新伐倒木上产卵繁殖。

①潜所诱杀。利用一些害虫在某一时期喜欢在某特殊环境潜伏或生活的习性，人工设置类似环境来诱杀害虫的方法称为潜所诱杀。

②色板诱杀。利用蚜虫、粉虱等害虫对黄色的趋性，可在花木栽培区设置黄色粘胶板，诱粘蚜虫和粉虱等害虫，多在温室使用。黄色诱蚜板的制作方法：先在硬纸板、纤维板或三合板上面涂刷一层橘黄色油漆，漆干后再涂一层透明的 10 号机油。每亩(1 亩＝667 m²)地插 6～8 块黄色诱蚜板诱杀害虫。

4.热处理法

任何生物对温度都有一定的耐受性，包括植物病原物和害虫对热有一定忍耐性，超过其限度生物就会死亡。害虫和病原菌对高温的耐受性较差，利用提高温度来杀伤害虫或病原菌的方法就称为热处理法。热处理有干热处理和湿热处理。

干热处理法主要用于种子，如带毒种子、细菌、真菌或带虫种子有防治效果。

5.放射处理

利用电波、X 射线、射线、紫外线、红外线、激光、超声波等电磁辐射进行有害生物防治的物理防治技术。

①直接杀灭。如利用 500 kHz 超声波处理横坑切梢小蠹，可使幼虫致死。

②辐射不育。利用 X 射线、射线处理昆虫，可造成昆虫雄性不育，将处理的雄虫释放到田

间与雌性交配,使雌性产下的卵不能孵化,进而达到降低害虫种群密度的作用。英国、日本等国利用这一技术在一些岛屿上消灭了地中海实蝇和柑橘小实蝇。

③射线处理病菌。这种方法对病菌具有抑制和消灭的作用,多用于水果、蔬菜的储藏。

(四)生物控制技术

生物防治就是利用生物及其代谢产物来控制病虫害的方法。广义的生物控制,包括控制有害生物的生物体及其产物。狭义的生物控制,只包括利用天敌控制有害生物。

生物控制可以避免产生化学农药导致的弊端;天敌对有害生物控制作用持久;生物控制无残留。生物控制存在不足之处,就是容易受环境条件影响,使用时间要求严格,作用较慢,控制对象也有一定的局限性。

1. 以虫治虫

天敌昆虫的种类。

(1)捕食性天敌昆虫。捕食性天敌昆虫通过取食直接杀死害虫。园林中常见的捕食性天敌昆虫有瓢虫、草蛉、螳螂、食蚜蝇等。

(2)寄生性天敌昆虫。一些昆虫种类,在某个时期或终身寄生在其他昆虫的体内或体外,并摄取害虫的营养物质来维持自身生存,最终导致害虫死亡,使害虫种群数量下降。主要包括寄生蜂和寄生蝇。寄生性天敌昆虫常见类群有姬蜂、蚜茧蜂、小茧蜂、肿腿蜂、土蜂、寄生蝇等。

2. 以菌治虫

以菌治虫是指人为利用害虫的病原微生物防治害虫的方法。能引起昆虫致病的病原微生物主要包括真菌、细菌、病毒等。利用病原微生物防治害虫具有繁殖快、用量少、不受园林植物生长阶段的限制,持续时间长等优点。

3. 利用昆虫激素治虫

昆虫激素治虫指经过人工合成或从自然界的生物源中分离或派生出来的化合物用以防治害虫。昆虫激素包括昆虫外激素和内激素。

昆虫的外激素是昆虫分泌到体外的挥发性物质,是昆虫向同伴发出的信号,便于寻找异性和食物。在国外已有100多种昆虫激素商品用于害虫的预测、预报及防治工作,我国也有近30多种性激素用于国槐小卷蛾、白杨透翅蛾等害虫的诱捕、迷向、引诱绝育等方法的防治。

4. 其他有益动物治虫

其他有益动物包括鸟类、爬行类、两栖类、蜘蛛及捕食螨类等。鸟类是多种农林害虫的捕食者,对害虫的发生具有一定的抑制作用。目前,保护鸟的措施主要有严禁捕鸟、人工挂巢招引鸟类定居以及人工驯化等。广州白云山公园管理处,曾从安徽省定远县引进灰喜鹊驯养,获得成功。山东省林业科学研究所人工招引啄木鸟防治蛀干害虫,收到良好效果。两栖类中的蛙类、蟾蜍捕食昆虫及小动物,如鳞翅目害虫、蝼蛄、蛴螬等,在田间发挥着治虫作用,应严禁捕杀,加强人工繁殖放养蛙类。蜘蛛及捕食螨类日益受到人们的关注,以螨治螨是目前防治害螨的重要措施。如以捕食螨防治柑橘红蜘蛛,蜘蛛控制南方观赏茶树上的茶小绿叶蝉,收到了良好效果。加强对有益动物的保护和利用,使其在园林生态系统中充分发挥其治虫作用。

5. 以菌治病

某些微生物在生长发育过程中分泌一些抗生素,能抑制或杀死病原物,这种现象称颉颃作用。利用生物间的颉颃作用防治植物病害是目前生物防治研究的主要内容。如利用哈氏木霉分泌的抗生素防治茉莉花白绢病,有很好的效果。在土壤和植物的根围有大量的微生物群落;

这些微生物的存在会对病原物有一定抑制作用。人们利用土壤微生物的颉颃作用来防治土传病害。如菌根菌可分泌萜烯类等物质对多种根部病害有颉颃作用。

（五）化学控制技术

化学防治是指使用各种化学药剂来防治病虫害及杂草等有害生物的方法。化学防治具有作用快、防效高、经济效益高、使用方法简单、不受地域和季节限制、便于大面积机械化操作等优点,为及时有效地控制农林生物灾害发挥了积极作用,成为病虫害防治体系中重要组成部分。

化学控制有其他控制技术所无法代替的优点:控制对象广,可以调节植物生长;控制效果快而高;使用方法简便、灵活;化学农药可以工厂化生产,成本低。化学控制在有害生物综合治理中占有重要地位,但化学控制还有其局限性:引起病、虫、杂草等产生抗药性。这些需要进行综合治理、交替使用农药、合理混用农药、使用增效剂等来避免和延缓抗药性的产生。杀害有益生物,破坏生态平衡。农药破坏生态环境,危害人体健康。

1. 农药的分类

农药的分类方法很多,可以根据农药来源、防治对象、农药的作用方式等分类。

（1）根据农药来源分类。农药按来源可分为矿物源农药、生物源农药和化学合成农药3大类。

①矿物源农药。矿物源农药是指由矿物原料加工而成,如石硫合剂、波尔多液、王铜（碱式氯化铜）、机油乳剂等。

②生物源农药。生物源农药是利用天然生物资源（如植物、动物、微生物）开发的农药。由于其来源不同,可以分为植物源农药、动物源农药和微生物农药。植物源农药如除虫菊素、烟碱、鱼藤酮、川楝素、油菜素内酯等。此类农药一般毒性较低,对人、畜安全,对植物无药害,有害生物不易产生抗药性。动物源农药,如脑激素、保幼激素、蜕皮激素等。微生物农药,如多抗霉素、浏阳霉素、阿维菌素、白僵菌、苏云金杆菌等。随着人们对无公害食品、绿色食品、有机食品需求量的不断增加,生物农药的种类和需求量也将会不断增长。

③化学合成农药。化学合成农药是由人工研制合成的农药。目前,园艺、果树、花卉生产中使用的农药大都属于这一类。要增加更多适合"无公害园艺产品"和"绿色食品"生产需求的农药新品种,提高质量,更有效地消灭病、虫、草等各类园艺有害生物。

（2）根据防治对象分类。可分为杀虫剂、杀螨剂、杀菌剂、杀线虫剂、除草剂、杀鼠剂和植物生长调节剂等。

①杀虫剂。用于防治害虫的药剂。如吡虫啉、敌敌畏等。

②杀螨剂。用于防治害螨的药剂。有专一性杀螨剂（如尼索朗、克螨特等）和兼有杀虫作用的杀虫杀螨剂（如甲氰菊酯、哒螨酮等）。

③杀菌剂。用于防治植物病原微生物的药剂。如波尔多液、百菌清等。

④除草剂。用于防除园田杂草的药剂。如敌草胺、异丙草胺、百草枯等。

⑤杀线虫剂。用于防治植物病原线虫的药剂。如威百亩等。

⑥杀鼠剂。用于防治害鼠的药剂。如敌鼠钠盐、氟鼠酮等。

⑦植物生长调节剂。用于促进或抑制植物生长发育的药剂。如赤霉素、乙烯利等。

（3）按作用方式分类。

①杀虫剂。

a.胃毒剂。通过消化系统进入虫体内,使害虫中毒死亡的药剂。如敌百虫等。这类农药对咀嚼式口器和舐吸式口器的害虫非常有效。

b. 触杀剂。通过与害虫虫体接触,药剂经体壁进入虫体内使害虫中毒死亡的药剂。如大多数有机磷杀虫剂、拟除虫菊酯类杀虫剂。触杀剂可用于防治各种口器的害虫,但对体被蜡质分泌物的介壳虫、木虱、粉虱等效果差。

c. 内吸剂。药剂易被植物组织吸收,并在植物体内运输,传导到植物的各部分,或经过植物的代谢作用而产生更毒的代谢物,当害虫取食植物时中毒死亡的药剂。如乐果、吡虫啉等。内吸剂对刺吸式口器的害虫特别有效。

d. 熏蒸剂。药剂能在常温下气化为有毒气体,通过昆虫的气门进入害虫的呼吸系统,使害虫中毒死亡的药剂。如磷化铝等。熏蒸剂应在密闭条件下使用效果才好。如用磷化铝片剂防治蛀干害虫时,要用泥土封闭虫孔。

e. 特异性昆虫生长调节剂。昆虫生长调节剂如灭幼脲 1 号、优乐得、抑太保、除虫脲等。引诱剂如桃小食心虫性诱剂、葡萄透翅蛾性诱剂等。驱避剂如驱蚊油、樟脑等。拒食剂如印楝素、拒食胺等。

②杀菌剂。

a. 保护性杀菌剂。在病原微生物尚未侵入寄主植物前,把药剂喷洒于植物表面,形成一层保护膜,阻碍病原微生物的侵染,从而使植物免受其害的药剂。如波尔多液、代森锌、大生等。

b. 治疗性杀菌剂。病原微生物已侵入植物体内,在其潜伏期间喷洒药剂,以抑制其继续在植物体内扩展或消灭其危害。如三唑酮、甲基硫菌灵、乙磷铝等。

c. 铲除性杀菌剂。对病原微生物有直接强烈杀伤作用的药剂。这类药剂常为植物生长不能忍受,故一般只用于播前土壤处理、植物休眠期使用或种苗处理。如石硫合剂、福美胂等。

③除草剂。

a. 选择性除草剂。这类除草剂在不同的植物间有选择性,即能够毒害或杀死某些植物,而对另外一些植物较安全。大多数除草剂是选择性除草剂。如除草通、敌草胺等均属于这类除草剂。

b. 灭生性除草剂。这类除草剂对植物缺乏选择性,或选择性很小,能杀死绝大多数绿色植物。它既能杀死杂草,也能杀死作物,因此,使用时必须十分谨慎。百草枯、草甘膦属于这类除草剂。

了解农药的分类,就能更好地掌握每一种具体农药品种的性能、防治对象、使用方法等知识,从而让农药发挥更有效的积极作用。

2. 农药的剂型及使用特点

未经加工的农药称之为原药。固体状态的原药称为原粉,液体状态的原药称为原油。除少数农药的原药不需加工可直接使用外,绝大多数原药都要经过加工成含有一定有效成分、一定规格的制剂才能使用。经过物理加工的农药称为制剂。农药制剂中包括原药和辅助剂。凡是与农药原药混用或通过加工过程与原药混用能改善药剂的理化性质、提高药效及便于使用的物质统称为农药辅助剂。农药辅助剂种类很多,按作用可分为填充剂、润湿剂、乳化剂、溶剂、分散剂、黏着剂、稳定剂、防解剂、增效剂、发泡剂等。农药剂型从大的方面分为固体制剂、液体制剂和其他制剂。

(1)固体制剂可分为以下几种。

①粉剂(DP)。用原药加入一定量的惰性粉,如黏土、高岭土、滑石粉等,经机械加工成粉

末状物,粉粒直径在 100 μm 以下。粉剂不易被水湿润,不能兑水喷雾。一般高浓度的粉剂用于拌种、制作毒饵或土壤处理用,低浓度的粉剂用作喷粉。该剂型具有使用方便、易喷撒、工效高等优点。缺点是随风飘失多,浪费药量,污染环境。如 1.1% 苦参碱粉剂、5% 敌百虫粉剂等。

②粉尘剂(DPC)是将原药、填料和分散剂按一定比例混合后,经机械粉碎和再次混合制成的比粉剂更细的粉状农药制剂,是专用于园艺保护地防治病虫害的一种超微粉剂,粉粒直径在 10 μm 以下,并具有良好的分散性。该剂型具有成本低、用药少、不用水、对棚膜要求不严格等优点。如 12% 克霉灵粉尘剂、10% 速克灵粉尘剂等。

③可湿性粉剂(WP)是农药基本剂型之一。在原药中加入一定量的湿润剂和填充剂,经机械加工成的粉末状物,粉粒直径在以下。它不同于粉剂的是加入了一定量的湿润剂,如皂角、亚硫酸纸浆废液等。如百菌清可湿性粉剂、多菌灵可湿性粉剂等。

④可溶性粉剂(SPX)是由原药、填料和适量助剂经混合粉碎加工而成的。在使用时,有效成分能迅速分散而完全溶于水中的一种新型农药制剂。其外观成粉状或颗粒状。如 80% 敌百虫可溶性粉剂、90% 疫霉灵可溶性粉剂等。

⑤干悬浮剂(DF)是由原药和纸浆废液、棉籽饼等植物油粕或动物皮毛水解的下脚料及某些无机盐等工业副产物为原料配制而成的。该剂型具有粒子小、活性表面大、渗透力强、配药时无粉尘、成本低、药效高、安全性好等特点,并兼有可湿性粉剂和乳油的优点,加水稀释后悬浮性好。如 50% 代森锰锌干悬浮剂、61.4% 氢氧化铜干悬浮剂等。

⑥微胶囊剂(CJ)是由农药原药和溶剂制成颗粒,同时再加入树脂单体,在农药微粒的表面聚合而成的微胶囊剂型,是新开发的一种农药剂型。该剂型具有降低毒性、延长残效、减少挥发、降低农药的降解和减轻药害等优点。如 25% 辛硫磷微胶囊剂等。

⑦水分散颗粒剂(WDG)是由原药、助剂、载体组成的。其助剂系统较为复杂,既有润湿剂、分散剂还有黏结剂、润滑剂等。具有非常好的药效,具备可湿性粉剂、水悬浮剂的优点,且无弊病,是目前我国极有广阔市场前景的剂型之一。如 70% 吡虫啉水分散颗粒剂、75% 嗪草酮水分散颗粒剂等。

⑧颗粒剂(GR)是原药加入载体(黏土、煤渣等)制成的颗粒状物。粒径一般在 250~600 μm。该剂型在施用过程中具有沉降性好、飘移性小、对环境污染轻、残效期长、施用方便、省工、省时等优点。如辛硫磷 3% 颗粒剂、5% 抗蚜威颗粒剂等。

⑨片剂(TA)是由农药原药加入填料、助剂等均匀搅拌,压成片状或一定外形的块状物。该剂型具有使用方便、剂量准确、污染轻等优点。如磷化铝片剂防蛀干害虫天牛。其他固体制剂还有水分散片剂、泡腾片剂、缓释剂、固体乳油等。

(2)液体制剂可分为以下几种。

①水剂(AS)是利用某些原药能溶解于水中而又不分解的特性,直接用水配制而成的液体。该剂型优点是加工方便、成本较低、药效与浮油相当。但不易在植物体表面湿润展布,黏着性差,长期贮藏易分解失效,化学稳定性不如乳油。如 72.2% 普力克水剂、1% 中生霉素水剂等。

②微乳剂(ME)是由有效成分、乳化剂、防冻剂和水等助剂组成的透明或半透明液体。微乳剂的显著特点是以水代替有机溶剂,不易燃、不污染环境,使用、储运都十分安全。药液的刺激性小,更适宜作室内防治害虫使用。由于药剂有效成分的分散度极高,对保护作物和靶标生

物的附着性和渗透性极强,因此,也有提高药效的作用。如 4.5% 高效氯氰菊酯微乳剂。

③悬浮剂(SC)是指借助各种助剂(润湿剂、增黏剂、防冻剂等),通过湿法研磨或高速搅拌,使原药均匀分散于分散介质(水或有机溶剂)中,形成一种颗粒极细、高悬浮、可流动的液体药剂。悬浮剂颗粒直径一般为 $0.5 \sim 5 \ \mu m$,原药为不溶于水的固体原药。该剂型的优点是悬浮颗粒小,分布均匀,喷洒后覆盖面积大,黏着力强,因而药效比相同剂量的可湿性粉剂高,与同剂量的乳油相当,生产、使用安全,对环境污染轻,施用方便。如 20% 灭幼脲 3 号悬浮剂、48% 多杀霉素悬浮剂等。

④乳油(EC)是由原药加入一定量的乳化剂和有机溶剂制成的透明状液体。可兑水喷雾。具有残效期长、方法简单、药剂易附着在植物体表面,不易被雨水冲刷等优点。缺点是用有机溶剂和乳化剂,生产成本高、使用不当易造成药害。如 20% 三唑酮乳油、40% 乐果乳油等。

⑤超低量喷雾剂(ULV)是由原药加入油脂溶剂、助剂制成,专门供超低容量喷雾使用,一般含有效成分是 20%～50% 的油剂。该剂型优点是使用时不用兑水而直接喷雾,单位面积用量少,工效高,适于缺水地区。目前,国内使用的有 5% 敌杀死超低量喷雾剂等。

其他液体制剂还有静电喷雾剂、热雾剂、气雾剂等。随着农药加工技术的不断进步,各种新的农药制剂将被陆续开发利用。

(3)其他制剂。

①种衣剂(SD)是由原药、分散剂、防冻剂、增稠剂、消泡剂、防腐剂、警戒色等均匀混合,经研磨到一定细度成浆料后,用特殊的设备将药剂包在种子上。该剂型的突出优点是防治园艺植物苗期病虫害效果好,既省工、省药,又能增加对人、畜的安全性,减少对环境污染。如 25% 种衣剂 5 号等。

②烟剂(FU)由原药、供热剂(燃料、氧化剂等助剂)经加工而成的农药剂型。点燃后燃烧均匀,成烟率高,无明火,原药受热升华或气化到大气中冷凝后迅速变成烟或雾飘于空间。主要用于保护地蔬菜病虫害的防治。该剂型具有防治效果好、使用方便、工效高,药剂在空间分布均匀等优点。缺点是发烟时药剂易分解,棚膜破损,药剂逸散严重,成本高,药剂品种少。如 30% 百菌清烟剂、40% 三唑酮烟剂等。

3. 农药的名称

农药的名称有农药制剂的名称、化学名称、通用名称、商品名称等。

(1)农药制剂名称。一般由三部分内容按特定的顺序组成,即有效成分含量＋有效成分通用名＋农药剂型名称。如 40% 乐果乳油、40% 甲基硫菌灵胶悬剂等。不需加工即可直接施用的原药制剂,则用农药品种的通用名称,如硫酸铜等。

(2)农药化学名称。它是按有效成分的化学结构,根据化学命名原则定出化合物的名称。化学名称可明确地表达化合物的结构。因其专业性较强,一般很少采用。

(3)农药通用名称。它是标准化机构规定的农药生物活性有效成分的名称。我国使用中文通用名称和英文通用名称。中文通用名称是由中国国家标准局颁布,在中国国内通用的农药中文通用名。英文通用名称是在全世界范围内通用。如敌杀死的通用名为溴氰菊酯、甲基托布津的通用名为甲基硫菌灵等。

(4)农药商品名称。它是农药生产厂家为区别其他厂家产品,满足流通和市场竞争的需要,为其产品在农药部门注册的名称。经审核批准的商品名称具有独占性,未经注册厂家同意,其他厂家不能使用该商品名称。农药商品名有英文商品名和中文商品名。如吡虫啉有大功臣、艾美乐、高巧、一遍净、一扫净、扑虱蚜、蚜虱净、灭虫精、益达胺等多种商品名称,咪鲜胺有施保克、扑霉灵、咪鲜安等商品名称。

(5)农药标签。它是指农药包装物上紧贴或印制的介绍农药产品性能、使用技术、毒性、注意事项等内容的文字、图标式技术资料。农药标签内容如下:

农药名称:包括中文商品名、通用名(中文或英文)、有效成分含量和剂型。

农药"三证号":即农药登记证号、农药生产许可证号或生产批准证号、农药标准号。

使用说明:简明扼要地描述农药的类别、性能和作用特点。按照登记部门批准的使用范围介绍使用方法,包括适用作物、防治对象、施用适期、施用剂量和施用次数。

净含量:在标签的显著位置应注明产品在每个农药包装中的净含量,用国家法定计量单位克(g)、吨(T)或千克(kg)、毫升(mL)或升(L)等表示。

质量保证期:农药质量保证期可以用以下 3 种形式中的一种方式标明。①注明生产日期(或批号)和质量保证期;②注明产品批号和有效日期;③注明产品批号和失效日期。分装产品的标签应分别注明产品的生产日期和分装日期,其质量保证期执行生产企业规定的质量保证期。

毒性标志:农药的毒性标志一般设在农药标签的右下方。微毒用红色字体注明"微毒";低毒用红色菱形图表示,并在图中印有红色"低毒"字样;中等毒性用红色菱形图加黑色十字叉表示,并在图下方印有红色"中等毒"字样;高毒用黑色菱形图中加入人头骷髅表示,并在图下方印有红色"高毒"字样;剧毒用黑色菱形图中加入人头骷髅表示,并在图下方印有红色"剧毒"字样。

注意事项:①应标明农药与哪些物注意事项质不能相混使用;②按照登记批准内容,应注明该农药限用的条件、作物和地区;③应注明该农药已制定国家标准的安全间隔期,一季作物最多使用的次数等;④应注明使用该农药时需穿戴的防护用品、安全预防措施及避免事项等;⑤应注明施药器械的清洗方法、残剩药剂的处理方法等;⑥应注明该农药中毒急救措施,必要时应注明对医生的建议等;⑦应注明该农药国家规定的禁止使用的作物或范围等。

储存和运输方法:①应详细注明该农药储存条件的环境要求和注意事项等;②应注明该农药安全运输、装卸的特殊要求和危险标志;③应注明储存在儿童够不到的地方。

厂名、厂址:应标明与其营业执照上一致的生产企业的名称、详细地址、邮政编码、联系电话等。分装产品应分别标明生产企业和分装企业的名称、详细地址、邮政编码、联系电话等。

农药类别颜色标志带:在标签的下方,加一条与底边平行的不褪色的特征颜色标志带,以表示不同农药类别(公共卫生用农药除外)。农药产品中含有两种或两种以上不同类别的有效成分时,其产品颜色标志带应由各有效成分对应的标志带分段组成。除草剂为绿色;杀虫(螨、软体动物)剂为红色;杀菌(线虫)剂为黑色;植物生长调节剂为深黄色;杀鼠剂为蓝色。

象形图:象形图应用黑白两种颜色印刷,通常位于标签的底部。

4.农药的配制

(1)农药浓度的表示法。目前,我国在生产中农药浓度的表示方法,通常有百分浓度、百万分浓度(mg/kg 或 mL/L)和倍数法 3 种。

①百分浓度。表示 100 份药液或药剂中,含有效成分的份数。如 5%尼索朗可湿性粉剂,即表示这药种剂 100 份中含有 5 份尼索朗的有效成分。百分浓度又分为容量百分浓度和重量百分浓度两种。液体与液体之间配药时常用容量百分浓度,固体与固体或固体与液体之间配

药时多用重量百分浓度。

②百万分浓度。即在100万份的药剂中含有这种药剂的有效成分的份数。用 mL/L 或 mg/kg 来表示。

③倍数法。在液剂或粉剂中,稀释剂(水或填充剂)的量为原药剂量的多少倍。如10%氯氰菊酯乳油3 000~4 000倍液,表示用的乳油,加水分稀释后的药液。倍数法并不能直接反映出药剂有效成分的稀释倍数,但应用起来很方便。实际应用时多根据稀释倍数的大小,用内比法和外比法来配药。

内比法:稀释100倍或100倍以下的,计算稀释量时,要扣除原药剂所占的1份。如稀释90倍则用药剂1份,加水或稀释剂89份。

外比法:稀释100倍以上的,计算稀释量时不扣除原药剂所占的1份。如稀释2 500倍,则用原药剂1份加水2 500份。

(2)农药的稀释计算。

①根据有效成分计算法。

通用公式:原药剂重量×原药剂浓度=稀释药剂重量×稀释药剂浓度

a.求稀释剂重量。

计算100倍以下时:

稀释剂重量=原药剂重量×(原药剂浓度-稀释药剂浓度)/稀释药剂浓度

例:用40%乐果乳油10 kg,配成2%稀释液,需加水多少千克?

计算:10×(40%-2%)/2%=190(kg)

计算100倍以上时:

稀释剂重量=原药剂重量×原药剂浓度/稀释药剂浓度

例:用100 mL80%敌敌畏乳油稀释成0.05%浓度,需加水多少千克?

计算:(100×80%)/0.05%=160(kg)

b.求用药量。

原药剂重量=稀释药剂重量×稀释药剂浓度/原药剂浓度

例:要配制0.5%乐果药液1 000 mL,求40%乐果乳油用量。

计算:(1 000×0.5%)/40%=12.5(mL)

②根据稀释倍数的计算法,此法不考虑药剂的有效成分含量。

a.计算100倍以下。

稀释药剂重=原药剂重量×稀释倍数-原药重量

例:用40%乐果乳油10 mL加水稀释成50倍药液,求稀释液重量。

计算:10×50-10=490(mL)

b.计算100倍以上。

稀释药剂重=原药剂重量×稀释倍数

例:用80%敌敌畏乳油10 mL加水稀释成1 500倍药液,求稀释液重量。

计算:10×1 500=15 000(mL)=15(kg)

③商品农药制剂取用量的计算法。我国商品农药多采用质量百分数(%)标明含量,即每100 g 农药制剂中所含有效成分的克数。如20%甲氰菊酯乳油,即100 g乳油中含有效成分20 g。配药时,农药的取用量可根据标签上标明的含量来计算,其公式为:

农药制剂取用量＝每亩需用有效成分量/制剂中有效成分含量

例如：20％甲氰菊酯乳油，若每亩需用有效成分10 g，则20％甲氰菊乳油取用量是50 g。

④农药混用时取用量的计算法。农药混用时，各农药的取用量分别计算，而水的用量合在一起计算。例如，以75％多菌灵可湿性粉剂和20％扫螨净混合使用兼治果树上的病害和红蜘蛛。75％多菌灵使用浓度为0.133％，20％螨净使用浓度为0.013％。

现要配制75 L喷洒液，两种农药的取用量分别为：

75％多菌灵可湿性粉剂用量＝0.133％×75 000 mL/75％＝133(g)

20％螨净可湿性粉剂用量＝0.0133％×75 000 mL/20％＝49.8(g)

配制时，由于剂型相同，把两种药都加到75 L水中。因此，如果先把两种药液分别配成75 L，然后再混合到一起，即配成了150 L药液，使两种药液浓度各降低一半，这种计算和配制方法是错误的。如果剂型一种是乳油，另一种是可湿性粉剂，则先将乳油稀释后再加入可湿性粉剂的母液，以便使所用药剂均匀分布在水中。

5.农药的科学、合理及安全使用

(1)农药的施用方法。农药的品种繁多，加工剂型也多种多样，同时防治对象的为害部位、为害方式、环境条件等也各不相同。因此，农药的施用方法也随之多种多样。

①喷雾法。喷雾法是借助喷雾器械将药液均匀地喷布于目标植物上的施药方法，是目前生产上应用最广泛的一种方法。其优点是药液可直接接触防治对象，分布均匀，见效快，方法简单。缺点是药液易飘移流失，对施药人员安全性差。

②粉尘法。此法是专用于防治保护地蔬菜、花卉等园艺作物病虫害的新方法，即利用喷粉器械将粉尘剂吹散，使其在园艺作物间扩散飘移，多向沉积，最后形成非常均匀的药粒沉积分布，施药时只对空喷粉。此法具有高效、减少环境污染、简便省力、扩散均匀、不增加棚室内湿度、防效好等优点。

③毒土法。此法是将药剂与细土、细沙等混合均匀，撒施于地面，然后进行耧耙翻耕等方法。主要用于防治地下害虫或某一时期在地面活动的害虫。如用5％辛硫磷颗粒剂1份与细土50份拌匀，制成毒土。

④毒饵法。此法是用饵料与具有胃毒作用的对口药剂混合制成毒饵，用于防治害虫和害鼠的方法。毒饵法对地下害虫和害鼠具有较好的防治效果。缺点是对人、畜安全性差。常用的饵料有麦麸、米糠、豆饼、花生饼、玉米芯、菜叶等。

⑤种子处理法。种子处理法有拌种、浸种（浸苗）、闷种3种方法。拌种是指在播种前用一定量的药粉或药液与种子搅拌均匀，用以防治种传、土传病害和地下害虫。拌种用的药量，一般为种子重量的0.2％～0.5％；浸种（浸苗）是指将种子或幼苗浸泡在一定浓度的药液里，用以消灭种子或幼苗所带的病原菌或虫体；闷种是把种子摊在地上，把稀释好的药液均匀地喷洒在种子上，并搅拌均匀，然后堆起并用麻袋等物覆盖熏闷，经一昼夜后，晾干即可。

⑥土壤处理法。此法是将药剂施在地面并耕翻入土中，用来防治地下害虫、土传病害、土壤线虫和杂草的方法。土壤处理要使药剂均匀混入土壤中，与植株根部接触的药量不能过大。

⑦涂抹法。此法是指利用内吸性杀虫剂在植物幼嫩部分直接涂药，或将树干老皮刮掉露出韧皮部后涂药，让药液随植物体液运输到各个部位的方法，此法又称内吸涂环法。如在李树上涂40％乐果5倍液，用于防治桃蚜，效果显著。

⑧熏蒸法。此法是利用挥发性较强的药剂，在密闭环境下使药剂挥发产生毒气杀死病菌、

害虫的方法。主要用于防治温室、大棚、仓库、蛀干害虫和种苗上的病虫害。如敌敌畏熏蒸防治蚜虫,磷化锌毒签熏杀天牛幼虫等。保护地最好在清晨或傍晚熏蒸。

(2)农药施用方法的新动态。

①静电喷雾法。此法是通过高压静电发生装置使雾滴带电喷施的喷雾技术。由于静电作用带电雾滴在一定距离内对生物靶标产生撞击沉积效应,并可在静电引力的作用下沉积在作物叶片背面,将农药有效利用率提高到90%以上,节省农药,并消除了雾滴飘移,减少对环境污染。

②循环喷雾法是一种在喷洒药液的过程中,利用特殊装置,使未附着在作物上的多余药液回收循环利用的喷雾技术。优点是节省农药,减轻环境污染。但循环喷雾方法需要的喷雾机具复杂、防治成本高,这项技术在欧美国家已经使用。

③光敏间歇喷雾法是利用光电元件作为传感器,在喷头与光电接收器之间没有作物时即自动停止喷雾的施药新技术。这种技术可大幅度降低农药的使用量,最大限度地避免农药对大气、土壤、水的污染。

④药剂直接注入喷雾系统的喷雾法。该法是喷药前的药液配制不是在药液箱中进行,而是在喷雾管道中进行。传统的药液箱中装的已不再是配好的药液而只是清水。农药制剂是在计量器控制下从药瓶直接定量注入药液输送管道中,与从药液箱恒速流出的清水在互动过程中混合形成喷雾液,再从喷头喷出的施药方法。因此,完全消除了配药时操作人员与农药接触,也消除了配药时农药对喷药机械表面的污染风险。此项技术可广泛应用于液态制剂和固态制剂。

(3)农药的科学使用。

①农药的正确选购。购买农药先要确定需要防治的病、虫、草害的种类,然后再选择农药品种。购买农药时要认真识别、阅读农药的标签和说明。凡是合格的商品农药,在标签和说明书上都要标明农药名称、有效成分含量、注册商标、批号、生产日期、保质期、有三证号,并附产品说明书和合格证。粉剂、可湿性粉剂应无结块现象,水剂无混浊,乳油应透明,胶悬剂出现分层属于正常现象,摇晃后即无分层,颗粒剂中应无过多的粉末。

②科学、合理使用农药。农药使用要贯彻"经济、安全、有效"的原则,从综合治理的角度出发,运用生态学的观点来使用农药。在生产中农药使用应注意对症治疗、适期施药、适期施药、合理用药量、用药浓度、施药次数、选用适当的剂型和施药技术、轮换用药、混合用药等。如有机磷制剂与拟除虫菊酯制剂混用、甲霜灵与代森锰锌混用等。农药之间能否混用,主要取决于农药本身的化学性质。农药混合后它们之间应不产生化学和物理变化,才可以混用。

③防止农药中毒。在使用农药防治植物病虫害的同时,要做到对人、畜、天敌、植物及其他有益生物的安全,要选择合适的药剂和准确的使用浓度。防治工作的操作人员必须严格按照用药的操作规程、规范工作。为了安全使用农药,防止用药中毒,需注意几点:一是用药人员必须身体健康;二是用药人员需要做好一切安全防护措施;三是喷药应选在无风的晴天进行;四是配药、喷药时,不能谈笑打闹、吃东西、抽烟等;五是喷药过程中,如有不适或头疼目眩时,应立即离开现场,在通风阴凉处安静休息,如症状严重,必须立即送往医院,不可延误;六是用药时尽量选择那些高效、低毒或无毒、低残留、无污染的农药品种;七是安全保管农药。

④防止产生药害。药害是指农药使用不当使植物产生的各种病态反应。急性药害指的是在短时间内(药后几小时或几天内)很快出现斑点、失绿、黄化等;果实变褐,表面出现药斑或落

花、落果;根系发育不良或形成黑根、鸡爪根等。慢性药害是指用药十几天后才表现出症状。通常为黄化、植株矮化、小果、劣果等。

产生药害原因:一是药剂方面。种类选择不当、用药浓度过高或质量太差等。二是在植物方面。不同植物品种、不同物候期、敏感期用药等。三是气候因素。高温、雾重及相对湿度较高时易产生药害。

防止药害措施:为防止植物出现药害,除针对上述原因采取相应措施预防发生外,对于已经出现药害的植株,可采用补救措施。一是排毒洗毒。分别采用清水冲根或叶面淋洗的办法,去除残留毒物。二是加强肥水管理。使植株尽快恢复健康,消除或减轻药害造成的影响。三是喷激素缓解。四是使用解毒剂。针对导致药害药物的性质,选用具有针对性的药剂解救。如遇硫酸铜药害,可喷 0.5%生石灰水解。

【材料与用具】

材料:

①杀虫剂、杀螨剂。80%敌敌畏乳油、80%辛硫磷乳油、40.7%乐斯本乳油、2.5%溴氰菊酯乳油、10%吡虫啉可湿性粉剂、1.8%阿维菌素乳油、90%敌百虫晶体、25%杀虫双水剂、25%灭幼脲 3 号悬浮剂、Bt 乳剂、白僵菌粉剂、73%克螨特乳油、20%哒螨酮乳油、25%三唑酮可湿性粉剂等。

②杀菌剂。50%农利灵可湿性粉剂、25 粉锈宁乳油、40%福星乳油、25%敌力脱乳油、72.2%丙酸胺(霜霉威、普力克)水剂、42%噻菌灵悬浮剂等。

用具:天平、牛角匙、试管、量筒、烧杯、玻璃棒等。

【实施步骤】

农药名称 ⇨ 剂型 ⇨ 有效成分 ⇨ 气味、毒性 ⇨ 防治对象

【完成任务单】

将提供的主要农药性状及使用特点填入表 5-1 中。

表 5-1　主要农药性状及使用特点

药剂名称	通用名	有效成分含量	剂型	毒性	主要防治对象

【巩固练习】

简答题

1.综合防治有哪些基本观点?综合防治遵循什么原则?

2.植物病虫害有哪些防治措施?比较园艺技术、物理防治技术、生物防治技术及化学防治技术有什么优缺点?

3.与农业防治相关密切的农业措施有哪些?

4.农药有哪些常用剂型?农药使用方法有哪些?

工作任务 5-2 亚热带果树病虫害综合防治

◆**目标要求:**通过完成任务能正确识别各类亚热带果树病虫害种类;掌握各类亚热带果树主要害虫的形态识别、危害特点及发生规律;掌握各类亚热带果树病害的症状特点、病原及发生规律;能正确制定亚热带果树病虫害综合防治方案并组织实施。

【相关知识】

一、柑橘病虫害

(一)柑橘病害

1.柑橘黄龙病

柑橘黄龙病别名黄梢病,是我国南方柑橘产区的毁灭性全株系统性病害。主要流行于福建、广东、广西三省区的南部和中部的柑橘产区。在流行地区,由于病害的传播,一个染病的果园,在几年内就会丧失经济价值。

(1)危害症状。该病全年的每次新梢均可发生,以夏、秋梢发病最多,春梢发病次之,冬梢发病较少。发病初期在浓绿树冠中出现个别枝梢叶片发黄,随着逐渐蔓延、增多,可看到同一病树上的枝梢叶片黄化程度不同。病梢叶片黄化大体有三种类型:一是均匀黄化叶片。在初期病树和夏、秋梢发病的树上多出现,枝梢叶片展开后不能正常转绿,呈现较均匀的黄色或淡黄色。二是斑驳型黄化叶片。叶片呈现黄、绿相间的不均匀斑块状,斑块的形状和大小不定。从主脉基部和侧脉顶端附近开始黄化,逐渐扩大形成黄绿相间的斑驳,最后可使全叶呈黄绿色的黄化。此类叶片在春、夏、秋梢病枝上,以及初期和中、晚期病树上都易找到。三是缺素型黄化叶片。又称"花叶",此类型叶片主脉、侧脉及其附近叶肉保持绿色,脉间叶肉呈黄色。与缺乏微量元素锌、锰、铁时相类似,此类黄化叶片出现在中、晚期病树上。斑驳型黄化叶在各种梢期和早、中、晚期病树上均可找到,症状明显,是田间诊断黄龙病树的可靠依据(图5-1)。

图 5-1 柑橘黄龙病初发病黄梢症状
(蔡明段,2007)

病树抽出的新梢短而弱,叶小,提早落叶。有些品种中脉肿大,局部木栓化开裂。病树树冠稀疏,枯枝多,植株矮小,病树开花早而多,花瓣较短而肥厚,淡黄色,无光泽,小枝上花朵往往数个聚集成团。坐果率低,果实变小,畸形,味酸,果皮光滑,在福橘、十月橘、椪柑等品种上经常出现果蒂附近提早着色变成橙红色,果实其他部分仍保持青绿色,俗称"红鼻子果"。初期病树根部正常,后期根系也出现变褐腐烂,最后病树干枯死亡。

(2)病原物。黄龙病病原为亚洲韧皮部杆菌(Liberobacter asianticum Jagoueix),细菌,韧皮杆菌属。目前,用人工工培养基上难于培养,故习惯也称为"难培养菌"。病菌的寄主主要是柑橘属、金橘属和枳属。黄龙病可通过嫁接传播,不能通过汁液磨擦和土壤传播。病接穗和病苗的调运是该病远距离传播的主要途径。在田间,黄龙病自然传播媒介为柑橘木虱(Diaphorina citri Kuwayama)。柑橘木虱在华南地区一年发生 8～10 代。以成虫越冬。柑橘木虱吸食病树汁液后,又转到健康植株吸食而传播,病原体在木虱体内的循环期约 20～30 d,最短为 2 d。3 龄以上的若虫及成虫均能传播。

(3)发生规律。柑橘黄龙病的初次侵染来源,在病区主要是病果园的病树和带病苗木,在新区则主要是带病的苗木和接穗。黄龙病的发生流行主要决定于田间媒介昆虫柑橘木虱发生的数量和苗木带病率的高低。

①病原和传播介体。在柑橘木虱发生的地区,苗木带病率及田间病株率是黄龙病发生的主导因素。在病原存在的条件下,柑橘木虱发生量是黄龙病流行的主导因素。一般果园病株率在 10% 以上,介体昆虫发生数量越大,就越容易流行。往往二三年蔓延整个果园而失去经济价值。

②寄主抗性。在已知的柑橘品种中,都不同程度地感染此病,其中最感病的是蕉柑、椪柑、福橘和年橘等,温州蜜柑、甜橙次之,柚和柠檬较耐病。幼龄树比老龄树更容易感病。特别在重病果园附近种植的幼树或补种的幼树,发病更重更快,常出现"先种后死、后种先死"的现象。原因是幼树抽梢次数多,适合木虱活动,同时幼树生长旺盛,病原在体内运转快。

③栽培管理。柑橘树进入丰产年后,栽培管理跟不上,造成树势衰退、生理失调而对病原传播有利,黄龙病容易发生流行。有良好的护林带的果园,由于不利于媒介昆虫的迁移、繁殖和传播,黄龙病扩展较慢。水肥管理好,防虫及时的果园该病发展慢。

(4)防治方法。

①严格实行检疫制度。禁止带病的接穗和苗木流入新区和无病区。

②建立无病苗圃,培育无病苗木。无病苗圃地应选在无柑橘木虱发生的非病区。在病区建圃,必需距离柑橘园在 5 km 以上,其中如有山区、林区阻隔则更好。建圃前还应铲除零星的柑橘类植物或九里香等柑橘木虱的寄主。为了安全,所用的砧木种子和接穗还应消毒再使用。

③及时防治柑橘木虱。果园应加强栽培管理,使枝梢抽发整齐。每次嫩梢抽发期及时防治媒介柑橘木虱,第一次喷药在芽抽出 0.5～1 cm 时,隔 7～10 d 1 次,连喷 2～3 次。可用 10% 吡虫啉可湿性粉剂 3 000 倍液、90% 敌百虫结晶 800 倍液;50% 辛硫磷乳油 800 倍液、2.5% 鱼藤精乳油 300～500 倍液。

④及时挖除病株。挖除病株是为了消除传播的病源。病树萌发新梢多,常是柑橘木虱集中和增殖的场所。因此,应先喷杀死病树上的柑橘木虱,然后再砍倒树,以免柑橘木虱飞散传病。

2. 柑橘裂皮病

柑橘裂皮病也称剥皮病,是一种世界性的危险性病害。我国分布于四川、广西、广东、湖南、湖北、浙江、江西、福建和台湾等省区。国内橙类品种普遍带病。以枳、枳橙和柠檬作砧木的柑橘上发病严重。

(1)症状。属全株性病害。砧木部分树皮纵向开裂和翘起,呈鳞片状剥落;木质部外露,有的流胶。重病树树冠矮化,新梢少而纤细,树冠稀疏,叶片少而小。有的叶脉附近绿色,叶肉黄化,类似缺锌症状。花多果少,果小而果皮光滑,品质变劣。随着病情加剧,病树落花落果严重,枯枝多,最终导致全株死亡。

(2)病原。是由一种类病毒侵染所致。只有游离的低分子核酸,没有蛋白质衣壳。具有很高的稳定性,耐高温。寄主范围广,除了可感染几乎所有的柑橘类果树外,还可感染芸香科以外的3个科的38种植物。

(3)发生规律。柑橘裂皮病的田间病株和隐症植株是病害的初次侵染来源。远距离的传播通过带病苗木和接穗的调运而传播,田间主要通过嫁接或修剪用的工具机械传播,即沾有病树汁的刀剪或手如与健树韧皮部组织接触,可以传病。菟丝子也可以传播。该病在以枳、枳橙、柠檬作砧木的柑橘树上,发生严重。在耐病的砧穗组合(酸橘、红橘嫁接甜橙)上表现隐症。对于田间的隐症植株,可以通过指示植物来作出鉴定。

(4)防治方法。

①培育和栽培无病种苗。通过Etrog香橼亚利桑那861品系作指示植物进行鉴定,证明无此病才可作采穗母树。还可以通过茎尖嫁接方法脱毒培育无病毒母株。

②工具消毒。嫁接刀或修枝剪等工具,可用10%漂白粉或1%次氯酸钠溶液消毒,将工具浸入消毒液或用布蘸溶液后擦洗刀刃部1 s,再用清水冲洗擦干再使用。特别是在对可疑的植株进行操作后,应注意在换剪或换接另一品种时进行工具消毒。

③苗木除芽或果园抹芽放梢时,应以拉扯去芽的方法代替以手指抹芽,以避免手上沾污的病株汁液传给健株。

④选用耐病的砧木品种。

3.柑橘溃疡病

柑橘溃疡病是柑橘重要病害之一。分布广泛,在广东、广西、福建和台湾等省区发生严重,其他柑橘产区则不同程度的发生。可以为害柑橘叶片、果实和枝梢,造成落叶落果,影响树势,产量降低。

(1)危害症状。柑橘溃疡病主要为害叶片、枝梢和果实,形成木栓化突起的病斑。叶片受害,初生针头大的黄色油渍状小斑点,叶片两面逐渐隆起、木栓化,后成淡褐色近圆形病斑,病斑周围有黄色晕圈,后期病斑中央呈火山状开裂。有时常是多个病斑联合成不规则的大斑。枝梢、果实受害,病斑同叶片相似,但木栓化隆起更明显,没有黄色晕圈,病果只限于果皮,果肉不受害(图5-2)。

(2)病原物。柑橘溃疡病的病原黄单胞菌属的细菌。病菌生长发育温度为5~35℃,最适温度为25~35℃,pH范围为6.1~8.8,最适为6.6。该病菌主要侵染芸香科的柑橘属、枳属和金橘属。

(3)发生规律。该病病菌潜伏于病组织越冬,特别是秋梢上的病斑是病菌越冬的主要场所。病菌借风雨、昆虫和枝叶接触近距离传播;远距离传播主要通过带病的苗木、接穗和果实调运而传播。病菌由气孔、水孔、皮孔和伤口侵入,潜育期一般3~10 d。高温多雨季节,有利于病菌传播和繁殖,病害容易流行。甜橙类最感病,柚类、柠檬次之,柑类感病轻微,橘类较抗病,金橘最抗病;病菌只侵染一定发育阶段(气孔已形成)的幼嫩组织。本病发生的最适温度为25~30℃。在田间以夏梢发病最重,秋梢次之,春梢最轻。偏施氮肥、潜叶蛾猖獗、夏梢控制不好、秋梢抽生不整齐、品种混栽的果园发病较重;苗木和幼龄树较老龄树发病重。

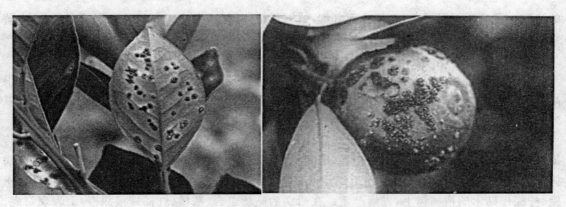

图 5-2　柑橘溃疡病叶片和果实症状

(蔡明段等,2007)

(4)防治方法。

①严格苗木检疫,培育无病苗木。在调运苗木、接穗、果实时必须严格执行《植物检疫条例》。从外地引进的苗木和接穗,应用 700 mg/L 链霉素+1%酒精浸 30～60 min,或用 0.1%升汞或 0.3%硫酸亚铁浸 10 min。无病苗圃应距离柑橘园 2～3 km。

②农业防治。合理施肥,通过以肥、抹芽控梢,减少发病;冬春结合修剪,彻底清园,减少田间菌源;注意防治潜叶蛾、凤蝶等害虫,可以减轻病害的发生。

③喷药保护嫩梢及幼果。喷药保护的重点是夏、秋梢抽发期和幼果期。一般在新梢自剪后(新梢长 1.5～3 cm)喷第 1 次药,间隔 7～10 d 再喷 1 次,连续喷 2～3 次;为保护幼果,应提早到 5 月下旬用药,连喷 3～4 次。药剂可选用 52%王铜·代森锌可湿性粉剂 600 倍,20%松脂酸铜乳油 1 000 倍,20%叶枯唑可湿性粉 1 000 倍,30%氧氯化铜悬浮剂 800～1 000 倍液,72%农用链霉素可湿性粉剂 2 500 倍液,14%胶氨铜水剂 300 倍液,50%DT 可湿性粉剂(又名二元酸铜)700 倍液,0.5%～0.8%石灰倍量式波尔多液。连喷波尔多液容易诱发锈壁虱等螨类猖獗为害,应注意轮换使用农药。

4.柑橘疮痂病

柑橘疮痂病是柑橘的主要病害,温带柑橘产区常发生的病害。分布于世界许多国家,在我国各产区均有分布。为害柑橘新梢、嫩叶及幼果,削弱植株长势,降低产量和品质。

(1)症状。主要为害幼嫩叶片、枝梢和幼果。嫩叶展开前即受侵染,初生油渍状小点,后逐渐扩大,木栓化并向叶背隆起,呈圆锥形疮痂状,叶正面多凹陷,多个病斑联合时叶片常扭曲,表面粗糙。受害幼果果面呈瘤状突起,木栓化,果小、皮厚、畸形、易早落。天气潮湿时,病斑表面长灰色粉霉(分生孢子)。柑橘疮痂病与溃疡病病斑有相似之处,均表现木栓化病斑;最大区别在于它们的病原不同外,为害的物候期上迟早有差异,症状上疮痂病叶扭曲畸形,溃疡病叶形状大小正常。

(2)病原。由真菌侵染所致。病斑上的灰色粉状物为病菌的分生孢子梗和分生孢子;该病菌的分生孢子形成和萌发侵入寄主要求高湿度。其生长发育的适温范围为 15～24℃,最适温度为 20～21℃,最低 10℃,最高 32℃。

(3)发生规律。此病菌以菌丝体在病枝、叶等病组织上越冬,翌年春,当气温达 15℃以上和湿度合适时,老病斑即可产生分生孢子。分生孢子借风雨传播,萌发芽管侵入春梢嫩叶、花和幼果等。

温度和湿度是影响该病的发生流行的关键。发生的温度范围为 15～24℃,最适温为 20～21℃,当气温超过 24℃时就停止发生。故在春梢、幼果期和晚秋梢,如遇阴雨连绵或清晨雾大露重的天气,有利于柑橘疮痂病发生流行。夏梢气温高,不利于发病。

品种间抗性存在差异。一般橘类最易感病,柑类次之,甜橙类较为抗病。本病只侵染病品种的幼嫩组织,通常在新梢幼叶尚未展开前最感病;谢花后不久的幼果期最易感病。当新叶、幼果老熟时,不再感病。苗木和幼树发病重,成年树次之,老龄树病很轻。肥水管理差、通风透光差荫蔽的果园发病较重。

(4)防治方法。对柑橘疮痂病的防治应采用以化学防治为重点的综合防治措施。

①及时喷药保护嫩梢和幼果。防治时期,保护嫩梢在春梢新芽萌动至芽长 1～2 mm 喷药;保护幼果在花落 2/3 时喷药,一般隔 10～15 d 喷 1 次,喷 1～2 次。可选用药剂:0.5～0.8%倍量式波尔多液,10%己唑醇悬浮剂 3 000 倍液,70%甲基硫菌灵可湿性粉剂 800 倍液,70%甲基托布津可湿性粉剂 800～1 000 倍液,65%硫菌霉威可湿粉剂 1 000～1 500 倍液,50%施保功可湿粉 1 000 倍液,75%百菌清可湿性粉剂 500～800 倍液。

②冬春彻底清园。结合冬、春季修剪,剪除病枝叶,清除枯枝落叶,以减少菌量。

5.柑橘炭疽病

柑橘炭疽病是一种普遍发生的病害,在我国各柑橘产区均有发生。受害严重,造成柑橘树大量落叶、梢枯和落果,树势衰弱,产量减少,品质下降。在果实储藏期间,可引起大量烂果,造成经济损失。

(1)症状。柑橘炭疽病主要为害叶片、枝梢和果实,也为害苗木、花和果梗等。

叶片受害,多发生于叶片边缘或尖端,病斑近圆形或不规则形,边缘褐色,中央灰褐色,天气干燥时病斑中部为灰白色,表面散发或呈轮纹状排列许多小黑点;天气多雨潮湿时,病斑上黑色小粒点中溢出橘红色黏性液点。在发病盛期,如遇连续阴雨天气,有时会出现"急性型"病斑,初时淡青色或青褐色,像开水烫伤状病斑,然后迅速扩展成水渍状大斑、病斑呈波纹状,病健交界不明显,病叶很快脱落。

枝梢受害,多从叶柄基部腋芽处开始,初为淡褐色、椭圆形病斑,后扩大为长棱形,稍下陷,病斑发展到环绕枝梢一周时,病梢由上而下呈灰白色枯死,表面散生黑色小粒点。嫩梢如遇连续阴雨天气,也会出现"急性型"症状,于嫩梢顶端 3～10 cm 处突然发病,似开水烫伤状,3～5 d 后病部凋萎发黑,表面生橘红色黏液点。花器受害先侵染雌蕊柱头,呈褐色腐烂而引起落花。

果实受害,幼果发病初为暗绿色油渍状不规则病斑,后扩展至全果,病斑黑色,凹陷,果实脱落或失水成僵果挂于枝上。大果实发病,可分为干疤型和果腐型两种症状。干疤型病斑边缘明显,圆形或近圆形,黄褐色至黑褐色,革质稍凹陷,病斑上可见许多黑色小点,发生在天气比较干燥条件下的果实上。果腐型从果蒂或果腰开始发病,病斑初为淡褐色水渍状,后变褐色而腐烂,主要发生在近成熟或储藏期湿度大的果实上。

(2)病原物。柑橘炭疽病菌为真菌半知菌亚门的有刺炭疽孢属。该病菌具有潜伏侵染的特点。其生长的温度范围 7～37℃,最适为 21～28℃,分生孢子萌发适温为 22～27℃,最低温度为 6～9℃。

(3)发生规律。病菌以菌丝体和分生孢子在病部越冬,翌年春,分生孢子借风雨或昆虫传播。柑橘炭疽病在高温多雨的气候条件下容易发生,在春梢生长后期开始发病,夏秋梢期发病较多。凡是土质黏重、地下水位高、排水不良、受旱严重、冻害、其他病虫为害或郁闭的果园发病较重。品种间则以甜橙、椪柑、温州蜜柑和柠檬发病较重。

(4)防治方法。以加强栽培管理,增强树势为重点的综合防治措施。

①加强栽培管理。增施有机肥,增补磷、钾肥,改良土壤,适时排灌,适度修剪,注意防冻防寒,提高树体的抗病能力。

②结合冬季清园,剪除病虫枝,清理枯枝落叶,集中烧毁,减少越冬菌源。

③喷药保护。在春季花期、幼果期、每次新梢期,根据病害发生情况,及时喷药保护 2~3 次。药剂可选用:70%甲基硫菌灵可湿性粉剂(杀灭尔)800 倍液,10%已唑醇悬浮剂(头等功)3 000 倍,0.5%石灰等量式波尔多液,50%多菌灵可湿性粉剂 800 倍液,25%炭特灵可湿性粉剂 300 倍,70%安泰生可湿性粉剂 600 倍,80%大生 M-45 可湿性粉剂 600 倍。

6.柑橘脚腐病

脚腐病又名裙腐病,为害植株根颈部位,是柑橘产区最为常见的重要病害之一。在我国各柑橘产区均有发生,植株根颈受害后树皮腐烂,导致树势衰弱,影响产量和品质,严重时造成植株枯死。

(1)症状。为害柑橘主干基部,定植过深的幼树,多从嫁接口处开始发病,受害树皮不定型,水渍状,腐烂,呈褐色有酒糟味,常流出褐色胶液,病部可深达木质部。在干燥条件下,病部干枯开裂,它与健部分界限明显。病斑纵横扩展蔓延向上至主干距地面 30 cm,向下蔓延至根群,引起主根、侧根和须根大量腐烂;横向至主干皮层全部腐烂,导致植株死亡。病树部分或全部叶片黄化,花多果少,皮厚粗糙,着色早,品质差。

(2)病原物。为疫霉属真菌引起。它包括寄生疫霉、柑橘褐疫霉、棕榈疫霉、恶疫霉和甜瓜疫霉 5 种,有时是一种病原菌,有时是两种或两种以上的病原菌复合侵染引起。不同柑橘产区得到的病原有所差异。病菌生长温度为 $10\sim35℃$,最适为 $25\sim28℃$。

(3)发生规律。该病菌以菌丝体在病组织越冬,也可随病残体在土中越冬。主要通过雨水传播,田间 4~9 月均可发病,但以 7~8 月最重。高温高湿、土壤黏重、排水不良、栽植密度过大树冠荫蔽、植株基部有损伤、嫁接口过低和定植时栽植过深均有利于发病。甜橙、柠檬、温州蜜柑和黎檬砧最感病,枳、枳橙和枸头橙耐病。苗木和幼树发病少,壮年树发病较多,老龄树发病最多。

(4)防治方法。对该病的防治应采用以利用抗病砧木为主的综合防治措施。

①利用抗病砧木。此方法为新植果园预防本病发生最有效、最经济的措施。如枳、枳橙等。

②靠接换砧。在已感病砧木的植株基部,选择不同方位靠接 3 株抗病砧木。加强管理,促进病树恢复健康。靠接对 10 年生以下的植株效果明显;老龄重病树对恢复树势和产量无明显作用。

③加强管理。搞好排灌系统,防止果园积水;及时防治天牛、吉丁虫;平时农业事操作应避免损伤基部树皮。合理密植,及时间伐,以利果园通风,降低湿度。

④药剂治疗。每年发病季节,检查田间发病情况。发病植株,则扒去外表病土,并纵刻病部,深达木质部,刻道间隔 1 cm;然后涂 72%甲霜灵·百菌清可湿性粉剂 20 倍、25%甲霜灵(雷多米尔、瑞毒霉、甲霜安)可湿性粉剂 100~200 倍液或 90%三乙膦酸铝(疫霉灵、疫霜灵、

乙磷铝)可溶性粉剂 200 倍液。

7.柑橘煤烟病

煤烟病又称煤污病、煤病,在全国各地柑橘产区相当普遍,为害后主要形成煤层覆盖于柑橘叶片、枝梢及果实表面,严重阻碍光合作用,削弱树势。

(1)症状。主要为害叶片、枝梢和果实,受害处最初出现一薄层暗褐色小霉斑,逐渐扩展,形成绒毛状黑色霉层,后期霉层上还散生小黑点。真菌以介壳虫、蚜虫等分泌的蜜露为养料,在表面繁殖,影响光合作用,使植株生长势衰弱,果实品质下降。

(2)病原物。由真菌侵染引起。病原菌种类多达 30 多种,形态各异,菌丝均为暗褐色或黑褐色。常见的病原菌有刺盾炱(*Chaetothyrium* Speg.)、柑橘煤炱(*Capnodium citri* Berket Desm)和巴特勒小煤炱(*Meliola butleri* Syd.)。小煤炱属引起的煤烟病与蚧类、粉虱、蚜虫类害虫关系不密切,系一种纯寄生菌。

(3)发生规律。病菌以菌丝体及闭囊壳或分生孢器在病部越冬,翌年春季孢子借风雨传播。病菌大部分种类以蚜虫、蚧类、粉虱类害虫的分泌物为营养。因此,这些害虫的存在是本病发生的先决条件,并随这些害虫的活动而消长。以 5~6 月和 9~10 月发病严重。栽培管理不良、荫蔽、潮湿的果园,均有利于煤烟病的发生。

(4)防治方法。

①防虫治病是关键。要适时地对蚧类、粉虱、蚜虫进行防治。

②对小煤炱属引起的煤烟病的防治。于 6 月中旬、下旬、7 月上旬各喷 1 次铜皂液(硫酸铜 0.5 kg,松脂合剂 2 kg,水 200 kg)。在发病初期,喷 0.3%~0.5%石灰倍量式波尔多液或 95%机油乳剂 50~100 倍液,可抑制蔓延。

③加强栽培管理,适度修剪,以利通风透光,增强树势,减轻病害发生。

8.柑橘膏药病

该病在我国广东、广西、福建、浙江、四川、贵州、江苏、台湾等省区的产区均有分布,常见的有灰色膏药病和褐色膏药病。主要为害柑橘枝干和小枝,引起枝条枯死,树势衰弱。

(1)症状。被害枝干紧贴着白色或褐色的绒状菌丝膜,圆形或不规则形,外观如贴上膏药状。后期绒状菌丝膜龟裂,易于剥离。为害枝干致使树势衰弱,甚至枝条枯死。

(2)病原。由真菌侵染引起,分别是白色膏药病菌(*Septobasidium citrecolum* Saw.)和褐色膏药病菌(*Helicobasidium* sp.)。两种病菌以介壳虫、蚜虫分泌的蜜露为营养,通过气流和昆虫传播为害。

(3)发生规律。病菌以菌丝体在病枝上越冬,担孢子借气流和介壳虫传播。凡介壳虫为害严重的柑橘园,膏药病发生也较多。高温多雨、荫蔽潮湿、管理粗放的柑橘园,均有利于该病发生。

(4)防治方法。

①除虫防病。在介壳虫幼蚧孵化盛期和末期及时施药防治,参考蚧类防治。

②合理修剪。通过修剪,剪除过密的荫蔽枝,使果园通风透光,清除病枝,减少菌源。

③治疗病树。在 4、5 月间和 9、10 月间雨前或雨后,用竹片或小刀刮去菌膜,刮后病部涂 10%波尔多浆或 1°Bé 石硫合剂,涂刷 1~2 次。

9.柑橘根结线虫病

(1)症状。主要为害根部,特别是须根。根尖上形成大小不等的根瘤,根瘤纺锤形或不规则形,近芝麻粒至绿豆粒大,初呈乳白色,后转呈黄褐色至黑褐色,根毛稀小。严重时还可出现次生根瘤,使整个根系形成盘结带瘤的须根团,老根瘤腐烂,根系坏死。病株初期地上部无明显症状,随着病情的加重,树冠表现枝梢短弱,叶片黄化、脱落,甚至小枝枯死。如并发其他土传真菌性病害,才易造成病株枯死。

(2)病原及发生规律。病原为根结线虫属(*Meliodogyne* spp.)。病原线虫主要以卵和雌线虫随病残体遗落土壤中存活越冬,借水流、肥料、农具和人畜等而传播。远距离传播则通过带病苗木的调运。卵在卵囊内发育,孵出的 1 龄幼虫仍卷曲在卵内,蜕皮后成为 2 龄幼虫则破卵而出,落入土中成为 2 龄侵染性幼虫,侵入幼根,称为 2 龄寄生性幼虫,在皮层和中柱间危害,并刺激根组织过度生长,形成大小不等的根瘤。幼虫在根瘤内,经 4 次蜕皮发育为成虫,成为定居型内寄生线虫。雌雄交尾产卵,卵聚集在梨形雌虫后端的胶质卵囊中,卵囊一端露于根瘤之外。在广东 5~6 月一世代历期 47~49 d,一年可发生多代,4~6 月和 9~10 月为当地根结线虫病两个发病高峰期,通常病高峰期都出现在植株发根高峰之后。沙壤土较黏质土发病重;土温在 25~31℃时最适于线虫的侵染;有机质含量较高、酸碱度为 pH 6~8 的土壤线虫密度较大和为害较重;土壤水分饱和或土壤易受涝或受旱则不利线虫活动。

(3)防治方法。

①药剂防治。病树处理要抓好栽培管理、挖除病根和穴施药剂 3 个环节。后者可扒开表土,每株用 10%益舒宝颗粒剂 15~20 g 撒施,然后覆土灌水。

②加强肥水管理,增施有机肥料,促进未受害的根系生长,提高植株的耐病能力。

③病区苗圃地不宜连作,应选用前作为禾本科作物的土地或水稻田,播植前用 10%克线丹颗粒剂按 60~75 kg/hm² 处理土壤。病苗用 48℃热水浸根 15 min 或用 40%克线磷乳油 100 倍液蘸根。

10.青霉病、绿霉病

此病害又称水烂,各柑橘产区都有发生,是柑橘贮运过程中最常见的病害。青绿霉病实际上包括青霉病和绿霉病两种病,青霉病比较适应于低温条件,发病多在北方地区,而绿霉病适应高温条件,所以南方柑橘产区多发生绿霉病。

(1)症状。青霉病和绿霉病症状十分相似。发病初期果皮软化,水渍状,色泽比健全果皮略淡,组织柔软,以手指轻压极易破裂;后在病斑表面中央开始长出白色霉状物(菌丝体),迅速扩展或为白色圆形霉斑;接着又从霉斑的中部开始长出青色或绿色的粉状霉(分生孢子梗及分生孢子)。由于白色霉斑扩展快,青色或绿色的粉霉生长慢,故在青色或绿色的粉霉外围通常留有一圈白色的菌丝环。

(2)病原物。青霉病和绿霉病的病原为半知菌亚门真菌,青霉病的病原(*Penicillium italicum* Wehmer),柑橘绿霉病的病原为(*Penicillium digitatum* Sacc)。

(3)发生规律。青霉病菌和绿霉病菌分布很广,一般腐生在各种有机物上,并能产生大量的分生孢子,通过气流传播,经各种伤口及果蒂剪口侵入柑橘果实。在储藏期间,也可通过病果和健果接触而传染,故在果实采收、分级、装运及储藏过程中,如措施不当,使果实受伤,即增加感病机会。伤口愈深、愈大,则愈易染病。病菌侵入果皮后,分泌果胶酶,破坏细胞的中胶层,后导致果皮细胞组织崩溃腐烂,产生软腐症状。以后温度增高,发病愈烈。湿度与发病也有密切关系,相对湿度达 96%~98%时,有利于发病;在雨后、重雾或露水未干时采收的果实,果面湿度大,果皮含水分多,易擦伤引起发病。

（4）防治方法。

①采收时防果实受伤。防止果实受剪刀伤、擦伤、刺伤、碰伤、压伤等机械损伤。果实有伤口，三五天就会发病，进一步在果皮表面长满了孢子。青霉的孢子是灰蓝色的，而绿霉的孢子是橄榄绿色的。

②库房及用具的消毒。每年储藏结束后，库房和果架要洗刷干净，再用1%福尔马林或4%漂白粉喷洒库壁、库顶、地面和果架，然后密闭1昼夜。

③低温储藏。一般柑橘果实的储藏，以温度在3～6℃，大气相对湿度在80%～85%时为适宜。

④果实防腐处理。柑橘上应用的主要防腐剂有苯并咪唑类如特克多、苯来特、多菌灵、托布津和甲基托布津等，使用浓度一般为500～1 000 mg/L。抑霉唑与苯并咪唑类一样，对青绿霉病菌具有明显的抑制效果，对黑腐、蒂腐、酸腐等均无效，使用浓度为1 000 mg/L。仲丁胺可抑制柑橘青绿霉病、炭疽病、灰霉病等多种病害，但对蒂腐无效。柑橘上用得最多的植物生长调节剂是2,4-D，该剂可延缓柑橘果实的衰老，保持柑橘果蒂青绿，增强果实的抗病力。使用方法为防腐剂200～250 mg/L 2,4-D浸果。药物处理越及时效果越显著，沥干药水后立即包装。

⑤果实采收前喷药。对蕉柑、椪柑和甜橙等品种在果实采收前1周内，于树上喷射托布津1 500～2 000倍液，能显著减轻贮藏期青霉病、绿霉病的腐烂。

（二）柑橘虫害

1.柑橘螨类

（1）柑橘全爪螨。柑橘全爪螨又名柑橘红蜘蛛。属蜘蛛纲，蜱螨目，叶螨科，是我国各柑橘产区重要害螨，分布于华南、华东、华中、华北、西南、西北及台湾等地。可为害柑橘、梨、桃和桑等。

①危害特点。以成螨、若螨吸食柑橘嫩叶、嫩梢和果实汁液，尤以嫩叶受害最重。叶片受害处初呈淡绿色后变灰白色斑点，严重时全叶灰白色而失去光泽，影响生长，引起落叶、落花和落果。既影响当年产量，又使树势衰退，影响来年的产量。

②形态识别。雌成螨体长0.3～0.4 mm，椭圆形，暗红色，背和背侧有瘤状突起，长白色刚毛，足4对。雄成螨体略小于雌成螨，腹末略尖，菱形，鲜红色，足较长。卵扁球形，初产为鲜红色，后为淡红色，卵顶中央有一丝状卵柄，柄端有10～12条呈放射状丝，末端黏于叶面上。幼螨淡黄色，足3对。若螨与成螨相似，足4对。幼螨经第一次蜕皮为前若螨，第二次蜕皮为后若螨，第三次蜕皮为成螨。每次蜕皮前均有一静止期（图5-3）。

③生活习性。柑橘红蜘蛛1年发生12～20代，世代重叠，因地区、气温和食料等条件不同而有差异。多以卵和成螨在枝条裂缝及叶背越冬，多数地区无明显越冬阶段。常从老叶向新叶和幼果迁移，卵多产于叶片、果实和嫩枝上，以叶背主脉两侧居多。一年中以春、秋季为发生高峰。春季旬平均气温在12℃左右时，叶片虫口开始增加；20℃时盛发，旬平均气温在26℃以上时，虫口迅速下降；气温在20～30℃和60%～70%相对湿度是柑橘红蜘蛛发育和繁殖的适宜条件，低于10℃或高于30℃虫口受到抑制。每年春季发芽开花前后，如遇干旱少雨就会造成猖獗。夏季由于高温、高湿和天敌多，虫口受到抑制而明显减少。秋季如气候适宜发生也比较严重。柑橘红蜘蛛主要天敌有食螨瓢虫、捕食螨、捕食性蓟马、草蛉、日本方头甲、花蝽、寄生菌等，特别是食螨瓢虫和捕食螨抑制作用显著。土壤瘠薄、向阳的坡地发生早而重。

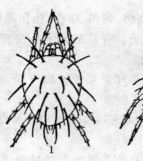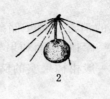

图 5-3　柑橘红蜘蛛

1. 成螨　2. 卵　3. 若螨

（原北京农业大学主编《果树昆虫学》，1981）

④防治方法。柑橘红蜘蛛的防治，应该在加强栽培管理和保护利用天敌的基础上，做好虫情测报，及时采用有效的防治方法。苗木和幼树应以化学防治为主，成龄树春季开花前天敌少，应注意化学防治，不仅控制春季的为害，而且可以压低夏季的虫口基数，减轻以后的为害。

a. 保护和利用天敌。人工助迁食螨瓢虫或释放捕食螨，可有效控制为害；果园种藿香蓟可以增加夏季的捕食螨虫源。

b. 农业防治。加强果园水肥管理，增施磷、钾肥，忌偏施氮肥；同时注意修剪，剪去病、虫、弱枝，促使植株生长健壮。

c. 化学防治。化学防治重点在早春柑橘红蜘蛛第一个高峰期，在整个生长季节里就注意掌握虫情，及时用药。

虫情测报和施药指标：在春季发芽时开始调查柑橘一年生叶片，每 7～10 d 调查 1 次，当螨、卵数平均每叶达 2～3 头或有螨叶率达 20%～30% 或芽长 1～2 cm 时，应及时喷药；夏季螨数平均每叶应达 4～6 头，或有有螨叶率达 30% 以上时才喷药。

主要药剂：春季开花前可选用 5% 尼索朗乳油 3 000 倍液、50% 四螨嗪乳油（螨早早）5 000 倍液、10% 阿维菌素乳油 3 000 倍液、10.5% 阿维·达螨灵乳油 1 500 倍液、15% 哒螨酮乳油 1 500 倍液、5% 霸螨灵乳油 2 000 倍液和 20% 三唑锡乳油 1 500 倍液等，开花后除上述药剂外，最好用 73% 克螨特乳油 1 500 倍液、24% 螨危悬浮剂 4 000 倍液，10% 虫螨灵乳油 4 000 倍液和 0.3～0.5°Bé 石硫合剂。以后根据害螨的发生情况和天敌数量决定喷第二次药，一般间隔 7～10 d 喷 1 次。

（2）柑橘锈壁虱。柑橘锈壁虱又名柑橘锈螨、锈蜘蛛，属蜱螨目，瘿螨科。分布广泛，国内外各柑橘产区均有发生。柑橘锈壁虱只为害柑橘类果树。

①危害特点。以成螨、若螨群集于叶片、果面和嫩枝上，刺吸汁液。被害果实出现褐色斑点，逐渐扩展至整个果面呈黑色，俗称"黑皮果"。受害果实发育减缓，果皮粗糙，失去光泽，果小、皮厚、味酸，品质变劣。被害叶片多在背面出现黄褐色斑，后变黑褐色，逐渐扩展遍布全叶。严重时叶片枯黄脱落，影响树势。

②形态识别。成螨体长 0.1～0.2 mm，身体前端宽大，后端尖削，呈胡萝卜形，初期淡黄色，后变橙黄色。具颚须及足各 2 对。背面和腹面有许多环纹，腹部约为背面的 2 倍，尾端有刚毛 1 对。卵圆球形，灰白色透明。若螨初孵化时乳白色，蜕皮以后为淡黄色，形似成螨。腹

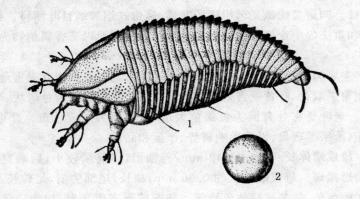

图 5-4　柑橘锈螨

1.成螨　2.卵

（原北京农业大学主编《果树昆虫学》，1981）

部无明显环纹，足 2 对（图 5-4）。

③生活习性。柑橘锈壁虱的发生代数，越冬虫态和越冬场所因地区和气候不同而异。一年发生 18～30 代。以成螨在夏、秋梢的腋芽、叶片、嫩叶枝条和病虫为害的卷叶内越冬。在广东、海南、广西桂南地区无越冬期。翌年 3～4 月间，越冬成螨开始活动取食，春梢抽发后，成螨从老叶转移到新梢、新叶上为害和繁殖。卵产于叶及果实的凹陷处。5～6 月向果实迁移危害，8～9 月间达高峰。柑橘锈壁虱猖獗为害时期，在叶片和果面上附有大量虫体和蜕皮壳，似一薄层灰尘。秋梢抽发后，9 月部分锈螨转移到秋梢上为害。它以刺吸式口器，刺入柑橘叶片、果实等器官的组织，吸取汁液。

高温、干旱常常猖獗成灾。柑橘锈螨喜欢荫蔽，在同一植株上，常常先从树冠下部和内膛的叶片及果实上开始为害，逐渐向上部和外围转移。以叶背和果实下部虫口密度较大。此外，柑橘锈螨的发生与气候条件、栽培管理、天敌因素有密切关系。主要天敌有多毛菌、捕食性蓟马和肉食性螨等。在高温、多雨时，有利于多毛菌繁殖，能有效控制增长。管理粗放、长势弱的果园发生早而多。

④防治方法。

a.改善果园的生态环境。加强管理，合理修剪，剪除过密枝和病虫弱枝，使植株通风透光。间种绿肥或种植覆盖植物。夏秋季干旱严重时及时灌水，提高园内湿度，减轻害螨的发生为害。

b.注意保护利用天敌。合理用药，尽可能施用选择性药剂，以保护各种天敌。在多毛菌流行时，避免使用铜制剂农药，以保护多毛菌。

c.做好螨情检查，及时施药防治。5～10 月，定期检查当年春梢叶背或秋梢叶背，当田间有虫叶率 20％～30％或每个视野平均有虫 3～5 头，或果实上出现似一薄层灰尘、个别果实有暗灰色或小块黑色斑时，均为用药防治适期。

喷药防治注意树冠内膛、下部、叶背和果实阴暗面的喷施。药剂可选用 15％哒螨酮乳油 1 500 倍液、3％阿维菌素乳油（击亚特）1 500 倍液、20％敌灭灵可湿性粉剂 1 500 倍液、80％大生 M-45 可湿性粉剂 600～800 倍液、40％四螨嗪可湿性粉剂 4 000～5 000 倍液、73％克螨特乳油 2 000～3 000 倍液、0.3～0.5°Bé 石硫合剂和"绿晶"0.3％印楝素 1 000 倍。

（3）四斑黄蜘蛛。四斑黄蜘蛛又名柑橘始叶螨,属蜘蛛纲蜱螨目叶螨科。我国各柑橘产区均有发生,以四川和重庆等中亚热带柑橘受害较重。寄主主要以芸香科植物为主,也可以为害桃及葡萄等植物。

①危害特点。主要为害柑橘叶片、嫩梢、花蕾和幼果,尤以春梢嫩叶受害最重。以成螨、若螨于叶背主脉两侧聚集取食,叶背受害处常凹陷向正面凸起的褪绿黄色斑块,聚居处常有蛛网覆盖,卵产于网下。老叶受害处背面为黄褐色大斑,叶正面为淡黄色斑。严重时叶片扭曲畸形,进而落叶、落花、落果等现象,以致影响树势、产量和品质。

②形态识别。雌成螨体长 0.35～0.42 mm,椭圆形,体前端较小,后端宽钝,足 4 对。身体背面有 4 个多角形黑斑。雄成螨体长约 0.30 mm,狭长,尾部尖削,足较长。体色随环境而异,有淡黄、橙黄和橘黄色,越冬成螨体色较深。卵圆球形表面光滑,初为淡黄渐变为橙黄色,上有丝状卵柄。幼螨初孵时淡黄色近圆形,足 3 对,约 1 d 后雌体背面即可见 4 个黑斑;若螨足 4 对,前若螨似幼螨,后若螨似成螨,但比成螨略小,体色较深(图 5-5)。

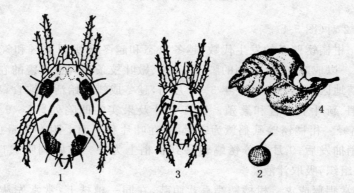

图 5-5 柑橘始叶螨
1. 成螨 2. 卵 3. 若螨 4. 为害状
（原北京农业大学主编《果树昆虫学》,1981）

③生活习性。在重庆一年发生约 20 代,广西 1 年发生 12～16 代,田间世代重叠。四斑黄蜘蛛较耐低温,高温对其生长不利。成螨在 3℃时开始活动,14～15℃时繁殖最快,故春季较柑橘红蜘蛛早发生 15 d 左右。20～25℃和低湿是其最适发生条件,春芽萌发至开花前后(3～5月)是全年害螨消长的第一个高峰,如此时高温少雨危害严重。6 月以后,由于高温高湿,虫口数量急剧下降。10 月以后,虫口数量有所回升,发生程度取决于当时的气候条件。四斑黄蜘蛛不喜欢强光,喜欢在树冠内和中下部光线较暗的叶背取食,大树受害较重。其他影响因素与柑橘红蜘蛛相同。

④防治方法。防治、测报方法和防治药剂可以参照柑橘红蜘蛛。注意合理修剪,使植株通风透光。施药指标为春季花前螨、卵平均每叶 1 头,花后为平均每叶 3 头。施药时应注意树冠内部、叶片背面等荫蔽处。

2. 柑橘蚧类

为害柑橘的介壳虫种类很多,均属于同翅目蚧总科。为害较为严重种类主要有吹绵蚧、矢尖蚧、褐圆蚧、龟蜡蚧、堆蜡粉蚧、柑橘粉蚧、红圆蚧、糠片蚧、黑点蚧等。

（1）吹绵蚧。吹绵蚧国内所有柑橘产区均有分布,以长江流域的柑橘产区受害较重。为害芸香科、豆科、菊科、蔷薇科和茄科等植物。

①危害特点。成虫群集在柑橘的叶片、芽、嫩枝及枝条上吸食汁液,并诱发煤烟病,影响光合作用,引起落叶、枯梢、树势衰弱。

②形态识别。雌成虫椭圆形,红褐色,无翅,体长 5～7 mm,宽 3.7～4.2 mm,背面隆起,着生黑色细毛,体背覆盖一层白色颗粒状蜡粉。腹部附白色蜡质卵囊,囊上在脊状隆起线 14～16 条。雄成虫体较瘦小,橘红色,长 3 mm,前翅发达,狭长,紫黑色,后翅退化。卵长椭圆形,长 0.7 mm,橙黄色,密集于雌虫卵囊内。若虫椭圆形,橘红色,背面覆盖淡黄色蜡粉,触角黑色,触角 6 节。雄蛹长 3.5 mm 左右,橘红色,体背覆盖有蜡质薄粉。茧长椭圆形,质疏松,外披白色蜡粉(图 5-6)。

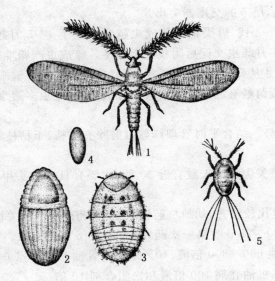

图 5-6　吹绵蚧
1.雄虫　2.雌成虫带卵囊　3.雌成虫除
去蜡粉　4.卵　5.第一龄若虫
(原北京农业大学主编《果树昆虫学》,1981)

③生活习性。在广西、重庆,1 年发生 3～4 代。第一代成虫发生在 5～6 月,第一二代在 7 月中旬至 8 月下旬,第三代在 9～11 月。雌成虫以 4 月、7～8 月、10～11 月为最多。主要以老龄若虫和未产卵成虫越冬。雌成虫多集中固定处,腹部末端分泌白色棉絮状蜡质,边分泌蜡丝边产卵成卵囊。若虫孵化后在卵囊内一段时间才分散活动,多在嫩叶叶背主脉两侧;2 龄的若虫转移到枝干阴面群集取食为害。在自然条件下,雄虫数量极少,多为孤雌生殖。主要天敌有澳洲瓢虫、大红瓢虫和小红瓢虫等。

④防治方法。采用以天敌为主,辅以人工和药剂相结合的综合防治。

a.加强检疫,防止带虫繁殖材料随调运传播。

b.保护或引用大红瓢虫和澳洲瓢虫。

c.结合修剪时,注意除去带虫枝,集中烧毁。

d.对吹绵蚧发生面积不太大,若虫较多又无天敌时,可进行挑治。40%乐斯本乳油 1 000 倍液,25%喹硫磷乳油 500～1 000 倍液,松脂合剂(冬季用 8～10 倍,夏、秋季用 16～20 倍)。

10～15 d 1次,连用2～3次,才能取得显著效果。

(2)矢尖蚧。矢尖蚧属同翅目盾蚧科。我国各柑橘产区均有发生。矢尖蚧可为害多种植物。

①危害特点。以若虫和雌成虫群集于柑橘叶片、果实和小枝上吸食汁液。严重时叶片扭曲发黄,枝叶枯死,削弱树势。果实受害处周围黄绿色,影响外观,品质变劣,降低商品价值。

②形态识别。雌成虫介壳棕褐色,长2～3.5 mm,前尖后宽,形似箭头,中央有一条明显纵脊。雌成虫体长2.5 mm,橙黄色长形,长约为宽的2倍,胸部长,腹部短。雄成虫体橙黄色,复眼深褐色,触角、足和尾部淡黄色,翅一对。卵椭圆形,橙黄色。若虫初孵时椭圆形,淡黄色,复眼紫色,3对足发达,触角5节。2龄若虫椭圆形,淡黄色,触角和足已消失。预蛹和蛹长形,长约0.4 mm,橙黄色,尾节的交尾器突出。

③生活习性。1年2～4代,以受精的雌成虫越冬。翌年4～5月越冬雌成虫开始产卵孵化。以后世代重叠,至11月雌虫交配后附枝叶上越冬。雌成虫产卵堆积于腹末,为介壳覆盖。卵期短,若虫从卵孵化后才从介壳爬出,群集于枝梢、果皮上为害。温暖潮湿有利其发生,高温干旱幼蚧死亡率高。树冠荫蔽有利其发生。雌虫分散取食,雄虫多聚集在母体附近为害。

④防治方法。

a.加强管理,增强树势。结合平时管理修剪时剪除有虫枝、干枯枝和郁蔽枝,集中烧毁,保持果园通风透光。

b.保护和利用天敌。矢尖蚧的天敌有近30种,主要有日本方头甲、瓢虫、蚜小蜂、跳小蜂和寄生菌等。

c.矢尖蚧第一代发生比较整齐,幼蚧抗药性较差,是药剂防治的关键时期。喷药适期为当年第一代幼蚧初见日后20～25 d喷第一次药,隔10～15 d喷第二次。主要药剂:40%水胺硫磷乳油或25%喹硫磷乳油600～800倍液、40%乐斯本乳油8 000～1 000倍液、99.1%敌死虫乳油200～250倍液、95%机油乳剂100倍液和松脂合剂10倍。

(3)褐圆蚧。褐圆蚧属同翅目盾蚧科。我国各柑橘产区均有发生,以华南柑橘产区发生较重。除为害柑橘类果树外,寄主还有葡萄、栗、椰子、无花果、夹竹桃、石楠、山茶、蔷薇、棕榈、樟、玫瑰、冬青和香蕉等多种果树及木本植物。

①危害特点。成虫和若虫于叶片、枝条和果实上刺吸汁液,主要为害叶片及果实。叶片受害出现黄色斑点,影响光合作用;受害果实斑点累累,品质降低;枝条受害,表面粗糙,严重者枝枯落叶,削弱树势。

②形态识别。雌介壳圆形,直径1.5～2 mm,紫褐色,中央隆起,壳点在中央,呈脐状,颜色黄褐或金黄色。虫体倒卵形,体长1.1 mm,头胸部最宽,胸部两侧各有一刺状突起。雄介壳长约1 mm,紫褐色,边缘部分为白色或灰白色,长椭圆形或卵形。虫体长0.75 mm,橙黄色,足、触角、交尾器及胸部背面为褐色,翅1对,半透明。卵长卵形,淡橙黄色,产于介壳下母体的后方,长约0.2 mm。若虫体卵形,第一龄若虫体淡黄色,足3对,触角、尾毛各1对,口针较长。口器发达,极长,伸过腹部末端。第二龄若虫后期出现黑色眼斑,除口针外,足、触角、尾毛均已消失。

③生活习性。广东1年发生5～6代,福建4代,后期世代重叠。在福州,第一龄若虫盛发期,第1代5月中旬,第2代7月上旬,第3代8月下旬,第4代11月上旬。褐圆蚧主要以受精雌成虫和2龄若虫越冬。两性繁殖能力强,卵产于介壳下,孵化后即出壳活动经一段时间,

找到合适地方就固定下来并取食,同时分泌蜡质覆盖于体背,雌若虫多于叶背和果面为害,雄若虫则多固定于叶面上为害。雌虫蜕皮2次,雄虫蜕皮1次,经蛹期羽化为成虫。主要天敌有纯黄蚜小蜂、黄金蚜小蜂、双带巨角跳小蜂等寄生蜂。此外,还发现有黑缘红瓢虫、红霉菌和草蛉等多种天敌。

④防治方法。

a.合理修剪。结合冬季清园,卵孵化之前剪除虫枝,集中烧毁。适当修剪可以改善通风透光,创造不利于其生长的生态环境,减轻发生量。

b.保护利用天敌。天敌种类较多,对那些有效的天敌,应该加强保护、饲养释放、人工引移,以控制发生。将药剂防治时期限制在第二代若虫发生前或在果实采收后,避免伤害天敌。

c.做好虫情测报工作。注意掌握每年第一代卵的孵化盛期,是用药防治的关键时期。用药狠治第一代若虫,在确定第一代若虫初见之日后的21 d喷第一次药,以后看情况而定,一般连喷2~3次,每次间隔10~15 d。

d.药剂防治。可选用的药剂有40%水胺硫磷乳油 25%喹硫磷乳油600~800倍液、40%速扑杀乳油1 000~1 500倍液、40%乐斯本乳油8 000~1 000倍液、25%优乐得悬浮剂1 000~1 500倍液、30%毒噻乳油2 000~2 500倍液、30%松脂酸钠200~300倍液、95%机油乳剂100~150倍和松脂合剂10~15倍。

(4)龟蜡蚧。龟蜡蚧属同翅目,蜡蚧科。南方各省区均有分布,寄主有柑橘、苹果、梨、柿、枇杷、杏、李、桃、梅、桑、椿、茶、山茶和冬青等植物。

①危害特点。以若虫和成虫固定在柑橘的叶片、枝条上取食汁液,其分泌物诱发煤烟病,影响生长,削弱树势。

②形态识别。雌成虫全体覆一层厚的白色蜡质物,略呈半球形,表面呈龟甲状凹线,在蜡壳中央有角状突起,周围有8个粗糙突起。老熟蜡壳,角状突起消失,表面仅存8个黑纹,直径3~4 mm。若虫扁椭圆形,红褐色,足及触角色淡。

③生活习性。1年发生1代,以受精雌成虫越冬,翌年5~6月产卵,6~7月孵化为若虫,9月雄虫羽化。雄虫交尾后很快死亡。雌虫多固定于新梢上为害。

④防治方法。参见矢尖蚧。化学防治掌握在6~7月,若虫孵化活动阶段,以及冬季果树休眠期间进行喷药。

3.柑橘粉虱类

(1)柑橘黑刺粉虱。属同翅目,粉虱科。广泛分布于南方各省区。

①危害特点。柑橘黑刺粉虱以若虫聚集叶片背面固定取食汁液,并能分泌蜜露诱发煤烟病,影响光合作用,树势衰弱。

②形态识别。黑刺粉虱雌成虫体长1~1.7 mm,翅展2.5~3.5 mm,橙黄色,薄披蜡质白粉。前翅紫褐色,前缘和外缘各具有2个,后缘有3个白色斑纹,后翅淡紫褐色,半透明,无斑纹。若虫共3龄,体扁圆,黑色,披黑色刺毛,体躯周围分泌一圈白色蜡质物,固定取食。蛹似若虫,长椭圆形,漆黑色有光泽,边缘锯齿状,周缘有较宽的白色蜡边,背部显著隆起。

③生活习性。柑橘黑刺粉虱在四川、广西年发生4~5代,有世代重叠现象。以2~3龄若虫在叶背越冬,次年3月上旬至4月上旬化蛹,4月大量羽化为成虫。成虫喜阴暗环境,常在树冠内新梢上活动。卵多产于叶背,散生或密集为圆弧形,数粒至数十粒在一起。初孵若虫活动不远,2~3龄若虫多在卵壳附近固定刺吸生活,蜕皮后将皮壳留在体背上。发生多时,布满

整张叶片背面,排泄物多,诱发煤烟病。通常树冠密集、荫蔽,通风透光不良有利于该虫的繁殖。主要天敌有粉虱细蜂等多种寄生蜂、寄生菌、瓢虫和草蛉等,自然条件下天敌对黑刺粉虱虫口密度明显。

④防治方法

a. 农业防治。进行合理修剪,剪除过密枝、病虫枝、弱枝增加通风透光;中耕除草,合理施肥,加强管理,以改变果园的生态环境,创造有利于植株生长,不利于黑刺粉虱生长发育。

b. 生物防治。主要是保护和利用好天敌,应选对天敌影响较小的蛹期喷药。

c. 药剂防治。关键时期是抓好各代1~2龄若虫盛发期的防治。可选用25%扑虱灵可湿粉剂1 000倍液、10%吡虫啉可湿性粉剂2 500~4 000倍液、40%毒死蜱乳油1 500倍液、8.8%阿维啶虫脒乳油4 000倍、95%蚧螨灵乳油200倍液、90%敌百虫晶体500~800倍液、40%速扑杀乳油1 000~1 500倍液。

(2)柑橘粉虱。柑橘粉虱同翅目,粉虱科。广泛分布于我国各柑橘产区。为害柑橘、茶树、柿、女贞和丁香等果树和植物。

①危害特点。主要以若虫为害春、夏和秋各新梢叶片,成虫群集、若虫固定在叶背上取食汁液。成虫分泌一薄层蜡粉在叶背,若虫排泄物诱发煤烟病,阻碍光合作用,削弱树势,果实生长缓慢,以致脱落。

②形态识别。雌成虫体长1.2 mm,黄色,翅半透明,被有白色蜡粉。复眼红褐色,分上下两部,中有一小眼相连。触角7节。雄成虫体长0.96 mm,端部向上弯曲。卵椭圆形,长0.2 mm,宽0.09 mm,淡黄色,散生,卵壳平滑,以卵柄着生于叶上。若虫初孵时淡黄色,体扁平椭圆形,周缘有小突起17对。蛹壳近椭圆形,胸气道明显,气道口有两瓣。壳缘前、后端各有1对小刺毛,背上有3对疣状的短突,其中2对在头部,1对在腹部的前端。成虫末羽化前蛹壳呈黄绿色,羽化后蛹壳呈白色,透明。

③生活习性。华南地区一年发生5~6代,世代重叠。以3龄若虫及蛹在秋梢时背越冬。第一代若虫出现在3月间,雌成虫产卵于叶背面,每雌成虫能产卵100粒左右;有孤雌生殖现象,所生后代均为雄虫。若虫群集叶背吸食汁液,影响植株生长,并诱致煤烟病。

④防治方法。参阅黑刺粉虱的防治。

4. 柑橘潜叶蛾

柑橘潜叶蛾俗称绘图虫,属鳞翅目橘潜叶蛾科。分布于华南、华东、华中、西南等地区,长江以南柑橘产区受害最重。

①危害特点。柑橘潜叶蛾以幼虫潜入嫩叶、嫩枝表皮下蛀食,形成曲折迂回银白色的虫隧道,叶片卷曲硬化,影响幼叶生长发育,致使新梢生长差,叶片极易脱落。在溃疡病区,潜叶蛾为害造成的伤口极易成为病菌的侵入途径,加剧溃疡病的发生流行。同时其卷叶还成为卷叶蛾、螨类等其他害虫的越冬场所。

②形态识别。柑橘潜叶蛾是一种小型蛾类,成虫体长约2 mm,翅展约5 mm,体及前、后翅均银白色。前翅尖叶形,从翅基部伸出2条褐色纵纹,长约及翅之一半,中央有2条黑纹成"Y"形,缘毛长且密,顶角有一个黑色斑。后翅针叶形,自基部至顶端均具较长的缘毛。卵椭圆形,长约0.3 mm,乳白色,透明,底平,卵壳光滑,成半圆形突起。幼虫体黄绿色,老熟幼虫淡黄色,体长约4 mm,体扁平椭圆形,头尖,胸、腹部共13节,足退化,尾端具1对尾状物突起。蛹体长约2.8 mm,梭形,淡黄色至黄褐色,外有黄褐色薄丝茧壳(图5-7)。

③生活习性。华南柑橘产区年发生 14～16 代，浙江黄岩地区年发生 9～10 代，世代重叠。成虫多在清晨羽化交尾，白天潜伏不动，多栖息于柑橘树冠内部的叶背及杂草丛中，清晨 5～7 时和晚间 8～10 时活动频繁，晚间产卵于 0.2～2.5 cm 长的嫩叶背面主脉两侧，将转绿的叶片不再产卵。幼虫孵化后咬破卵壳底部潜入表皮下蛀食，留下白色的表皮。老熟幼虫在近叶缘卷曲处结茧化蛹。以蛹或老熟幼虫在叶缘卷曲处越冬。多数地区 4 月下旬越冬蛹羽化，5 月出现为害，7～9 月夏、秋梢危害最严重。幼树和苗木由于抽梢次数多且不整齐时，食料不断，受害较重。

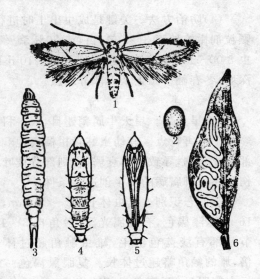

图 5-7 柑橘潜叶蛾
1.成虫 2.卵 3.幼虫
4.蛹背面 5.蛹腹面 6.为害状
（原北京农业大学主编《果树昆虫学》，1981）

④防治方法。

a.抹芽控梢。在夏、秋梢期采用控梢措施，即摘除过早或过晚抽发不整齐的嫩梢，以割断害虫食物链，降低虫口密度。配合肥水管理，促使夏、秋梢抽发整齐，有利于统一喷药保护。放梢时间应根据当地气候、品种、树龄及结果量而定，以避开柑橘潜叶蛾盛发期。

b.冬季清园，结合修剪，除去被害虫枝及冬梢，减少越冬虫源。

c.化学防治。放梢期统一喷药保护嫩梢，当新梢抽发出 5～10 mm 时开始喷第一次药，隔 7～10 d 1 次，连喷 2～3 次。由于成虫在夜间活动，幼虫也是在夜间大量取食，在傍晚喷药可以提高用药效果。药剂可选用 20%灭扫利乳油 4 000 倍液、24%万灵水溶性液剂、5%卡死克乳油 1 000 倍液、0.9%阿维菌素乳油 3 000～4 000 倍液；1.8%爱福丁乳油 3 000 倍液、10%吡虫啉可湿性粉剂 1 500 倍液。

5.柑橘花蕾蛆

柑橘花蕾蛆又名橘蕾瘿蝇，属双翅目瘿蚊科。我国各柑橘区均有分布，仅为害柑橘。

(1)危害症状。成虫在花蕾直径 2～3 mm 时，将卵从其顶端产于花蕾中，幼虫食害花器使其成黄白色不能开放的圆球形。

(2)形态识别。雌成虫体长 1.5～1.8 mm，翅展约 2.4 mm。暗黄褐色，周身密被黑褐色柔软细毛。头扁圆复眼黑色。前翅膜质透明披细毛，在强光下有金属闪光。触角 14 节念珠状，每节大部分有两圈放射刚毛。雄虫略小，触角黄褐色哑铃状。卵长椭圆形无色透明，长约 0.16 mm。幼虫长纺锤形橙黄色，老熟时长约 3 mm，前胸腹面有一黄褐色"Y"状剑骨片。蛹黄褐色纺锤形，长约 1.6 mm。

(3)生活习性。1 年 1 代，个别 2 代，以幼虫在土中越冬。柑橘现蕾时成虫羽化出土，刚出土成虫先在地面爬行至适当位置后白天潜伏于地面，夜间活动和产卵。花蕾直径 2～3 mm，顶端松软的最适于产卵，卵产在子房周围，幼虫食害花器使花瓣变厚，花丝花药成褐色，同时产生大量黏液以增强其对干燥环境适应力。幼虫在花蕾中生活约 10 d 即爬出花蕾弹入土中越夏越冬。阴雨有利成虫出土和幼虫入土，故阴湿低洼果园、阴山果园和荫蔽果园、沙土及沙壤土有利于发生。

（4）防治方法。关键是成虫出土时进行地面喷药，在花蕾直径 2～3 mm 时，用 3‰辛硫磷颗粒剂撒施地面 3～5 包/亩，或 20％杀灭菊酯、2.5％溴氰菊酯 3 000～4 000 倍液、90％敌百虫 800～1 000 倍液等喷射地面，7～10 d 1 次连喷 1～2 次。幼虫入土前摘除受害花蕾煮沸或深埋；冬春翻耕园土杀灭部分幼虫。

6.天牛类

（1）星天牛。星天牛属鞘翅目，天牛科。我国各柑橘产区均有分布。

①危害特点。其幼虫蛀食柑橘离地 50 mm 以内的树干和主根，先蛀食皮层，再蛀食木质部造成孔洞，导致树体衰弱，轻则部分枝叶黄化，重则由于根颈被"环咬"使全株枯死。造成的伤口还为脚腐病的发生创造了条件。

②形态识别。成虫体长 22～39 mm，宽 6～16 mm，漆黑色，有金属光泽，触角自 3～11 节每节基部有淡蓝色绒毛，雄虫触角超过体长的 1 倍，雌的触角略超过体长。复眼黑褐色。前胸背板中瘤明显，两侧各具粗大刺突，小盾片和足的跗节具灰色细毛。鞘翅基部密布颗粒状瘤突，翅面具有约 20 个白色绒毛组成的白色小斑，排列成不规则的 5 横行，犹如晚间天空的繁星，因而得名。卵长椭圆形，长约 5 mm，乳白色，孵化前变为黄褐色。幼虫淡黄色，老熟幼虫体长 45～60 mm，头部前端黑褐色，前胸背板前方左右各具一黄褐色飞鸟形斑纹，后半部有一黄褐色"凸"字形大斑纹，略隆起。蛹体型和成虫相似，长约 30 mm，裸蛹，乳白色，近羽化时变黑褐色（图 5-8）。

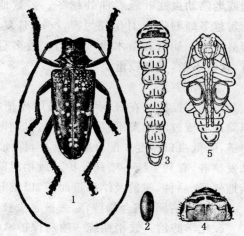

图 5-8 星天牛
1.成虫 2.卵 3.幼虫 4.幼虫的头和前胸 5.蛹
（原北京农业大学主编《果树昆虫学》，1981）

③生活习性。1 年 1 代，以幼虫在树干或根部蛀食的隧道内越冬。在广西桂北越冬幼虫于 4 月中下旬开始化蛹，成虫于 5 月上旬开始羽化，5～6 月间为羽化盛期，成虫寿命约 1 个月。成虫羽化后，于晴天中午活动、交尾，经 10～15 d 开始产卵。卵多产在树干离地 5 cm 处，产卵时先将树皮咬成"L"或"T"形裂口，卵产其中，产卵处有湿润状或有泡沫状物。一雌虫一生可产卵 70～80 粒，卵期 7～14 d。幼虫孵化后，咬食皮层，不久就向下蛀食主干基部达地平线后，即绕基干周围迂回蛀食皮层，向下蛀食的深度一般在地面下 16 cm 以内，若遇根部也沿根而下，若多头幼虫一起蛀食，可很快蛀食绕树干一周，以致植株死亡。约 3 个月后蛀食木质部，蛀入孔多在地面下 3～6 cm 处或地面附近的根颈处木质部。幼虫期可达 10 个月左右，翌年 3～4 月化蛹，蛹期 20～30 d。

④防治方法。

a.捕杀成虫。成虫盛发期，在晴天中午捕杀，减少产卵量。

b.削除虫卵和毒杀幼虫。在 6～7 月，常检查果园，成虫产卵后初孵幼虫盛发阶段，用小刀及时削除幼虫、卵块。树干基部受害处有流胶，树皮有湿润状，容易识别。在 9～10 月再检查钩杀漏掉的幼虫。不易钩杀的幼虫，用钢丝将虫洞粪屑清除干净，然后用棉花蘸 50％乐果乳油或 80％敌敌畏乳油 5～10 倍液或用 56％磷化铝片剂的 1/8～1/6 片塞入蛀孔,再后用湿泥土将全部孔口封堵。15 d 后检查,如仍有新鲜虫粪排出者,则应继续防治。

　　c.加强田间管理,在天牛成虫产卵前用石灰浆涂白树干,防止天牛产卵。

　　(2)褐天牛。褐天牛在我国各柑橘产区均有分布。

　　①危害特点。主要以幼虫为害柑橘树干或主枝,一般在距地面 33 cm 以上的树干为害,造成树干内隧道纵横,影响生长,以致于整枝或整株枯死。

　　②形态识别。成虫体长 26～51 mm,体宽 10～14 mm。体黑褐色到黑色,有光泽,被灰黄色短绒毛。头顶至两复眼间有一深沟,触角基瘤隆起。雄虫触角超过身体长,雌虫触角较身体略短。前胸背板除前后两端各具一两条横脊外,其余密生不规则瘤状皱纹,两侧各具 1 个刺状突。鞘翅刻点细密,肩角隆起。卵长 2.5～3 mm,椭圆形,初产时乳白色,后为黄褐色。幼虫老熟幼虫体长 50～60 mm,乳白色,前胸背板前方有横列成 4 段的棕色宽带,位于中央的两段较长,两侧较短,有胸足 3 对。中胸腹面、后胸及腹部第 1～7 节的背、腹两面均有移动器。蛹体长约 45 mm,裸蛹,淡黄色,翅芽伸达腹部第 3 节末端(图 5-9)。

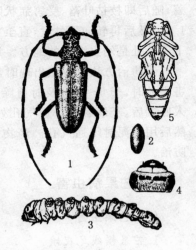

图 5-9　褐天牛
1.成虫　2.卵　3.幼虫
4.幼虫的头和前胸　5.蛹
(原北京农业大学主编
《果树昆虫学》,1981)

　　③生活习性。在各柑橘产区一般两年 1 代,幼虫期长达 15～20 个月,以幼和成虫在树干蛀道内越冬。成虫在 4 月下旬至 7 月陆续出现,6 月前后为盛发期。成虫羽化后,在蛀孔内隐藏数日才外出活动。成虫寿命长达一至数月,5～7 月晴天闷热的傍晚出洞活动最多,在树干上交尾产卵,深夜成虫又陆续钻入洞内。卵产在离地面 33 mm 以上的树干缝穴或伤口边缘,卵期 5～15 d。初孵幼虫,先在卵壳附近树皮下横向蛀食,2 月以后蛀入木质部,蛀道一般向上;老熟幼虫在化蛹前吐出一种石灰质的物质筑成蛹室后,伏居其中化蛹。蛹期约 1 个月。

　　④防治方法。在成虫发生期,于晴天闷热的傍晚时进行捕杀成虫。其他防治方法同星天牛防治进行。

　　(3)绿橘天牛。绿橘天牛分布于四川、广东、广西、江西、江苏、安徽、浙江、福建等省。

　　①危害特点。幼虫钻蛀枝条,每隔一定距离开一圆形洞孔,故果农常称为吹箫虫。枝梢受害后,叶片黄化,先端多枯死。

　　②形态识别。成虫体长 22～26 mm,宽 6 mm 左右,深绿色,有光泽,腹面绿色,被银灰色绒毛;头部刻点细密,额区有中沟。触角 5～10 节端部有钝刺,雄虫触角略长于虫体。前胸背板前后缘和侧刺突光滑,其他部位具刻点和皱纹。小盾片绿色,光滑,有光泽。鞘翅刻点细密。腹部有灰褐色绒毛,雌虫腹部可见 5 节,雄虫腹部可见 6 节。足墨绿色,后足胫节特别扁,宽超过中足腿节的膨大部分。卵长圆形,黄绿色,长 4.5～5 mm。老熟幼虫淡黄色,体长 45～50 mm,前胸宽 7～8 mm,圆柱形,有胸足 3 对;前胸背板前缘具四块褐斑,横列,中间的两块较长大。蛹黄色,裸蛹,长 19～25 mm,宽约 6 mm。头长形,向后贴向腹面,翅芽伸达第 3 腹节,背面有稀密的褐色刺毛(图 5-10)。

　　③生活习性。一年发生 1 代,以幼虫在木质部蛀孔内越冬。成虫于 5 月间出现,一般多在

午间交尾产卵,卵产在嫩枝的叶腋与分杈处,离枝梢的尖端 10 cm 左右。此时嫩枝上叶片萎蔫,随后即枝枯叶落,受害症状明显。卵期 20 d 左右。初孵幼虫钻入细枝后先向上蛀食 0.5～1 cm,然后再转向下蛀食,直至主枝,每隔 5～20 cm 钻一排粪通气孔状如箫洞,最下方孔口以下不远处是幼虫潜伏的地方。每一个蛀道有一头幼虫。

④防治方法。成虫出现时,人工捕杀。初孵幼虫为害嫩枝时,于 6～7 月及时剪除虫蛀枝。在驱赶幼虫进入底端后,于最后一个通气孔处塞入蘸有药物的棉花,然后用湿泥封闭通气孔。药物及堵塞方法参考星天牛防治。

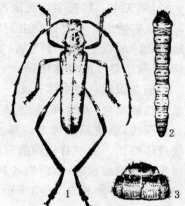

图 5-10 结绿天牛
1. 成虫 2. 幼虫 3. 幼虫的头和前胸
(原北京农业大学主编《果树昆虫学》,1981)

二、芒果病虫害

(一)芒果虫害

1. 芒果横线尾夜蛾

芒果横线尾夜蛾又称芒果蛀梢虫,是芒果主要害虫之一。

(1)危害特点。该虫每年 3～8 月均有发生,5 月下旬至 6 月上旬为发生的高峰期。幼虫蛀食嫩梢及花穗的髓部,引起枯梢枯穗。幼虫共 5 龄,老熟的幼虫在芒果的枯枝、腐木、树皮或树头下疏松的土壤里化蛹。

(2)形态识别。成虫:体长 9～11 mm,头部棕褐色,额区白色,下唇须前伸,黑色而末端白色。雄蛾角基部栉齿状,约占触角全长的 1/2,末端丝状,雌蛾触角丝状。体背黑褐色,在胸腹交界处有一白色的"八"字形纹。腹面灰白色,腹部 2～4 节背面中央有耸起的黑色毛簇,毛簇顶部灰白色,腹部各节两侧均有一个白色的小斑点。

卵:扁圆形,长径约 0.8 mm,初时青色,后转红褐色,孵化前色变淡。卵壳表面有辐射状的纵沟纹,并有 7～8 个环圈。卵顶中央呈花瓣状。

幼虫:老熟幼虫体长 12～16 mm,头部及前胸背板黑褐色,胴体青绿带紫红色,有淡黄色不规则的斑块,虫体颜色会随龄期不同而有差异。前胸及 1～8 腹节气门清晰,腹足趾钩列。

蛹:长 7～11 mm,初化蛹时青褐色,后变褐色,近羽化时黑褐色。胸腹各节密生黑点,腹部末端钝圆,缺臀棘。

(3)防治方法。在卵孵化至幼虫进入花穗和嫩梢内部之前,即在新梢开始萌动至新梢长至 2～3 cm 和花蕾未开放之前用药剂防治效果最好。药剂可选用 90% 晶体敌百虫 800 倍液,80% 敌敌畏乳剂 1 000 倍液,2% 甲维盐乳油 1 000 倍液。方法是每隔 7～10 d 喷 1 次,一个梢期喷 2～3 次。

2. 芒果叶瘿蚊

(1)危害特点。主要以幼虫为害嫩叶、叶柄和主脉,被害叶呈褐斑状,与叶斑病近似,叶背面有小点凸起,后期穿孔破裂,叶片卷曲,严重时致使叶片枯萎脱落甚至梢枯,造成植株生长衰弱。

(2)形成特征。成虫:雄成虫体长约 1 mm,草黄色,中胸的背板两侧色暗,中线色淡。足黄色,翅透明,触角 14 节,比身体略长,约 1.1 mm。前、中、后足的爪均有齿,后足爪细长。雌虫虫体比雄虫略大,体长 1.2 mm,草黄色,触角也是 14 节,各节有 2 排轮生刚毛,产卵器短。

卵:椭圆形,一端稍大,无色。

幼虫:黄色,蛆状。末龄幼虫长约 2 mm,宽约 0.6 mm,有明显体节。

蛹:外面有一层黄褐色的薄膜包裹,短椭圆形蛹体长 1.4 mm,黄色,前端略大,头的后面前胸处有 1 对黑褐色长毛,是呼吸管。

(3)生活习性。该虫一年发生 10 多代,每年 4～11 月均有发生。11 月下旬后幼虫陆续入土化蛹越冬。翌年 4 月中旬羽化出土。成虫出土当晚就开始交尾,次日上午雌虫产卵于嫩叶背面。卵散产于嫩叶上,幼虫孵化后咬破嫩叶表皮钻进叶内取食叶肉。叶片被害部位初呈浅黄色斑点,渐变为灰白色,形成虫瘿,最后变为黑黄色并穿孔,受害严重的叶片枯黄脱落。末龄幼虫从虫瘿里弹出入土化蛹,该虫以芒果嫩叶为食料,在温暖潮湿的季节大量发生和繁殖,性喜荫蔽,怕强光。

(4)防治方法。在嫩叶展开前后喷药保护,阻止成虫产卵,或杀死刚孵化出来的幼虫,用90％晶体敌百虫 1 000 倍液、80％敌敌畏乳剂 1 000 倍液或 20％速灭杀丁乳油 4 000 倍液喷雾。

3.芒果扁喙叶蝉

(1)危害特点。成虫、若虫常群集吸食芒果的嫩梢、嫩叶、花穗和幼果的汁液,造成叶片外卷,嫩叶畸形,甚至枯梢、枯穗、落花、落果,同时分泌蜜露,招致叶片、枝干及果实表面发生煤烟病,影响光合作用和果实品质。

(2)形态识别。成虫:身体楔形,体长 4～5 mm,头比前胸背板宽,头顶有暗色的云斑,中线色淡,两侧斑纹粗大,褐色,前胸背板淡灰绿色。前翅青铜色,半透明,翅基部有一条由斑点连成的淡灰色横带。

卵:长椭圆形,微弯曲,白色,长约 1 mm。

若虫:刚孵化的若虫体长约 1 mm,复眼红,5 龄若虫体长约 4 mm,头、腹有暗色斑点,背面前方有一大黄斑。

(3)生活习性。该虫田间世代重叠,每年 3～4 月和 8～10 月为盛发期,产卵于嫩梢、叶片、叶脉、叶柄及花穗上,少的几十粒,多的达 1 000 多粒。以若虫危害,可造成花穗、嫩梢枯萎。成虫吸取汁液,分泌蜜露,利于真菌在叶背和花穗上迅速繁殖,导致煤烟病。

成虫羽化几个小时后便开始吸取汁液,其寿命一般为 2～75 d,最长可达 11 个月。产卵前期为 4～18 d,一头雌虫最多能产卵 800 多粒。若虫整天都可孵化,以 7～9 时孵化最多。若虫历期为 11～15 d,夏、秋季一代需 58～82 d,冬季时间则更长。卵和若虫的发生量与嫩梢的发育密切相关,发生时间基本与抽梢、抽花穗的时间同步。成虫的抗逆性强,有趋光性。防治重点应放在若虫期。

(4)防治方法。根据植株的长势,注意控制肥水,力求果园抽梢、抽穗一致,特别要控制夏梢的发生,以中断若虫的食料,控制虫口密度;化学防治应在开花前至幼果黄豆般大小时和秋梢期进行,每隔 7～10 d 施药 1 次,连续 3 次,才能有效地杀死其隐蔽的若虫。药剂可选用50％叶蝉散可湿性粉剂 1 000～1 500 倍液、25％亚胺硫磷乳剂 1 500 倍液、2％甲维盐乳油1 000 倍液、80％敌敌畏乳剂各 800 倍液、10％吡虫啉可湿性粉剂 1 500 倍液。但该虫对农药极易产生抗药性,在施药时应交替使用。

4.脊胸天牛

(1)危害特点。脊胸天牛属鞘翅目天牛科,主要以幼虫蛀食树干、主枝,影响水分和养分的输导。受害植株表现呈缺肥状,叶片黄化,树势衰退,严重时整株枯死。被害枝梢上,每隔一定距离有一圆形孔洞,其幼虫蛀道沿小枝而下;成虫啃食嫩枝皮部,致使嫩枝枯死。

(2)形态识别。成虫:体长 23～36 mm,宽 5～9 mm,栗色至栗黑色;额具刻点,两触角与复眼之间有纵向的黑色脊纹,两复眼后方中央具有一条短纵沟。触角之间、复眼的周围及头顶密生金黄色绒毛。触角鞭状 11 节,雄虫触角比雌虫的稍长,约为体长的 3/4。胸背板前端窄于后端,两端均具横脊,中间两侧圆弧状突出呈鼓状,其上具有 19 条隆起的纵脊,纵脊间的深沟丛生黄色绒毛。鞘翅表面密布刻点,翅面除具灰白色短毛外,各鞘翅上尚有 5 纵金黄色毛组成的长斑纹,体腹面及足披灰色绒毛。

卵:长椭圆形,长约 2.5 mm,宽约 1.2 mm,黄白色。

幼虫:老熟幼虫黄白色,体长 50～70 mm。上颚发达,黑褐色,凿形。前胸背板似革质,散生褐色细毛,前缘有两个黄褐色横斑,中区较光滑,颜色较淡,后缘稍隆,具纵皱纹,侧沟明显,腹部 1～7 节均有由念珠状小疣突组成的小泡突,背面的小泡突由 4 列疣突组成,腹面的小泡突仅有 2 列疣突。

蛹:蛹为裸蛹,长 25～34 mm,宽 5～8 mm,黄白色,胸腹部背面及侧面均具有褐色的小刺突,触角贴在蛹体两侧,不到体的末端。

(3)生活习性。每年发生 1 代,跨年完成。幼虫在蛀道内越冬,大部分在 2～4 月化蛹,4～5 月大量成虫出现。成虫羽化、交尾、产卵等活动均在夜间进行,白天多栖息在叶片浓密的枝条上。交尾后的雌虫大多数产卵在枝条末端的芽痕或枝条伤口的皮层与木质部之间的缝隙中。成虫寿命 14～35 d,卵期 10～12 d。幼虫孵化后即蛀入枝条向主干方向钻蛀,在孔道内开一个通气和排泄的孔洞,洞口外常黏附有树液、木屑、虫粪等黑褐色的混合物,这是天牛为害的重要标志。幼虫期长达 265～311 d,老熟幼虫在蛀道内化蛹,蛹期 30～50 d。

(4)防治措施。防治脊胸天牛主要有捕杀成虫、清除卵块和消灭幼虫 3 个环节,每年 4～5 月是成虫大量羽化及飞出交尾、产卵的时间,应加紧巡园观察,发现成虫迁飞时可用捕虫网加以捕杀;天牛产卵在枝梢上时往往先咬破嫩梢上的树皮,然后将卵粒产在其中,且卵粒较大,容易被发现。发现卵粒时要立即将其摘除销毁,以减少幼虫孵化钻蛀为害的机会;发现天牛蛀道的孔洞,可用铁线穿刺孔道钩杀幼虫,也可用 56％磷化铝片剂,或以棉花球蘸 20％速灭杀丁或80％敌敌畏药液堵塞蛀道孔内,然后用泥团封闭洞口,将幼虫毒杀于蛀道内。

5.芒果象甲

芒果象甲是象甲属鞘翅目象虫科,在我国,为害芒果的象甲主要有 3 种。它们是芒果果肉象、芒果果核象和芒果剪叶象,其中前两种属于国际植物检疫对象。

(1)危害特点。芒果果肉象以幼虫蛀食芒果果肉,在果肉内形成不规则的纵横蛀道,使果内充满虫粪,不堪食用,不为害果核;芒果果核象以幼虫蛀食芒果果核,使被害的幼果大量脱落,严重影响产量;芒果剪叶象则以成虫取食嫩叶,并在嫩叶上产卵,将叶片从近基部咬断,造成大量落叶,并在嫩叶上产卵,将叶片从近基部咬断,造成大量落叶,对树势及产量均有极大影响。

(2)形态识别。成虫:果肉象体长 5.5～6.5 mm,身褐色,头管短而粗壮,常隐于前胸腹板之下,触角膝状,黄褐色,鞘翅褐色,基部有一黄褐色横带。果核象体长 6～7 mm,棕褐色,披有黄褐色鳞片,头管光滑,枣红色,喙长 4～7 mm,触角膝状,端部有 3 节膨大,鞘翅端部有 1 对由灰白鳞毛组成的带状斑纹,各足褪节端膨大,内侧有一齿。剪叶象体长 5～6 mm,褐色,具细毛,稍有光泽,喙细长,伸向前方,触角棒状,前半部黑褐色,基半部橘黄色,前胸圆锥形,背有刻点,鞘翅灰褐色,每侧有 10 行纵列的粗刻点,密长有褐色细毛,腹部膨大,可见 5 节,末端露出鞘翅之外。

卵:椭圆形,初期白色,后变为淡黄色。

幼虫:体长 5～6.5 mm,淡黄色或深灰色,无足,体躯 11 节。

蛹:体长 3～4 mm,淡黄色,羽化时褐色,头部有乳突,上生刚毛,腹部向内微弯曲,末节有肉质刺 1 对。

(3)生活习性。果肉象一年发生 1 代,成虫藏于枝叶、树皮隙缝或孔洞中越冬,次年早春开始活动,产卵于幼果表皮上,孵化后即钻蛀果肉内危害,老熟后在果肉化蛹,7 月成虫在被害果肉内羽化而出,成虫白天取食嫩叶、嫩枝;果核象也是一年发生 1 代,成虫在土中越冬,次年早春出土活动,产卵于幼果内,幼虫孵化后钻入种子内为害。被害果实在幼虫接近成熟时脱落,经 3～5 d 后,老熟幼虫即在烂果中蛀孔而出,钻入附近的土中深 3～5 cm 处筑土室化蛹,6 月上旬大量羽化。羽化后的成虫当年不出土,留在土室内至次年春季才出土活动;切叶象一年发生多代,世代数视当地气候条件而定,在海南可多达一年 9 代,世代重叠,冬季无明显越冬现象。气温低于 20℃时,成虫食量明显减少;气温降至 10℃时则停止取食。成虫羽化出土 5 d 后即开始交配产卵,产卵时先用口器在嫩叶中脉的侧面咬成一产卵孔,随即将卵产在其中,每片叶片产卵 1～8 粒,平均 3 粒,产卵完毕后用口器将产卵孔覆盖压实,然后将该叶片沿基部咬断,并使之挂在树梢上,在叶片上的卵和幼虫照常生长发育,幼虫成熟后落入土中,作土室化蛹。成虫产卵期可达 60 d 之久,产卵量为 200～500 粒。卵期平均 3 d,幼虫期平均 5 d,蛹前期约 30 d,蛹期平均 7 d,羽化后在蛹室停留 2～3 d。

(4)防治方法。应及时处理有虫落果,对防止果肉象及果核象可采取及早套袋的办法,对剪叶象及时将咬断带卵的残叶收集处理,消灭虫卵;在谢花后 1 个月内,喷施 2%甲维盐乳油 1 000 倍液、80%敌敌畏乳剂各 800 倍液、40%毒死蜱乳油 1 500 倍液、10%吡虫啉可湿性粉剂 1 500 倍液。每 7～10 d 喷 1 次,连续施药 3～4 次。

(二)芒果病害

1.芒果炭疽病

芒果炭疽病是最常见、最重要的病害,广泛分布于各芒果产区,引起叶枯、枝枯、花穗干枯和果腐;在采后贮运期间引起后熟果实大量腐烂,造成严重的经济损失。

(1)危害症状。受害的嫩叶多从叶尖附近开始发病,后逐渐扩展为浅褐色的枯斑,叶片卷曲,并向叶柄、枝条扩展,形成枝条"回枯"。病部后期出现许多小黑粒,在潮湿的条件下,孢子盘会产生橙红色的分生孢子堆,受害枝、叶最终干枯脱落。老叶发病,边缘呈波浪状干枯。受害后,花梗和穗梗先出现暗褐色小条斑,然后变褐干枯。坐果期的幼果易感病,病菌侵入幼果后常处于潜伏侵染状态,果实成熟后才表现症状,逐渐扩展为黑褐色病斑,造成落果。

(2)病原。病原为一种真菌[*Colletotrichum gloeosporoides* (Penz.)Sacc.]属半知菌亚门的刺盘孢属和盘长孢属。两种菌的分生孢子盘埋于表皮下,后随表皮破裂而外露。分生孢子盘直径 20～49 nm,具 1～3 个分隔。分生孢子单胞,无色,长椭圆形,无刚毛的是盘长孢属,具刺状刚毛的是刺盘孢属。

(3)发生规律。该病为真菌性病害,在田间枯枝、烂叶上越冬的菌丝体或分生孢子是病害的初侵染源。春天,病残体上产生大量的分生孢子随雨水或昆虫传播到新梢或花穗,温湿条件适合时即可萌发,并穿透寄主表皮而进入皮层细胞。未成熟的果实由于含糖量低,不利于病菌的发展,只能暂处于潜伏侵染的状态。芒果炭疽病容易在温暖潮湿的季节发生流行,最适温度为 25~28℃,相对湿度 90%以上。所以,广东在 4~5 月的梅雨季节常是病害的流行期。红象牙、湛江红杜 1 号及湛江红芒 6 号、丰顺无核芒和广东土芒均为感病品种。

(4)防治方法。

①和果炭疽病的田间防治强调清园及化学防治相结合。在采果后及春季开花前后,结合修剪彻底剪除病枝叶、僵果,并将地面的枯枝、落叶集中焚毁,以减少病害的初次侵染源。②根据不同的生长期使用不同的药剂保护:修剪清园后喷 1%等量式波尔多液,或 30%氧氯化铜胶悬剂 600~800 倍液,或 25%施保克 300 倍液,以防止剪口回枯;抽穗期花穗长出 5 cm 之前,可用含铜杀菌剂或 0.3~0.4°Bé 石硫合剂喷雾;谢花后至第二次生理落果期用 50%多菌灵可湿性粉剂 800~1 000 倍液、70%甲基托布津 1 000~1 500 倍液喷雾;果实膨大期到采果前 10 d 可选择上述杀菌剂交替使用。气温较高时使用的浓度要降低,以免果实发生药害。

2. 芒果白粉病

白粉病是芒果花期的主要病害,同时为害幼果、嫩叶,严重影响果实产量。它主要分布在广东、海南、广西、云南等地。

(1)危害症状。该病主要为害花序、幼果和嫩叶。花序枝梗最容易受感染,梗上病斑褐色,病部常见白粉状物,花梗环缢状死亡,其上花朵、幼果随之枯死脱落。嫩叶症状多在叶背,病叶常扭曲、畸形。幼果受害,果面出现近圆形的斑点,严重时幼果全部被白粉状物覆盖,造成大量落果。

(2)病原。该病病原是一种真菌,称为芒果粉孢霉(*Oidium mangi-farae* Berthet.)属半知菌亚门。病部上的白色粉状即是病原菌的菌丝体和分生孢子。菌丝表生,以吸器伸入寄主表皮组织吸取营养。分生孢子梗直立、单生,顶端可连续产生分生孢子。分生孢子串生,卵圆形,无色透明。

(3)发生规律。该病原菌主要在老叶上越冬,成为翌年花期的初侵染源。分生孢子产生后随风雨、昆虫传播到花穗、嫩梢侵染发病。白粉病的发生流行也与气象因素有关,一般在平均温度 20~22℃,相对湿度 70%时该病最易流行,温度高于 25℃时发病较缓慢。2~4 月花期遇低温,病害容易发生流行。在广东,秋芒、粤西 1 号、桂香芒等品种易感病。

(4)防治方法。防治上除选择抗病品种外,应特别注意花期喷药防病。重点在 2~4 月用药,当花穗抽发 5~10 cm 时采用 40%灭病威胶悬剂 400~600 倍液,或 20%粉锈宁可湿性粉剂 1 500 倍液、0.3~0.4°Bé 石硫合剂或可溶性胶体硫 300 倍液、30%己唑醇悬浮剂(头等功)3 000 倍+1%多抗霉素水剂(百丰达)300 倍、48%甲硫戊唑醇可湿性粉剂 800 倍+3%多抗霉素水剂(多氧清)500 倍喷施,每隔 10~15 d 1 次,共喷 2~3 次。盛花期要停止喷药,以免发生药害。

三、龙眼、荔枝病虫害

(一)龙眼、荔枝虫害

1.荔枝蝽

荔枝蝽别名荔枝椿象,俗称臭屁虫。分类属半翅目,蝽科。

(1)危害特点。主要为害荔枝、龙眼。成虫和若虫吸食荔枝、龙眼的嫩芽、嫩梢、花穗和幼果汁液,引致落花、落果,常造成果品减产失收。

(2)形态识别。成虫体长24～28 mm,盾形,黄褐色,胸部有腹面被白色蜡粉。触角4节,黑褐色。前胸向前下方倾斜;臭腺开口于后胸侧板近前方处。腹部背面红色,雌虫腹部第7节腹面中央有一纵缝而分成两片,应用这一特征可以鉴别雌雄。卵近圆球形,径长2.5～2.7 mm,初产时淡绿色,少数淡黄色,近孵化时紫红色,常14粒相聚成块。若虫,共5龄。第1龄体椭圆形,长约5 mm,体色由鲜红变深蓝色。复眼深红色。前胸背板鲜红色,宽阔,前端略凹入。腹部背面第4、5节及第6、7节间亦有臭腺孔1对,能射出臭液。第3、4节及第6、7节间亦有臭腺孔1对,但不能放射臭液。从第2龄开始体变长方形,长约8 mm,橙红色,外缘灰黑色。后胸背板外缘伸长可达体侧外缘。腹部背面末端中央有2条斜向前方的灰黑色纹。在灰黑色纹所经各节上,各具2个黄色斑点。第3龄体长10～12 mm,体形和色泽略同第2龄,但后胸板外缘为中胸及第1腹节外缘所包围。第4龄体长14～16 mm,形状色泽同前1龄,中胸背侧翅芽明显,其长度伸达后胸后缘。第5龄体长18～20 mm,形似4龄,色泽较前各龄略浅,中胸背侧翅芽伸达第3腹节中部1腹节已退化。

(3)发生规律。福建和广东、广西一年发生1代,以性未成熟的成虫越冬。越冬期成虫有群集性,多在避风、向阳和较稠密的树冠丛中越冬,也在果园附近的屋顶瓦片内越冬。次年3月上旬气温达16℃左右时,越冬成虫开始活动为害,在荔枝、龙眼枝梢或花穗上取食,待性成熟后开始交尾产卵,卵多产于叶背。成虫产卵期自3月中旬至10月上旬,以4、5月为产卵盛期。

(4)防治方法。

①药剂防治。3月间越冬成虫在新梢上活动交尾时喷药1次,至四五月低龄若虫发生盛期再喷1～2次,喷射敌百虫800～1 000倍液效果甚好,或用20%杀灭菊酯2 000～8 000倍液、2.5%高效氯氟氰菊酯乳油(治服)1 000倍。

②生物防治。利用平腹小蜂防治荔枝蝽,从每年早春荔枝蝽开始产卵起,每隔10 d放蜂1次,共放3次,每株树放蜂300～600头,若荔枝蝽密度过大,应先喷药后放蜂。

③人工捕杀。消灭越冬成虫,利用越冬成虫在低温时期(10℃以下)活动力差,且群集于避风、向阳的密叶丛中,于清晨用力振动树枝,使成虫坠地,集中捕杀,采摘卵块及扑灭若虫。

2.荔枝蛀蒂虫

荔枝蛀蒂虫别名爻纹细蛾。幼虫钻蛀荔枝和龙眼新梢、花穗及果实,对果实造成的为害最大。

(1)危害特点。幼虫在果实膨大期钻蛀果核,导致落果;果壳着色后果熟期,仅蛀食种柄,遗留虫粪于果蒂,影响品质。早熟种三月红等抽穗期幼虫也钻蛀花穗嫩茎致顶端枯死;采后抽梢期则钻蛀嫩茎、小叶叶柄或新叶中脉(其间种群数量陡降,影响不大)。

(2)形态识别。成虫为小形细长的蛾子,体长4～5 mm,翅展9～11 mm,体表灰黑色,腹部腹面白色,触角丝状,倍于体长。前翅灰黑色狭长,静止时并拢于体背,左右两翅翅面有两度曲折的白色条纹,相接似"爻"字纹,后翅灰黑色细长如剑,缘毛甚长,后缘的缘毛长约为翅宽的4倍。前翅最末端的橘黄色区有3个银白色光泽斑,成虫这一特征可与只蛀食幼叶中脉但不蛀果的近缘种尖细蛾相区别。

卵单个散产于果壳龟裂片缝间,直径仅 0.2～0.3 mm,放大镜下可见呈扁圆形,半透明,黄白色。

幼虫扁筒形,除 3 对胸足外,腹部第 3～5 节及第 10 腹节各具足 1 对,第 6 腹节的腹足退化。这一特点是细蛾科幼虫与其他蛀果、蛀梢的卷蛾科、亥麦蛾等幼虫的主要区别。幼虫蛀食果核、果蒂者体色乳白,幼虫蛀梢者体色淡绿。

蛹化于果穗附近的叶面上,外表覆有白色,椭圆形,扁平膜状丝质薄茧。蛹体为被蛹,淡黄色,羽化前变灰黑色。如已羽化,尚可见蛹衣半露于茧外。

(3)发生规律。广州及珠江三角洲地区一年发生 10～11 个世代,重叠出现。幼虫依品种熟期先后,自第二次落果后期开始入侵果核,至果实着色熟期只蛀果蒂。为害果实,一个世代历期 21～24 d,其中卵期 2～2.5 d,幼虫期 7～8 d,蛹期 8～9 d,成虫产卵前期 3～4 d。雄虫寿命 5～9 d,雌虫寿命 6～16 d,一般 13 d。以幼虫在荔枝、龙眼冬梢内或早熟品种花穗近顶轴内越冬。幼虫孵化从卵壳底面直接蛀入果核,又无转果习性,直至老熟才出外化蛹。因此,果期杀虫剂对幼虫难起作用,防治上难度较大。成虫昼伏夜出,白天多静伏于寄主树冠内枝条上,极少发现在叶上,受惊时作短暂飞舞即复栖息原树。

(4)防治方法。

①物理防治。套袋法,近年栽培上用无纺布套袋妃子笑、三月红、黑叶等品种的果穗,有提高品质、果壳着色之效,可结合防治病虫减少春后虫源,具体在第二次生理落果后,喷布防蛀蒂虫及防霜疫霉农药再套袋,既保果又减少虫源扩散。但对糯米糍品种不适用,会增加酸度及裂果。

②农业防治。结合修剪,剪除阴枝、病虫枝、枯枝,增强果园的通风透光性。

③化学防治。做好虫情测报,掌握在成虫羽化盛期(羽化率 30% 左右)喷药防治消灭成虫,5～17 d 后再防治 1 次。可选用 48% 乐斯本 800～1 000 倍液、10% 灭百可 2 000 倍液、25% 喹硫磷乳油 800 倍液、25% 杀虫双 500 倍液加 90% 敌百虫 800 倍液。

3. 龙眼角颊木虱

(1)危害特点。龙眼角颊木虱成虫吸食龙眼嫩芽、幼叶、花穗汁液;若虫固定于叶背吸食并形成"窝钉状"下陷的伪虫瘿,常使叶片畸形扭曲、变黄、早落。此虫是龙眼鬼帚病的传播媒介。

(2)形态识别。龙眼角颊木虱属同翅目、木虱科。成虫体长 2.0～2.6 mm,背面黑色,腹面黄色,头部有一对角状并向前平伸的颊锥。触角 10 节,末端有一对叉状的刚毛。翅透明,前翅具"K"字形的黑褐色条斑。卵长卵形,0.4～0.47 mm,前端尖细并延伸成一条长丝,后端钝圆,具短柄。初产时乳白色,后变为褐色。若虫体扁淡黄,周缘有蜡丝,复眼鲜红色。若虫共 5 龄,3 龄若虫翅芽开始显露。

(3)发生规律。角颊木虱在广州每年发生 7 代,以若虫在龙眼被害叶片的"伪虫瘿"内越冬。2 月底 3 月初越冬若虫开始羽化,全年各代发生时间依次为 3 月上旬至 5 月下旬;5 月上旬至 7 月下旬;7 月下旬至 8 月上旬;7 月下旬至 9 月中旬;8 月下旬至 10 月上旬;9 月中旬至 11 月上旬;11 月上旬至翌年 4 月上旬。其中对生产为害最严重的分别是第 1 代和第 4 代对春梢和秋梢的为害。成虫羽化后 1 d 即能交尾,选择古铜色嫩梢、顶芽的嫩叶背面产卵,每雌产卵 28～32 粒,散产,初孵若虫在嫩叶爬行至合适的部位取食,能分泌唾液破坏叶肉细胞,2～3 d 后就使叶片产生一个凹陷的、窝钉状的"伪虫瘿",若虫固定在虫瘿内生活,直到羽化。龙眼角颊木虱仅危害龙眼,但品种间的抗虫性有较大差异。

(4)防治方法。以农业防治为基础,及时实施化学防治。

①加强果园水肥管理,力促新梢抽发整齐,叶片尽快转绿老熟,可避免或减轻受害;结合丰产栽培,控制冬梢,减少越冬虫源。

②化学防治。抽梢期间可选用 25%优乐得可湿性粉 500～1 000 倍液、40.7%乐斯本乳剂 1 000 倍液、20%啶虫脒可溶剂 5 000 倍液、10%吡虫啉可湿性粉剂 1 500 倍液等,隔 7 d 1 次,至新梢嫩叶转绿就停止用药。需要特别指出的是,水胺硫磷对龙眼新梢有药害,不宜使用。

4.荔枝瘿螨

荔枝瘿螨又名荔枝毛蜘蛛,国内的荔枝主产区都有分布。

(1)危害特点。以成螨、若螨刺吸荔枝、龙眼新梢嫩叶、花穗、幼果的汁液为害。幼叶被害,在叶背面先出现黄绿色的斑块,害斑凹陷,正面凸起,凹陷处长出无色透明的小绒毛,逐渐变成乳白色。随着为害程度的扩展,受害部的绒毛逐渐增多,色泽也逐渐加深为黄褐色,最后变为深褐色,状似毛毡,故也称为"毛毡病"。被害的叶片也随之变形,扭曲不平,状似"狗耳",完全失去叶片的功能,最后干枯凋落。花器受害后畸形膨大,满布绒毛,不能开花结实。幼果受害,局部或全果密生绒毛,极易脱落;个别虽不脱落,但果小味酸。

(2)形态识别。成螨体微小,胡萝卜状,长 0.15～0.19 mm,淡黄绿至橙黄色。头小,向前方伸出,有微细的螯肢和须肢各一对。头胸部有足 2 对。腹部有环节 71～73 圈,末端渐细,具长尾毛 1 对。卵球形、乳白至淡黄色。若螨体形似成螨,但更微细,腹部环纹不明显。

(3)发生规律。在广东、广西终年都有发生,全年发生 10 代以上,世代重叠,无明显越冬现象。荔枝瘿螨匿藏在树冠内膛的晚秋梢或冬梢被害叶过冬,但当气温稍暖仍可见活动。2～3 月间,螨体陆续迁至春梢嫩叶或早熟品种的花穗上取食,5～6 月的虫口密度最大,危害也最重。当新梢芽体刚萌动,螨体就从老虫瘿的绒毛间迁移至新芽上,潜入尚未伸展的嫩叶、花穗基部取食并繁殖,经 5～7 d 受害部便会出现黄绿色斑块,受害的表皮细胞因受刺激而产生大量的绒毛状物。瘿螨生活在虫瘿的绒毛间,产卵亦在绒毛中。

瘿螨喜欢荫蔽的环境,树冠稠密,光照不足,内膛和下部枝叶的虫口密度较高;以叶背居多。主要通过苗木、器具、昆虫和风力传播。

(4)防治方法。

①调运种苗时要认真检查,摘除虫叶。

②结合采后修剪及冬期修剪,彻底剪除被害枝叶,集中烧毁,既能改善果园的生态环境,又减少田间虫源。抑制冬梢。

③药剂防治。春梢花穗期及秋梢萌发期,喷药防治。药剂可选用 3%阿维菌素乳油(击亚特)1 500 倍液、40%四螨嗪可湿性粉剂 4 000～5 000 倍液、20%速螨酮可湿性粉剂 3 000 倍液均有良好的防治效果。

(二)龙眼、荔枝病害

1.龙眼鬼帚病

龙眼鬼帚病又名丛枝病、秃枝病、扫帚病等,分布于福建、广东、广西、浙江和中国台湾等地,本病在福建危害严重。在广东、广西危害较福建轻。病树的花穗、枝梢生长畸形,发病枝梢上的花穗不能结实,病树树势衰弱,产量逐年下降,常年减产 20%～30%,严重时全无收成,终致死亡。

(1)危害症状。主要为害春梢及花穗。嫩梢受害,幼叶狭窄,淡绿色,叶缘卷曲,不能展开,严重的全叶呈线状扭曲,成叶受害,羽状复叶的小叶柄常扁化变宽。叶片凹凸不平,卷曲皱缩,叶尖,叶缘向叶背卷曲,叶脉淡黄绿色(脉明),对光透视可见脉间呈现大小不等,不规则形的黄绿色斑驳。发病严重时,梢端叶片呈线状的畸形叶,不能展开,烟褐色,有时在枝梢上同时具有畸形叶和大小正常叶,但叶面凹凸不平,具明显斑驳。病树叶片多为各种畸形叶,容易脱落成秃枝。发病严重的植株,嫩梢顶部的畸形叶,常全部秃落成乔枝,秃枝节间缩短,所生的侧枝节间亦缩短,成丛生、扫帚状的褐色无叶枝群,果农称之为"扫帚病"、"鬼帚病"和"胡芽"。

花器受害,常因节间缩短,花穗呈丛生短簇状,质柔软而稍臃肿,花畸形膨大,不正常地密集在一起,故有"虎穗"、"哑吧"、"鬼穗"之称。一般不开花不结果,或开花结果但是果实发育不良,果小、果肉淡而无味,无食用价值,发病花穗褐色干枯,经久不落。

(2)病原。本病原为龙眼丛枝病毒。为一种线状质粒,大小为 12 nm×1 000 nm,只存在于寄生筛管内,多数是许多粒子聚在一起,球形或不规则状质粒,大小为 40～70 nm。

(3)发生规律。本病的初侵染,主要借带病苗木,接穗和种子传播,亦可通过嫁接传染。自然传毒介体荔枝蝽、角夹木虱。发病条件通常幼年树比成年树较易感病,受害亦较严重。凡栽培管理粗放的果园,荔枝蝽、白蛾蜡蝉和木虱危害严重的发病较多,树势衰弱,秋梢抽发不整齐,在寒潮来临时,尚未生长充实的冬梢容易发病。

(4)防治方法。

①严格实行检疫,禁止病苗、病接穗和带病种子传入新区(无病区)和新果园。

②培育无病苗木,用无病、品质优良的母本树的种子或接穗育苗。

③无病区和新建果园,要选用抗耐病品种。

④结合修剪、疏花疏果等,剪除病枝、病穗,拔除病苗,集中烧毁,延长结果年限。

⑤及时防治角夹木虱、荔枝蝽、白蛾蜡蝉等害虫。

④加强栽培管理,发现零星发病的植株,应立即砍伐烧毁,注意适时适量施肥,增强树体健壮,提高抗病力,采果前后在施用氮肥的同时,合理施用磷、钾肥,促使秋梢及时萌发、充实,增强抗寒力,可减少秋梢发病。

2.荔枝霜霉病

荔枝霜霉病在广东、广西和福建均有发生,是荔枝果实上最严重的病害,常引起大量落果和烂果,5～6月多雨时,损失可达 30%～80%。在运输销售期间,此病继续发展,严重影响荔枝鲜果的贮运和外销。

(1)症状。主要为害近成熟的果实,亦可为害青果、果柄、结果小枝和叶片。果实受害,多从果蒂处开始发病,先在果皮表面出现不规则的褐色病斑,无明显边缘;迅速扩展直至全果变为暗褐色至黑色,果肉糜烂,具有强烈的酒味或酸味,并有褐色汁液流出;在发病中后期病部表面布满白色霜状霉(孢囊梗及孢子囊)。果柄及结果小枝发病生褐色病斑,病健部分界不明显,湿度大时表面长出白色霜状霉。花穗受害造成花穗变褐色腐烂,病部产生白色霉状物。嫩叶受害形成淡黄绿色至褐色不规则斑块,病部正、背面都长有白色霜状霉。老叶发病通常多在中脉处断续变黑,沿中脉出现少量褐斑。

(2)病原。荔枝霜病毒病的病原是一种真菌($Peronophtha\ titchic$ Chen ex ko et al),属鞭毛菌,其无性繁殖产生的孢囊梗近乎树枝状,属无限生长。孢子囊无色至淡褐色,柠檬形,顶端有明显的乳头状突起。有性阶段产生卵孢子,球形,无色至淡黄色。

(3)发生规律。病菌能以菌丝体和卵孢子在病果、病枝及病叶中越冬。次年春末夏初温湿度适宜时即产生孢子囊,由风雨传播到果实、果柄、小枝及叶片上。果实在贮藏运输中,由于病果与健果混在一起,可以通过接触传染。

湿度是影响本病发生流行的最主要因素。在高湿条件下,温度为 $11\sim13℃$ 时均可浸入,在 18℃ 下只需 5 min 便可侵入。病菌侵入后,即使温度适合(最适为 25℃),约无持续的高湿度,也不能发病。在 $4\sim6$ 月,荔枝从开花至果实成熟,如果 $4\sim5$ d 连续阴雨,或久雨不晴的梅雨季节,则发病严重。

在一般情况下,枝叶繁茂结果多的树,发病较多;枝叶稀疏结果少的树,发病较少。同一株树上,树冠下部荫蔽处的果实发病早而严重;树冠四周比较通风透光处的发病迟而轻。果园地势低洼荫蔽,土质黏重,排水不良的发病亦较重。

荔枝品种间的抗病性无明显差别,一般早、中熟品种发病较重,迟熟品种发病轻,主要是结果偏迟,此时气温高,雨量少,不宜于病菌侵染而避病。接近成熟的果实在比青果肉厚皮薄,含水分多,较湿润,容易发病。

(4)防治方法。

①控制果园湿度,新建果园应选择土壤疏松。便于排水和向阳的园地。现有果园通过深耕培土和施用有机肥,改善土壤结构,并修畦沟,以利排水。

②清洁果园,采果后结合修剪清除烂果和病果,扫除地面落果和枯枝落叶,集中烧毁。

③加强管理,冬季对荔枝树要进行松土、施肥、培土,使果树长势良好,提高其抗病能力。

④喷药保护,花蕾期、幼果期和成熟期进行喷药防治。喷药次数根据天气及病害发展情况而定。如遇到连续下雨,要抢晴喷药。果实成熟阶段是最感病时期,要密切注意天气情况,进行喷药保护。有效药剂:64%杀毒矾 M8 可湿性粉剂 $500\sim600$ 倍液、58%瑞毒霉锰锌可湿性粉剂 800 倍液、25%瑞毒霉可湿性粉剂 800 倍液、81%甲霜百菌清可湿性粉剂 800 倍液、70%乙铝代森锌可湿性粉剂(世歌)800 倍液、50%乙铝锰锌可湿性粉剂(欢喜)800 倍液。

3. 荔枝酸腐病

荔枝果实酸腐病为荔枝果实常见的一种病害,一般发生于荔枝蝽为害严重的果实上,在储藏运输期间也常发生,发病率可达 10%。

(1)症状。此病多危害成熟果实,果实多在蒂部开始发病,病部初呈褐色,后渐变为暗褐色,病部逐渐扩大,至全果变褐腐烂。内部果肉腐化酸臭,果皮硬化,暗褐色,流出酸水。病部上生有白色霉(病菌的分生孢子)。荔枝酸腐病有时与霜疫霉病容易混淆。

(2)病原。病原称为卵孢菌属荔枝果实病菌($Ospora$ sp.)。分生孢子梗极短,无色,形状不一。有圆形、椭圆形和卵圆形。分生孢子由菌丝断裂而成,初生时孢子相连如念珠,两孢子相连处有短颈,分生孢子无色透明。

(3)侵染循环。分生孢子吸水萌发后由伤口侵入,成熟果实被荔枝蝽、果蛀蒂虫为害或采果时受损伤的果实容易感染此病。病菌侵入果肉内吸取养分,同时分泌酶分解熟果的薄壁组织,致使果肉败坏不堪食用。病菌可借风雨或昆虫传播,在储藏运输过程中,通过果实接触传染。

（4）防治方法。

①及时防治荔枝蝽及果蛀蒂虫。

②在采收、运输时，尽量避免损伤果皮和果蒂。

③采果后，及时防腐保鲜。荔枝果用 500 mg/kg 抑霉唑＋200 mg/kg 2,4-D 浸果，对防治酸腐病有较好的效果。

4. 地衣和苔藓

（1）危害特点。地衣和苔藓是老龙眼树枝干上常见的附生植物，在潮湿的衰老果园中普遍发生，特别是一些管理粗放的果园更为严重。被地衣、苔藓大量附生后，影响新梢的萌发，并使树势削弱，容易早衰，降低产量和品质，而且还是害虫和病菌繁殖生存及匿藏的场所。

（2）发生规律。地衣和苔藓发生的主要因素是温度、湿度和树龄，其他如果园的地势、土质以及栽培管理等都有密切关系。

在温暖潮湿的季节，繁殖蔓延快，一般在 10℃ 左右开始发生，晚春和初夏期间（4～6 月）发生最盛，危害最重，夏季高温干旱，发展缓慢，秋季继续生长，冬季寒冷，发展缓慢甚至停止生长。

幼树和壮年树，生长旺盛，所以发生较少，老龄树生长势衰弱，且树皮粗糙易被附生，故受害严重。

此外，果园土壤黏重、地势低洼、排水不良、荫蔽潮湿，以及管理粗放、杂草丛生、施肥不足等，均易遭受地衣、苔藓危害。

（3）防治方法。

①加强栽培管理。如施肥、培土、中耕除草及修剪病虫、枯枝等项工作，必须及时进行，可以增强树势，减少或避免危害。

②喷药防治。地衣和苔藓发生严重的果园，最好于春季雨后，用"C"形竹片刮除地衣、苔藓后，再进行喷药防治，效果则更显著。刮除的地衣、苔藓必须收集烧毁，以免继续传播危害。常用的药剂：10％～15％石灰乳涂抹、6％～8％烧碱水喷射、1.15％硫酸亚铁喷射、1％波尔多液喷射或新鲜纯水牛屎洗刷树干或枝条。

四、香蕉病虫害

（一）香蕉虫害

1. 香蕉象甲

香蕉象甲（*Cosmopolites sordidus* Germar）和香蕉假茎象甲（*Odoiporus longicollis* Olivier），属鞘翅目、象甲科。在蕉园内常混合发生。

（1）危害特点。主要以幼虫在香蕉植株近地面的茎基部和球茎内挖掘和取食，在茎基部和球茎中造成纵横交错的隧道，影响植株生长，叶片枯卷，结实少，球茎腐烂，易招风折，甚至整株枯死。

（2）形态识别。成虫长约 14 mm，体背面暗红褐色，腹面近黑色，全身具刻点且光亮，前胸背板两侧各具 1～2 条从后向前渐窄的黑纵带，少数黑型的个体全身黑色，鞘翅暗红色，腹部外露，足的第 3 跗节扩展如扇形。卵乳白色，长椭圆形，表面长滑，长 1.5 mm。老熟幼虫体长约 15 mm，乳白色，肥大无足，头赤褐色，胴部多横皱，在腹末节背面有淡褐色，毛 8 对。蛹长 12～14 mm，乳白色至黄褐而略带红色，腹背 1～6 节中间和腹末有数个疣突。

(3)发生规律。香蕉象甲1年发生4～5代,世代重叠,以幼虫在假茎内越冬。自3月初到10月底发生,春暖时羽化为成虫。在夏季发生一代需30～45 d,冬季则需82～127 d。成虫畏光,羽化后若干天仍居蛀道中,钻出蛀道后,仍藏于受害蕉茎最外1～2层干枯或腐烂叶鞘下,晚上活动。有群集性,耐饥饿能力强,寿命可达6个月以上。交尾后,产卵于假茎最外1～2层咬食的小孔穴中,以近地面30 cm以内为多。产卵处叶鞘表面通常可见微小的伤痕并呈水渍状、后变褐色的斑点,表面有少量胶质物溢出。幼虫孵化后蛀食假茎成纵横交错蛀道,以近地面假茎较严重。幼虫老熟后在蛀道内化蛹。幼虫期35～44 d,蛹期18～21 d。

(4)防治方法。严禁将带虫的蕉苗或球茎调入新区;收获后砍除虫害残株,冬春及清明前割除腐鞘;人工捕杀群集于叶鞘基部和干枯的假茎外鞘内的成虫,以及蕉园附近丢荒的香蕉、野生蕉植株上的成虫;药剂防治用10%吡虫啉可湿性粉剂1 500倍液、40%毒死蜱乳油1 500倍液灌注叶基部与假茎之间隙缝中,以毒杀成虫。

2.香蕉弄蝶

香蕉弄蝶(*Erconota torus*)又名芭蕉卷叶虫、蕉苞虫,属鳞翅目,弄蝶科,是香蕉的重要害虫之一,以幼虫使蕉叶残缺不全。

(1)危害特点。以幼虫啮断叶片一部分,将叶片卷结成筒状叶苞,自己藏身在其中,嚼食叶片,成为成虫后食叶至残缺不全,幼虫并在其上吐丝卷叶,严重时蕉株挂满叶苞,全叶被害,影响光合作用,影响正常的生长发育和产量。

(2)发生规律。广西1年发生2代。通常是以老熟幼虫在叶苞中越冬。成虫白天活动,吸食花蜜,雌成虫于交尾后1 d开始产卵,在飞翔中产卵,将卵散产于叶片上。幼虫孵化后先取食卵壳,后到叶缘卷叶为害,早、晚和阴天伸出头部食害附近叶片。幼虫老熟后即在其中化蛹。

(3)形态识别。成虫体长30 mm,翅展60～65 mm,体黑褐色。头、胸部密生褐色鳞片,复眼赤褐色,触角黑褐色,近膨大处呈白色,前翅有黄色长方形大斑2个,近外缘有1个较小的黄色斑,后翅黑褐色,前后翅缘毛均呈白色。卵横径约2 mm,馒头形,初散时黄色,后变为红色,卵壳表面有放射状白色线纹。幼虫体长50～64 mm,体表被白色蜡粉,头部黑色呈三角形,前、中胸小呈颈状,后胸以后渐大,腹部第3节以后大小相等。蛹体长36～40 mm,形状呈圆筒形,被白色蜡粉覆盖。

(4)防治方法。清除蕉园,冬季或春暖清园时把枯叶剥除集中烧毁,以杀死潜藏在苞内的幼虫或蛹,减少虫源;人工捕杀,用手摘除叶苞或用竹子打散叶苞让幼虫落地,杀死幼虫;可用采用4.5%高效氟氯氰菊酯750倍液或5.2%阿维·高效氟氯氰菊酯1 000倍液于傍晚或阴天喷洒,毒杀初龄幼虫。

3.香蕉交脉蚜

香蕉交脉蚜又名蕉蚜、甘蔗黑蚜,属于同翅目,蚜科。该虫主要为害蕉属植物,并传播香蕉束顶病和香蕉花叶心腐病,对香蕉生产为害很大。

(1)危害特点。主要是以成虫和若虫吸食植株汁液为害,并能传播香蕉束顶病和香蕉心腐病,严重影响香蕉的生长发育,对香蕉生产及经济发展造成极大为害。

(2)形态识别。成虫可分为无翅蚜和有翅蚜两种类型。有翅蚜体长1.7 mm,褐至黑褐色。头两侧具角瘤,触角6节,约下体等长。无翅蚜体长0.8～1.6 mm,卵圆形,红褐至黑褐色,触角比体稍长。若虫体长0.7～1.0 mm,1龄时触角4节,2龄时触角5节,3龄和4龄时触角6节。

(3)发生规律。广西每年发生 4 代,此虫孤雌生殖,卵胎生,发育期短,无明显的休眠现象,4 月和 9～10 月为发生高峰期,夏季高温时,蚜虫转移到植株下部或周围杂草上,冬季则停留于叶柄内或根部。干旱年份虫害较重,雨量充沛的年份发生较少。蚜虫能分泌蜜露,可引诱蚂蚁吸食蜜液。交脉蚜有趋黄性及趋阴性,树势弱的易感病,蚜虫重点为害蕉株下部及心叶处。

(4)防治方法。定期检查蕉园内蚜虫的发生情况,发现病株应及时用药喷杀,并将病株连根挖起,埋于深坑,防止蚜虫再次吸毒传播。田间发生虫害时,可用 50％抗蚜威可湿性粉剂 1 000～2 000 倍液,或 10％吡虫啉可湿性粉剂 2 000～4 000 倍液,或 2.5％功夫乳油 3 000 倍液等喷洒蚜虫发生处。

(二)香蕉病害

1. 香蕉束顶病

香蕉束顶病又称蕉公病,是香蕉重要病害之一。1920 年,在澳州造成摧毁性病害;福建、云南、广东和广西各产区都有发生。发病较严重的果园发病率可高达 10％～30％甚至 50％～80％。感病植株矮缩,不开花结蕾,在现蕾期才感病的植株,果少而小,没有商品价值,造成损失很大。

(1)危害症状。从幼苗至果成熟均可发生,不同时期其症状不同。吸芽发病常出现生长发育受抑制、矮化、叶柄不伸长,叶片直立、狭小,新长出来的叶片,一片比一片短而窄小,在顶部聚集成束,生长缓慢,叶缘先褪绿后枯焦,不能抽蕾开花。抽蕾时发病花蕾直立不结实,果不能完全抽出。有的可能是生理性,要看嫩叶是否有深绿色条纹。抽蕾大半时发病病株花蕾苞片翻转变黄,可能在完全长出果实后发病,果实像手指大小,肉脆无香味。另外,病株分蘖特别多,根部后期烂。病叶脆易折断。但球茎和假茎无病变是和花叶心腐病的明显区别。

(2)病原。病原为香蕉束顶病毒(banana bunchytop virus)。病毒主要借带病蘗芽和香蕉交脉蚜传染,但不能借机械摩擦及土壤传染。香蕉交脉蚜(若虫)的取毒饲育时间要 17 h 以上,循回期为数小时至 48 h,传毒饲育时间 1.5～2 h 以上,此后就可保持传毒长达 13 d。若虫传毒高于成虫,若虫蜕皮后仍保持病毒。带毒蚜不能通过子代传毒。因此,一般认为介体是以"半持久性方式"传播病毒的。寄主范围只限于甘蕉类植物和蕉麻。

(3)发生规律。该病发生和蚜虫的为害成正相关,影响蚜虫发生的因素间接影响该病的发生情况。9～10 月为蚜虫迁飞时期,形成有翅型蚜虫。有翅蚜发生数量多,此病发生亦较多;而蚜虫发生的数量以及活动力受温度及雨量的影响。一般在下雨少、天气干旱的年份,蕉蚜繁殖的数量较多,有翅蚜发生也较多,此病也就发生较多。在下雨多、天气潮湿的年份,甘蕉黑蚜死亡较多,此病发生也较少。试验证明,生活力强、生长迅速的植株比较感病。因而种在山腹低湿肥沃处,同时比较荫蔽地区的香蕉,往往发病较多。幼嫩吸芽和补植的幼苗较成株易感病,病害的潜育期亦较成株短。不同的甘蕉类的抗病性不同,香蕉类最易感病,过山香蕉类(包括龙牙蕉、沙蕉、糯米蕉等)次之;粉蕉类和大蕉类则很抗病。用带毒蚜虫人工接种,所有甘蕉类都发病。

(4)防治方法。彻底铲除病株,杜绝病苗引进,配合防虫。

①选择通风的园地,合理密植,加强肥水管理,提高香蕉植株的抗病力。

②种植无病种苗。

③定期杀灭蚜虫,冬春暖、干旱有利于发生病重。常为害刚抽出的筒叶,发生在喇叭口处和刚出土不久的嫩芽。应在冬、春季喷 2～3 次 20％吡虫啉可湿性粉剂 3 000 倍液,或 20％天

猛乳油 3 000～5 000 倍液,或 44%专蛀乳油 1 000～1 500 倍液或 16%虫线清乳油 1 000倍液。

④及时挖除病株。发现病株,应立即药杀虫;随后清除病株及其球茎,就地斩碎晒干或深埋。用 10～15 mL 草甘膦原液,注射可杀死染病蕉株,在植株离地 15 cm 处假茎向基部注射杀死其地下茎的生长点,约 15 d 后挖除枯死株,并将植穴及周围土壤翻起洒施石灰,暴晒半个月后补植新苗。

⑤发病严重的蕉园,可与水稻、甘蔗轮作。

2.香蕉枯萎病

(1)危害症状。本病是一种维管束病害,内部病变很明显。在发病初期假茎和球茎维管束黄色到褐黑色病变,先呈斑点状或线状后期贯穿成长条形或块状。根部木质部导管已出现纵横红棕色病变,并一直延伸至根茎部;后期大部分根变成黑褐色并干枯。外部症状表现为叶片倒垂型黄化,发病蕉株下部及靠外的叶鞘先出现特异性黄化,叶片黄化先在叶缘开始,后逐渐向主脉扩展,黄色部分与叶片深绿色部分形成鲜明对比染病叶片很快倒垂枯萎。由黄色变褐色而干枯,形成一条枯干倒挂着枯萎的叶片。假茎基部开裂型黄化,病株先从假茎外围的叶鞘近地面处开裂,渐向内扩展,层层开裂直到心叶,并向上扩展,裂口褐色干腐,最近叶片变黄,倒垂或不倒垂植株枯萎较慢。

(2)病原。尖镰孢菌古巴专化型(fusarium oxysporum f. sp. Cubense)。

(3)发生规律。靠带病种植材料和组织远距离传播,靠水土在田间扩散。温度较高的多雨天气和土壤湿度大时,发病最严重。土壤 pH 6.0 以下酸性大、土壤黏重,排水不良,下层土壤渗透性差,或沙壤土肥力低的蕉园容易发病;根结线虫数量多或其他因素伤根多的情况,促进本病发生;而土壤含菌量是本病发生与流行的关键因素。

(4)防治方法。

①实行检疫。严禁限制从国内外病区输入种用球茎、吸芽苗和土壤。从其他无病国家和地区引进的种苗,在入境后要隔离种植,观察 2 年,确证无病才可推广种植。

②选用抗病品种和使用无病种植材料。在发病区改种抗病品种。在无病区新辟蕉园应使用自育的种苗。

③增施有机肥和钾肥,增加根周围有益微生物种群,增强植株抗病力,施用石灰调节土壤酸碱度,降低病原菌毒性。

④清除病株。及时发现病株,或是彻底挖除、就地斩碎、晒干和焚毁,或用草甘膦、2,4-D等药液注射病株进行毒杀。

⑤轮作。在水源方便和土地平坦的重病园,在清除病株后进行淹水和休闲 6 个月以上(此法也能摧毁香蕉穿孔线虫),或与水稻或甘蔗等轮作 2 年以上。淹水和轮作对破坏土壤中的病原菌有很好效果。

⑥化学防治。对轻病株可用。70%甲基托布津可湿性粉剂 800 倍液淋灌根茎部,7 d1 次,连续 3～4 次。用有效成分 2%的多菌灵药液注射病株球茎,或将多菌灵胶丸塞入球茎内,均取得较好防效。对挖除病株后的病穴,或撒施石灰粉,或喷洒 2%福尔马林液进行消毒。

3.香蕉炭疽病

(1)危害症状。该病主要为害果实,尤其是对近成熟或已黄熟的果实。在近成熟或已黄熟的香蕉果实上最初表现为圆形的褐色小点,条件适合时,褐色小点很快扩展或相互连成不规则的黑褐色大斑,2~3 d后果实变黑并腐烂,不久在病斑上还产生许多粉红至暗红色的小点(分生孢子盘及分生孢子),果实失去食用价值。在青香蕉果上的症状与在熟果上的相似,但病斑明显凹陷,其外缘呈水渍状,且中部常纵裂,露出果肉,嫩果期被侵染,小果端部变黑腐烂。叶片受害,初期叶斑症状不明显,后期呈不规则长条状,中央灰色,上面着生黑色小斑点。

(2)病原。由芭蕉炭疽菌[*Gloeosporium musae* (Berk. & Curt) Arx]引起的真菌病害。

(3)发生规律。病菌以菌丝体和分生孢子残存于病叶或其他病残组织越冬,条件适合时病菌大量繁殖产生分生孢子,并通过风、雨或昆虫等传播而成为香蕉园的初侵染源。侵染果实,通常在果皮下呈潜伏侵染状态,当果皮由青转黄时,潜伏于果皮中的病菌开始增殖扩展并表现症状。在气候条件适宜或菌系致病力较强时,嫩果、叶片上也常表现出严重的受害状。田间发病植株产生的分生孢子成为果园该病的再侵染来源。贮藏期间,病果和健果的接触是该病传染的主要途径。在高温、多湿季节有利于该病发生,病原菌的生长温度为 6~38℃,25~30℃是其生长适温,多雨、重雾或湿度大时发病严重。香蕉炭疽病以香蕉受害最重,大蕉次之,龙牙蕉很少受害。

(4)防治方法。

①做好果实采前病害预防工作。在抽蕾开花期,即自苞片张开后即开始喷药保护幼果;抹去果枝残留花器,及时清除和销毁病残体,减少病原菌侵染来源;果实进行套袋保护防病。

②适时采果,远地销售的蕉果,其成熟度在七八成左右时采收,采果应选择晴天,采前 5~7 d田间停止灌水;避免损伤蕉果。果实采收后及时脱梳和进行药剂处理,并置于低温(13~15℃)和适合湿度下储藏。

③化学防治。抽蕾苞片未打开前开始使用 70%甲基硫菌灵可湿性粉剂 700 倍液、75%百菌清 800~1 000 倍液、12.5%腈菌唑乳油 800 倍液、1:0.5:100 波尔多液等杀菌剂,连用 2~3次,隔 7~15 d 1 次。采果后 24 h 内使用50%异菌脲(扑海因)可湿性粉剂 500 倍液,50%抑霉唑乳油 500~1 000 倍液、25%咪鲜胺乳油 250~500 倍液等浸果 1~2 min,后晾干包装。

4. 香蕉叶斑病

香蕉叶斑病是"褐缘灰斑病"、"灰纹病"、"煤纹病"几种病害的统称。因这些病害具有共同特征,即在其侵染后期,都能形成面积很大的坏死型枯斑,且彼此不易区别,故得名。

(1)危害症状。此病能为害香蕉和芭蕉,主要侵害中、老龄叶片,心叶和嫩叶很少被侵害。发病部位一般从叶缘开始,渐向中脉(叶脉)内延,但在少数品种上,也有始见于叶面者。由于病原不同,症状有一定差异,分述如下:

灰纹大斑:初为椭圆形或不规则形小斑,散生于叶面,病部不透过叶背,后逐渐纵扩呈两端略尖透穿叶背的长椭圆形大斑。病部中央渐由灰褐色变为灰色,病斑周缘深褐色,其外具明显的黄色晕环。湿度大时,病斑上隐约可见轮纹,即病菌分生孢子梗及分生孢子。

煤纹大斑:一般始发生于叶缘,与灰纹大斑难以区别。后期病部轮纹明显,叶背产生的病菌霉层色泽较深。

褐缘灰色大斑:初在叶面出现浅褐色至黑褐色条纹,后沿叶脉纵向扩展为粗条斑,并彼此合并成大块斑。后期病斑周缘黑褐色,中区灰白色,疏生灰色霉状物。上述几种病害往往混合侵染,叶片受害面积达 2~4 成,严重时全叶灰枯,导致其提早失去同化功能。

(2)病原。煤纹大斑病原为簇生长蠕孢[*Helminthosporium torulosum* (Syd.)Ashby],分类属于半知菌亚门,长蠕孢属。分生孢子梗褐色,直立,具横隔膜。分生孢子污绿色,一般成熟孢子5～8个细胞,生长孢子3～12个横隔膜,大小(35～55)μm×(15～16)μm,中部较膨大,端部细胞渐小。

灰纹大斑病原为香蕉暗双孢[*Cordana musae*(Zimm.)Hohn.],分类属暗双孢菌属。分生孢子梗暗色,单生或5～6根丛生,具隔膜。分生孢子双胞,浅褐色。

褐缘灰大斑病原来香蕉尾孢(*Cercopora musae* Zimm),分类属尾孢菌属。分生孢子浅橄榄色,倒棍棒形,直或多中部稍弯曲,共4～7个细胞,大小(15～80)μm×(3～5)μm。

3种病原都以菌丝体和分生孢子在植株病部越冬。次年春季,越冬的分生孢子或新生分生孢子借风雨传播,在寄主叶部萌发芽管从气孔侵入,引起发病;继而产生出分生孢子梗及孢子,进行重复侵染。在贵州和华南等地,5月上旬始见新病斑;6月下旬至7月中下旬雨日多,传染迅速;8月下旬至9月下旬高温少雨,叶部病斑大量干枯坏死,为害损失最重。

(3)防治方法。

①冬季彻底剪除蕉园植株上的重病叶和清洁地面病残危株,减少菌源数量。

②加强田间管理,合理施肥,注意排灌,喷施植物生长调节剂促旺,增强抗病力。

③药剂保护。下述药剂及其浓度喷雾蕉株,叶背和叶面均匀施药,间隔10～15 d 1次,重点预防5～7月发生期。药剂可选用20%可杀得500倍液,波尔多液1:0.8:100配比,50%甲基托布津或多菌灵可湿性粉剂800倍液,75%百菌清或70%大生可湿性粉剂700～800倍液等。

【完成任务单】

将提供的标本及田间观察的病虫害资料填入表(5-2)、表(5-3)。

表 5-2 亚热带果树害虫发生与防治表

序号	害虫名称	形态识别	目、科	世代及越冬虫态	越冬场所	为害盛期	防治要点

表 5-3 亚热带果树病害发生与防治表

序号	病害名称	症状	病原	越冬场所	侵入途径	发生规律	防治要点

【巩固练习】

简答题

1.柑橘黄龙病症状主要症状特点是什么?

2.柑橘螨类为害特点如何? 主要的防治措施有哪些?

3.柑橘溃疡病的发病规律如何? 防治措施有哪些?

4.柑橘天牛类害虫的为害特点如何? 有什么防治方法?

5.荔枝蝽如何防治? 防治的关键是什么?

6.芒果炭疽病的发病规律如何? 主要有哪些防治措施?

工作任务 5-3　观赏植物病虫害

◆**目标要求**：通过完成任务能正确识别各类观赏植物病虫害种类；能正确识别常见观赏植物病虫害；掌握各类病虫害为害特点及发生规律；能正确制定亚热带果树病虫害综合防治方案并组织实施。

【相关知识】

一、观赏植物病害

(一)叶、花、果病害

1.叶畸形类

叶畸形主要是由子囊菌亚门的外子囊菌和担子菌亚门的外担子菌引起的。受侵害后组织增生,叶片肿大、皱缩、加厚,果实肿大、中空成囊状,引起落叶、落果,严重的引起枝条枯死,影响观赏效果。

(1)桃缩叶病。除为害桃树外,还可为害樱花、李、杏、梅等观赏植物。发病后,引起落叶、落花、落果,减少新梢生长量,严重时树势衰退。

①危害症状。病菌主要为害叶片,也能侵染嫩梢、花、果实。叶感病后,波浪状皱缩卷曲,呈黄色至紫红色,加厚,变脆。叶正面出现一层灰白色粉层,即病菌的子实层,有时叶背面也可见灰白色粉层。后期病叶干枯脱落。病梢为灰绿色或黄色,节间短缩肿胀,着生成丛、卷曲的叶片,严重时病梢枯死。幼果发病初期果皮上出现黄色或红色的斑点,稍隆起,病斑随果实长大,逐渐变为褐色,龟裂,早落(图5-11)。

②病原。病原菌为畸形外囊菌[*Taphrina deformans* (Berk.) Tul.],属子囊菌亚门、半子囊菌纲、外子囊菌目、外囊菌属。

③发生规律。病菌以厚壁芽孢子在树皮、芽鳞上越夏和越冬。翌年春天,成熟的子囊孢子或芽孢子随气流等传播到新芽上,从气孔或上、下表皮侵入。病菌侵入后,在寄主表皮下或在栅栏组织的细胞间隙中蔓延,刺激寄主组织细胞大量分裂,胞壁加厚,病叶肥厚皱缩、卷曲并变红。

图 5-11　桃缩叶病
1.症状　2.子囊及子囊孢子

早春温度低、湿度大有利于病害的发生。如早春桃芽膨大期或展叶期雨水多、湿度大,发病重;但早春温暖干旱时,发病轻。缩叶病发生的最适温度为10～16℃,但气温上升到21℃,病情减缓。此病于4～5月为发病盛期,6～7月后发病停滞。无再次侵染。

(2)茶饼病。茶饼病在我国的湖南、广西、广东、湖北、河南、浙江、江西、贵州、四川等地均有发生。常造成花、叶畸形、枯梢和病叶早落,影响观赏效果。

①危害症状。病菌侵害嫩叶、嫩梢、花及子房。病叶正面初生淡黄色、半透明、近圆形病

斑,病斑扩大,使病部叶背肥肿,有的略卷曲;后期病部产生一层白色粉状物,为病菌的子实层。白色粉状物飞散后,病叶枯萎脱落。嫩梢感病后肥肿而粗短,由淡红色变为灰白色,后出现白色粉状物,最后嫩梢枯死(图 5-12)。

②病原。病原菌为细丽外担子菌 [*Exobasidium gracile* (Shirai) Syd.],属担子菌亚门、层菌纲、外担子菌目、外担子菌属。

③发生规律。病原菌是一种强寄生菌。以菌丝体在寄主组织内越冬。翌年春天产生担孢子,随风传播。潜育期约为 7~17 d。病害一般 1 年发生 1 次。常在 3 月中旬开始发病,4~5 月为发病盛期。病菌喜在温度较低、雨量较多、阴湿的条件下生长繁殖。

叶畸形类防治措施:

①清除侵染来源。生长季节发现病叶、病梢和病花,要在灰白色子实层产生以前摘除并销毁,防止病害进一步传播蔓延。

②加强栽培管理,提高植株抗病力。种植密度或花盆摆放不宜过密,使植株间有良好的通风透光条件。避免积水,促进植株生长,提高抗病能力。

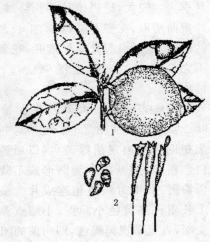

图 5-12　茶饼病
1. 症状 2. 担子及担孢子

③化学防治。在重病区,发芽展叶前,喷洒 3~5 °Bé 的石硫合剂保护;发病期喷洒 0.5°Bé 的石硫合剂、65%代森锌可湿性粉剂 400~600 倍液或 0.2%~0.5%硫酸铜液 3~5 次。

2. 白粉病类

白粉病主要为害花木的嫩叶、幼芽、嫩梢和花蕾。病症非常明显,在发病部位覆盖有一层白色粉层。引起观赏植物白粉病的常见病原菌是白粉菌属(*Erysiphe*)、单囊壳属(*Sphaerotheca*)、内丝白粉菌属(*Leveillula*)、叉丝壳属(*Microsphaera*)、叉丝单囊壳属(*Podosphaera*)。

(1)瓜叶菊白粉病。白粉病是瓜叶菊温室栽培中的主要病害。除瓜叶菊外,此病还发生在菊花、金盏菊、波斯菊、百日菊等多种菊科花卉上。

①危害症状。此病主要为害叶片,严重时也可发生在叶柄、嫩茎以及花蕾上。发病初期,叶面上出现不明显的白色粉霉状病斑,后来成近圆形或不规则形黄色斑块,上覆一层白色粉状物,严重时多个病斑相连白粉层覆盖全叶。在严重感病的植株上,叶片和嫩梢扭曲,新梢生长停滞,花朵变小,有的不能开花,最后叶片变黄,枯死。发病后期,叶面的白粉层变为灰白色或灰褐色,其上可见黑色小点粒——病菌的闭囊壳(图 5-13)。

②病原。病原菌为二孢白粉菌(*Erysiphe eichoracearum* DC.),属子囊菌亚门、核菌纲、白粉菌目、白粉菌属。闭囊壳上附属丝多,菌丝状;子囊 6~21 个,卵形或短椭圆形;子囊孢子 2 个,少数 3 个,椭圆形。该菌的无性阶段为豚草粉孢霉属(*Oidium ambrosiae* Thum.)分生孢子椭圆形或圆筒形。

③发生规律。病原菌以闭囊壳在病株残体上越冬。翌年病菌借助气流和水流传播,孢子萌发后以菌丝自表皮直接侵入寄主表皮细胞。该病的发生与温度关系密切,15~20℃有利于病害的发生,7~10℃以下时,病害发生受到抑制。病害的发生一年中有两个高峰,苗期发病盛期为 11~12 月,成株发病盛期为 3~4 月。

(2)月季白粉病。月季白粉病是一种常见病害，在我国各地均有发生。该病对月季为害较大，轻则使月季长势减弱、嫩叶片扭曲变形、花姿不整，影响生长和失去观赏价值，重则引起月季早落叶、花蕾畸形或不完全开放。该病也侵染玫瑰、蔷薇等植物。

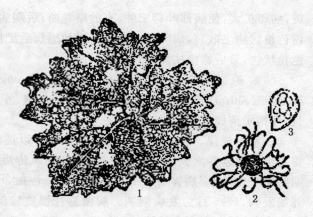

图 5-13　瓜叶菊白粉病
1.症状　2.闭囊壳　3.子囊及子囊孢子

①危害症状。大多发生在植株的嫩叶、幼芽、嫩枝及花蕾上。老叶较抗病。发病初期病部出现褪绿斑点，以后逐渐变成白色粉斑，逐渐扩大为圆形或不规则形的白粉斑，严重时病斑相连成片。最后粉斑上长出许多黄色小圆点，小圆点颜色逐渐变深，直至呈现黑褐色，即病菌的闭囊壳。月季芽受害后，展开的叶片上、下两面都布满了白粉层，叶片皱缩、反卷、变厚，呈紫绿色，感病的叶柄及皮刺上的白粉层很厚，难剥离。花蕾染病时表面被满白粉，不能开花或花姿畸形。严重时，叶片干枯，花蕾凋落，甚至整株死亡（图 5-14）。

②病原。引起此病的病原常见的有以下两种：

a.叉丝单囊壳菌（*Podosphaera oxyaconthae*（DC.）Debary），属子囊菌亚门、核菌纲、白粉菌目、叉丝单囊壳属。

b.单囊白粉菌（*Sphaerotheca fulinea*（Schlecht.）Salm），属子囊菌亚门、核菌纲、白粉菌目、单囊白粉菌属。

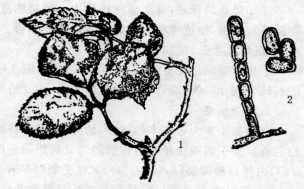

图 5-14　月季白粉病
1.症状　2.白粉菌粉孢子

③发生规律。病原菌主要以菌丝体在芽中越冬，闭囊壳也可以越冬，但一般情况下，月季上较少产生闭囊壳。翌年春季病菌随芽萌动而开始活动，侵染幼嫩部位，3 月中旬产生粉孢子。粉孢子主要通过风的传播，直接侵入。病原菌生长的最适温度为 21℃；最低温度为 3℃，最高温度为 33℃。露地栽培月季以春季 4～6 月和秋季 9～10 月发病较多，温室栽培可整年发生。

温室内光照不足、通风不良、空气湿度高、种植密度大，发病严重；氮肥施用过多，土壤中缺钙或过干的轻沙土，有利于发病；温差变化大、花盆土壤过干等，使寄主细胞膨压降低，都将减弱植物的抗病力，有利于白粉病的发生。一般小叶、无毛的蔓生、多花品种较抗病。

(3)紫薇白粉病。紫薇白粉病在我国普遍发生。白粉病使紫薇叶片枯黄，引起早落叶，影响树势和观赏。

①危害症状。主要侵染叶片，嫩叶比老叶易感病。嫩梢和花蕾也会受侵染。叶片展开即可受侵染，初期，叶片上出现白色小粉斑，扩大后为圆形病斑，白粉斑可连接成片，有时白粉层覆盖整个叶片。叶片扭曲变形，枯黄早落。发病后期白粉层上出现由白而黄，最后变为黑色的

小点粒——闭囊壳(图 5-15)。

②病原。病原菌是南方小钩丝壳菌 [*Uneinuliella australiana*(MoAlp.)Zhehg& Chen],属子囊菌亚门、核菌纲、白粉菌目、小钩丝壳属。

③发生规律。以菌丝体在病芽、或以闭囊壳在病落叶上越冬,粉孢子由气流传播;生长季节有多次再侵染。粉孢子萌发最适宜的温度为 19～25℃,温度范围为 5～30℃,空气相对湿度为 100%,自由水更有利于粉孢子萌发。

紫薇发生白粉病后,其光合作用强度降低,病叶组织蒸腾强度增加,从而加速叶片的衰老、死亡。紫薇白粉病主要发生在春、秋季,秋季发病为害最为严重。

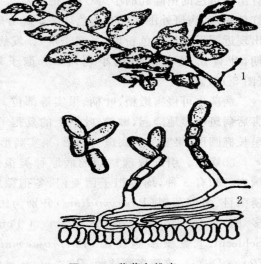

图 5-15 紫薇白粉病
1.白粉病症状 2.白粉菌粉孢子

(4)白粉病的防治措施。

①清除侵染来源。秋冬季结合清园扫除枯枝落叶,生长季节结合修剪整枝及时除去病芽、病叶和病梢,以减少侵染来源。

②加强栽培管理,提高园林植物的抗病性。适当增施磷、钾肥,合理使用氮肥;种植不要过密,适当疏伐和合理修剪,以利于通风透光;及时清除感病植株,摘除病叶,剪去病枝,是减少棚室花卉白粉病发生的有效措施。尽可能地选择抗病品种。例如,月季可选白金、女神、爱斯来拉达、爱、金凤凰等抗白粉病的品种。

③喷药防治。盆土或苗床、土壤药物杀菌,可用 50%甲基硫菌灵与 50%福美双(1:1)混合药剂 600～700 倍液喷洒盆土或苗床、土壤,可达杀菌效果。发芽前喷施 3～4°Bé 石硫合剂(瓜叶菊上禁用);生长季节用 25%粉锈宁可湿性粉剂 2 000 倍液、30%氟菌唑800～1 000 倍液、80%代森锌可湿性粉剂 500 倍液、70%甲基托布津可湿性粉剂 1 000～1 200 倍液、50%退菌特 800 倍液或 15%绿帝可湿性粉剂 500～700 倍液进行喷雾,每隔 7 ～10 d 喷 1 次,喷药时先叶后枝干,连喷 3～4 次,可有效地控制病害发生。在温室内可用 45%百菌清烟剂熏烟,每亩用药量为 250 g,也可将硫磺粉涂在取暖设备上任其挥发,能有效地防治月季白粉病(使用硫磺粉的适宜温度为 15～30℃,最好夜间进行,以免白天行人受害)。喷洒农药应注意,整个植株均要喷到,药剂要交替使用,以免白粉菌产生抗药性。

3.锈病类

锈病是观赏植物中的一类常见病害。园林植物受害后,发病部位产生黄褐色锈状物,常造成提早落叶、花果畸形、嫩梢易折,影响植物的生长,降低植物的观赏性。

观赏植物锈病中常见的病原菌有柄锈属(*Puccinia*)、单胞锈属(*Uromyces*)、多胞锈属(*Phraymidium*)、胶锈属(*Gymnosoporagium*)、柱锈属(*Cronartium*)等。

(1)玫瑰锈病。玫瑰锈病为世界性病害。该病还可为害月季、野玫瑰等植物,感病植物提早落叶,削弱植物生长势,影响观赏效果,减少切花产量。

①危害症状。病菌主要为害叶片和芽。玫瑰芽受害后,展开的叶片布满鲜黄色粉状物,叶

背出现黄色的稍隆起的小斑点(锈孢子器)。小斑点最初生于表皮下,成熟后突破表皮,散出橘红色粉末,病斑外围往往有褪色环圈。随着病情的发展,叶片背面(少数地区叶正面也会出现)出现近圆形的橘黄色粉堆(夏孢子堆)。发病后期,叶背出现大量黑色小粉堆(冬孢子堆)(图 5-16)。

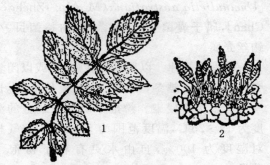

图 5-16　玫瑰锈病.
1.症状　2.冬孢子堆

病菌也可侵害嫩梢、叶柄、果实等部位。受害后病斑明显地隆起,嫩梢、叶柄上的夏孢子堆呈长椭圆形,果实上的病斑为圆形,果实畸形。

②病原。引起玫瑰锈病的病原种类很多,国内已知有 3 种,均属担子菌亚门、冬孢菌纲、锈菌目、多胞菌属(*Phraymidium*)分别为短尖多胞锈菌 [*Ph. mucronatum* (Pers.) Schlecht.]、蔷薇多胞锈菌(*Ph. rosae-multiflorae* Diet.)、玫瑰多胞锈菌(*Ph. rosaerugprugosae* Kasai)。

③发生规律。该病原菌为单主寄生。病原菌以菌丝体在病芽、病组织内或以冬孢子在病落叶上越冬。次年芽萌发时,冬孢子萌发产生担孢子,侵入植株幼嫩组织,在嫩芽、嫩叶上产生橙黄色粉状的锈孢子。4 月中旬,在叶背产生橙黄色的夏孢子,经风雨传播后,由气孔侵入进行第一次侵染,以后条件适宜时,叶背不断产生大量夏孢子,进行多次再侵染,病害迅速蔓延。发病的最适温度为 18～21℃。一年中以 6～7 月发病比较重,秋季有一次发病小高峰。温暖、多雨、多露、多雾的天气有利于病害的发生;偏施氮肥会加重病害的为害。

(2)草坪草锈病。草坪草锈病是草坪草上的常见病害,发生非常普遍。锈病发生严重时,草坪草过早地枯黄,降低使用价值及观赏性。

①危害症状。该病主要发生在结缕草的叶片上,发病严重时也侵染草茎。发病初期叶片上下表皮均可出现疱状小点,逐渐扩展形成圆形或长条状的黄褐色病斑——夏孢子堆,稍隆起。夏孢子堆在寄主表皮下形成,成熟后突破表皮裸露呈粉堆状,橙黄色。夏孢子堆长 1 mm左右。冬孢子堆生于叶背,黑褐色、线条状,长1～2 mm,病斑周围叶肉组织失绿变为浅黄色。发病严重时整个叶片枯黄、卷曲干枯(图 5-17)。

②病原。结缕草柄锈菌(*Puccinia zoysiae* Diet.)是细叶结缕草锈病的病原菌,属担子菌亚门、冬孢菌纲、锈菌目、柄锈菌属。细叶结缕草锈病菌为转主寄生锈菌,其性孢子器及锈孢子器生于转主寄主鸡矢藤等植物上。

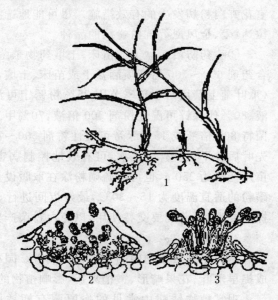

图 5-17　细叶结缕草锈病
1.症状　2.锈病菌夏孢子堆　3.冬孢子堆

③发生规律。病原菌可能以菌丝体或冬孢子堆,在病株或病植物残体上越冬。细叶结缕草 4～5 月叶片上出现褪绿色病斑,5～6 月及秋末发病较重,9～10 月草叶枯黄。9 月底、10 月

初产生冬孢子堆。病原菌生长发育适温为 17～22℃；空气相对湿度在 80% 以上有利于侵入。光照不足，土壤板结，土质贫瘠，偏施氮肥的草坪发病重；病残体多的草坪发病重。

（3）海棠锈病。海棠锈病又名梨桧锈病。主要为害海棠及其仁果类观赏植物和桧柏。该病使海棠叶片病斑密布、枯黄早落，造成桧柏针叶小枝干枯、树冠稀疏，影响观赏效果。

①危害症状。主要为害海棠的叶片，也可为害叶柄、嫩枝、果实。感病初期，叶片正面出现橙黄色、有光泽的小圆斑，病斑边缘有黄绿色的晕圈，其后病斑上产生针头大小的黄褐色小颗粒为病菌的性孢子器。大约 3 周后病斑的背面长出黄白色的毛状物，即病菌的锈孢子器。叶柄、果实上的病斑明显隆起，多呈纺锤形，果实畸形并开裂。嫩梢发病时病斑凹陷，病部易折断。

秋冬季病菌为害转主寄主桧柏的针叶和小枝，最初出现淡黄色斑点，随后稍隆起，产生黄褐色圆锥形角状物为病菌的冬孢子角，翌年春天，冬孢子角吸水膨胀为橙黄色的胶状物，犹如针叶树"开花"（图 5-18）。

②病原。主要有 2 种：山田胶锈菌（*Gymnosporangium yamadai* Miyabe）和梨胶锈菌（*G. haraeanum* Syd.），均属担子菌亚门、冬孢菌纲、锈菌目、胶锈菌属。

③发生规律。以菌丝体在桧柏上越冬，可存活多年。翌年三四月冬孢子成熟，春雨后，冬孢子角吸水膨大成花朵状，当日平均气温达 10.6℃ 以上，旬平均温度达 8.2℃ 以上时，萌发产生担孢子；担孢子借风雨传播到海棠的嫩叶、叶柄、嫩枝、果实上，萌发产生芽管直接由表皮

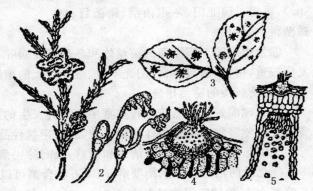

图 5-18　海棠锈病
1. 桧柏上的冬孢子角　2. 冬孢子萌发
3. 海棠叶上的症状　4. 性孢子器　5. 锈孢子器

侵入；经 6～10 d 的潜育期，在叶正面产生性孢子器；约 3 周后在叶背面产生锈孢子器。锈孢子借风雨传播到桧柏上侵入新梢越冬。该病菌无夏孢子，故生长季节没有再侵染。春季多雨气温低或早春干旱少雨发病轻，春季温暖多雨则发病重。海棠与桧柏类针叶树混栽发病就重。

（4）萱草锈病。萱草锈病在河北、四川、湖南、江苏、浙江、上海、北京等省市均有发生。为害萱草叶、花梗、花蕾，严重时全株叶片枯死，直接影响植株生长。

①危害症状。病害在叶片背面及花梗上，先产生黄色疱状斑点，为病菌的夏孢子堆。表皮破裂后散出黄褐色的粉状物，便是夏孢子，夏孢子堆周围往往失绿而呈淡黄色。严重时叶上布满夏孢子堆，整叶变黄。后期在病部产生黑褐色长椭圆形或条状的冬孢子堆，埋生于表皮下，非常紧密，表皮不破裂。锈病严重为害时全株叶片枯死，花梗变红褐色。花蕾干瘪或凋谢脱落，可减产 30% 以上（图 5-19）。

②病原。为萱草柄锈菌（*Puccinia hemerocallidis* Thum.），属担子菌亚门、冬孢菌纲、锈菌目、柄锈菌科、柄锈属。

③发生规律。本病为转主寄生的病害，败酱草（*Patrinia villosa* Juss）是其第二寄主。病菌以菌丝或冬孢子堆在残存病组织上越冬，第二年 6 月至上旬发病。气温 25℃，相对湿度

85%以上,有利病害发生。种植过密、地势低洼、排水不良时病重。氮肥过多,或土黏贫瘠时病重。

(5)驳骨草锈病。

①危害症状。初期出现针头凸起小点,渐扩大为圆形病斑,直径 3～15 mm,中间黄褐色至褐色,边缘有一明显黄色环带;病部叶面凹,叶背隆起,常几个病斑联结成斑块,使叶片变形,扭曲,干枯。感病的叶背产生近轮状排列黑褐色的粉状物。

②病原。病原为柄锈病(*Puccinia* sp.),属担子菌亚门、冬孢菌纲、锈菌目、柄锈菌科、柄锈属。

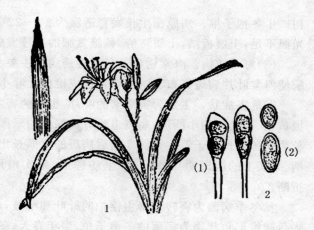

图 5-19 萱草锈病
1.症状 2.病原:(1)冬孢子 (2)夏孢子

③发生规律。病原菌的菌丝体和冬孢子在病叶上越冬,借风、雨传播,4～6 月和秋末冬初发病较重,密植,通风不良、阳光不足、湿度过大的植株发病重。

(6)锈病类的防治措施。

①合理配置植物是防止转主寄生的锈病发生的重要措施。为了预防海棠锈病,在植物配置上要避免海棠和桧柏类针叶树混栽,或选用抗性品种。

②清除侵染来源。结合清理和修剪,及时除去病枝、病叶并集中烧毁。

③化学防治。在休眠期喷洒 3°Bé 石硫合剂可以杀死在芽内及病部越冬的菌丝体;生长季节喷洒 25%粉锈宁可湿性粉剂 1 500～2 000 倍液或 12.5%烯唑醇可湿性粉剂3 000～6 000倍液或 65%的代森锌可湿性粉剂 500 倍液,可起到较好的防治效果。

4.煤污病类

煤污病是观赏植物上的常见病害。发病部位的黑色"煤烟层"是煤污病的典型特征。由于叶面布满了黑色"煤烟层"使叶片的光合作用受到抑制,既削弱植物的生长势,又影响植物的观赏效果。

(1)花木煤污病。煤污病在南方各省份的花木上普遍发生,发病部位的黑色"煤烟层"削弱植物的生长势,影响观赏效果。

①危害症状。主要为害植物的叶片,也能为害嫩枝和花器。黑色"煤烟层"是各种花木煤污病的典型特征(图 5-20)。

②病原。引起花木煤污病的病原菌种类有多种。常见的病菌其有性阶段为子囊菌亚门、核菌纲、小煤炱菌目、小煤炱属(*Meliola* sp.)和子囊菌亚门、腔菌纲、座囊菌目、煤炱菌属(*Capnodium* sp.),其无性阶段为半知菌亚门、丝孢菌纲、丛梗孢目、烟霉属的散播霉菌(*Fumago vagans* Pers)。煤污病病原菌常见的是无性阶段,其菌丝匍匐于叶面,分生孢子梗暗色,分生孢子顶生或侧生,有纵横隔膜作砖状分隔,暗褐色,常形成孢子链。

③发生规律。主要以菌丝、分生孢子或子囊孢子越冬。翌年温湿度适宜,叶片及枝条表面有植物的渗出物、蚜虫的蜜露、介壳虫的分泌物时,分生孢子和子囊孢子就可萌发并在其上生长发育。菌丝和分生孢子可由气流、蚜虫、介壳虫等传播,进行再次侵染。病菌以昆虫的分泌物或植物的渗出物为营养。

温度适宜、湿度大，发病重；花木栽植过密，环境阴湿，发病重；蚜虫、介壳虫为害重时，发病重。露天栽培的情况下，一年中煤污病的发生有两次高峰，3～6月和9～12月。温室栽培的花木，煤污病可整年发生。

（2）煤污病的防治措施。煤污病的防治以及时防治蚜虫、介壳虫的为害为防治本病的重要措施。

①加强管理，创造不利于煤污病发生的环境条件。适当的栽植密度，适时修剪、整枝，改善通风透光条件，降低湿度。

②药剂防治。喷施杀虫剂防治蚜虫、介壳虫的为害；在植物休眠季节喷施3～5°Bé石硫合剂以杀死越冬病菌，在发病季节喷施0.3°Bé石硫合剂，有杀虫治病的效果。

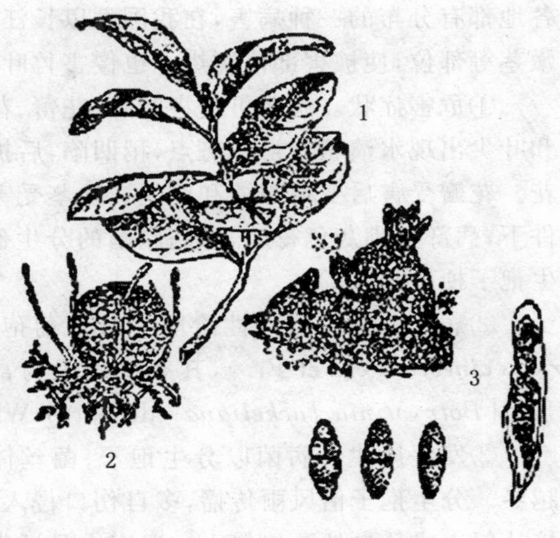

图5-20　山茶煤污病
1.病叶　2.山茶小煤炱的子囊壳
3.茶煤炱菌的子囊腔、子囊及子囊孢子

5.灰霉病类

灰霉病是草本观赏植物的最常见病害。灰霉病的病症很明显，在潮湿情况下病部会形成显著的灰色霉层。灰葡萄孢霉（*Botrytis cinerea*）是最重要的病原菌，该菌寄主范围很广，几乎能侵染每一种草本观赏植物。

（1）仙客来灰霉病。仙客来灰霉病是世界性病害，尤其是温室花卉发病十分普遍，我国仙客来栽培地区均有发生。还能为害月季、倒挂金钟、百合、扶桑、樱花、白兰花、瓜叶菊、芍药等多种观赏植物，造成叶、花腐烂，严重时导致植株死亡。

①危害症状。仙客来的叶片、叶柄、花梗和花瓣均可发生此病。叶片发病初期，叶缘出现暗绿色水渍状病斑，病斑迅速扩展，可蔓延至整个叶片。病叶变为褐色，以至干枯或腐烂。叶柄、花梗和花瓣受害时，均发生水渍状腐烂。在潮湿条件下，病部产生灰色霉层，即病原菌的分生孢子和分生孢子梗（图5-21）。

②病原。病原菌为灰葡萄孢霉（*Botrytis cinerea* Pers et Fr.），属半知菌亚门、丝孢纲、丛梗孢目、葡萄孢属。

③发生规律。病菌的分生孢子、菌丝体、菌核在病组织或随病株残体在土中越冬。翌年借助于气流、灌溉水以及园艺措施等途径传播到侵染点，直接从表皮侵入，或由老叶的伤口、开败的花器以及其他的坏死组织侵入。病部所产生的分生孢子是再侵染的主要来源。该病一年中有两次发病高峰，即2～4月和7～8月。温度20℃左右，相对湿度90%以上，有利于发病。温室大棚温度适宜、湿度大，适宜该病的发生，如果管理不善，该病整年都可以发生且严重。室内花盆摆放过密、施用氮肥过多引起徒长、浇水不当以及光照不足等，加重病害的发生。土壤黏重、排水不良、光照不足、连作的地块发病重。

（2）月季灰霉病。月季灰霉病又名四季海棠灰霉病，是世界

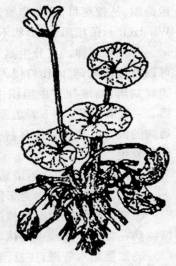

图5-21　仙客来灰霉病

各地都有分布的一种病害,在我国尤以长江以南多雨地区发病严重。为害月季叶片、花、花蕾、嫩茎等部位,使被害部位腐烂。也侵害竹叶海棠、斑叶海棠等。

①危害症状。病菌可侵害叶片、花蕾、花瓣和幼茎,但以为害花器为主。叶片受害,在叶缘和叶尖出现水渍状淡褐色斑点,稍凹陷,后扩大并发生腐烂。花蕾受害变褐枯死,不能正常开花。花瓣受害后变褐皱缩和腐烂。幼茎受害也发生褐色腐烂,造成上部枝叶枯死。在潮湿条件下,病部长满灰色霉层,即病原菌的分生孢子和分生孢子梗(图 5-22)。

②病原。病原菌无性阶段为灰葡萄孢霉(*Botrytis cinerea* Pers et Fr.),其有性阶段为富氏葡萄盘菌[*Botryotinia fuckeliana* (de Bary) Whetzel]。

③发生规律。病菌以分生孢子、菌丝体和菌核越冬。分生孢子借风雨传播,多自伤口侵入,也可直接从侵入或从自然孔口侵入。湿度大是诱发灰霉病的主要原因。播种过密,植株徒长,植株上的衰败组织不及时摘除,伤口过多以及光照不足,温度偏低,可加重该病的发生。

图 5-22 月季灰霉病
1. 症状 2. 病原:(1)分生孢子梗 (2)分生孢子

(3)四季海棠灰霉病。四季海棠灰霉病是温室中常见的病害。该病引起秋海棠叶片、茎、花冠的腐烂坏死,降低观赏性。除四季海棠外,还能侵染竹叶海棠、斑叶海棠。

①危害症状。灰霉病侵害秋海棠的绿色器官。发病初期,叶缘部位先出现褐色至红褐色的水渍状病斑,逐渐褪色腐烂,整个叶片变黑。花冠发病时花瓣上有褐色的水渍状斑,萎蔫后变为褐色。在高湿度条件下,发病部位着生有密集的灰褐色霉层,即病原菌的分生孢子及分生孢子梗。茎干发病往往是近地面茎基的分枝处先受侵染,病斑不规则,深褐色、水渍状。病斑也发生在茎节之间,病枝干上的叶片变褐下垂,发病部位容易折断。

②病原。灰霉病病原菌为灰葡萄孢霉(*Botrytis cinerea* Pers. ex Fr.),属半知菌亚门、丝孢菌纲、丛梗孢目、葡萄孢属。有性阶段为富氏葡萄孢盘菌[*Botryotinia,fuckeliana*(de Bary) Whetzel.],菌核黑色,形状不规则。

③发生规律。以分生孢子、菌丝体在病残体及发病部位越冬。病菌由气孔、伤口侵入,也可以直接侵入,但以伤口侵入为主。病原菌能分泌分解细胞的酶和多糖类的毒素,导致寄主组织腐烂解体,或使寄主组织中毒坏死。病原菌分生孢子主要由风传播,也可通过雨水飞溅传播。一般情况下,3~5月温室花卉容易发生灰霉病。寒冷、多雨、潮湿的天气,通常会诱发灰霉病的流行。这种条件有利于病原菌分生孢子的形成、释放和侵入。缺钙、多氮也能加重灰霉病的发生。

(3)灰霉病类的防治措施。

①控制温室湿度。为了降低棚室内的湿度,应经常通风,最好使用换气扇或暖风机。

②清除侵染来源。种植过有病花卉的盆土,必须更换掉或者经消毒之后方可使用。及时清除病花、病叶,拔除重病株,集中销毁。

③加强肥水管理,注意园艺操作。定植时要施足底肥,适当增施磷钾肥,控制氮肥用量。要避免在阴天和夜间浇水,最好在晴天的上午浇水,浇水后应通风排湿。一次浇水不宜太多。尽量避免在植株上造成伤口,以防病菌侵入。

④药剂防治。生长季节喷药保护,可选用70%甲基托布津可湿性粉剂800～1 000倍液、或50%多菌灵可湿性粉剂1 000倍液或50%农利灵可湿性粉剂1 500倍液进行叶面喷雾。每两周喷1次,连续喷3～4次。有条件的可试用10%绿乳油300～500倍液或15%绿可湿性粉剂500～700倍液。为了避免产生抗药性,要注意交替和混合用药。在温室大棚内使用烟剂和粉尘剂,是防治灰霉病的一种方便有效的方法。用50%速克灵烟剂熏烟,每亩的用药量为200～250 g,或用45%百菌清烟剂,每亩的用药量为250 g,于傍晚分几处点燃后,封闭大棚或温室,过夜即可。有条件的可选用5%百菌清粉尘剂,或10%灭克粉尘剂,或10%腐霉利粉剂喷粉,每亩用药粉量为1 000 g。烟剂和粉尘剂每7～10 d用1次,连续用2～3次,效果很好。

6.叶斑病类

叶斑病是叶片组织受病菌的局部侵染,而形成各种类型斑点的一类病害的总称。叶斑病又可分为黑斑病、褐斑病、圆斑病、角斑病、斑枯病、轮斑病等种类。这类病害的大多数后期往往在病斑上产生各种小颗粒或霉层。叶斑病严重影响叶片的光合作用效果,并导致叶片的提早脱落,影响植物的生长和观赏效果。

(1)君子兰细菌性软腐病。此病害俗称烂头病,是君子兰中最严重的叶斑病。我国君子兰栽培地区均有分布。该病常造成君子兰全叶腐烂、整株腐烂,造成严重经济损失。

①危害症状。主要为害君子兰叶片和假鳞茎。发病初期,叶片上出现水渍状斑,后迅速扩展,病组织腐烂呈半透明状,病斑周围有黄色晕圈,较宽。在温湿度适宜的情况下,病斑扩展快,全叶腐烂解体呈湿腐。茎基发病也出现水渍状斑点,后成淡褐色病斑,病斑扩展很快,蔓延到整个假鳞茎,组织腐烂解体呈软腐状,有微酸味。发生在茎基的病斑也可以沿叶脉向叶片扩展,导致叶腐烂,从假鳞茎上脱落。

②病原。君子兰软腐病病原细菌有2种,同属于细菌纲、真细菌目、欧文氏杆菌属。一种为菊欧文氏菌(*Erwinia chrysanthemi* Burknolder et Dimock)。菌体杆状,周生鞭毛,革兰氏阴性菌。另一种为软腐欧文氏菌黑茎病变种[*E. carotovora* var. *atroseptica*(Hellmers et Dowson)Dye]。菌体杆状,周生鞭毛4～6根。菌落淡灰白色,近圆形,稍隆起,菌落黏质状。

③发生规律。病原细菌在土壤中的病株残体上或在土壤内越冬,在土中能存活几个月。由雨水传播,也可通过病、健相互接触传播或工具传播。由伤口侵入,潜育期短,2～3 d,生长季节有多次再侵染。高温高湿有利于发病。茎心淋雨或浇水不慎灌入茎心,是该病发生的主要诱因。

(2)山茶藻斑病。藻斑病主要影响植物的光合作用,使植株生长不良。

①危害症状。藻斑病侵害叶片和嫩枝。发病初期,叶片上出现针头大小的灰白色、灰绿色、黄褐色的圆斑,后扩大成圆形或不规则形的隆起斑,病斑边缘为放射状或羽毛状,病斑上有纤维状细纹和绒毛。藻斑的颜色因寄主不同而异,在含笑上为暗绿色,在山茶上为橘黄色(图5-23)。

②病原。藻斑病的病原物是头孢藻(*Cephaleuros virescsns* Kunze.)和寄生藻(*C. parasitus* Karst.),两者均为绿藻纲、橘色藻科、头孢藻属。头孢藻是最常见的病原物。孢囊梗呈分叉,顶端膨大,近圆形,上生8～12个卵形孢子囊;孢子囊黄褐色;游动孢子椭圆形,双鞭毛,无色。

③发生规律。头孢藻以线网状营养体在寄主组织内越冬。孢子囊及游动孢子在潮湿条件

下产生,由风雨传播。高温、高湿有利于游动孢子的产生、传播、萌发和侵入。栽植密度密度过大、通风透光不良、土壤贫瘠、淹水、天气闷热、潮湿均能加重病害的发生。

(3)茶花灰斑病。此病害又名山茶轮斑病,该病在我国发生普遍,且有些地区发病严重。该病在山茶叶上形成大的枯斑,引起叶枯、早落。该病还侵染茶梅、茶、木兰、杜鹃等植物。

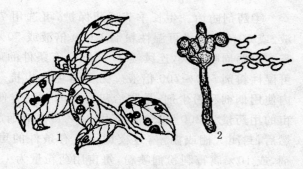

图5-23 山茶藻斑病
1.症状 2.游动孢子和孢子囊

①危害症状。山茶灰斑病主要为害叶片,也侵害嫩梢及幼果。病斑多发生在叶缘或叶尖。发病初期,叶片正面出现浅绿色的或暗褐色的小斑点,逐渐扩大形成圆形、半圆形或不规则的大病斑,病斑褐色至黑色,后期病斑变为灰白色,但病斑边缘为暗褐色,稍隆起。病斑可以相互连合占据叶片的大部分,导致叶片早落。后期,病斑上着生许多较粗大的黑色点粒,即为病原菌的分生孢子盘。在潮湿条件下,从黑点粒中挤出黑色的黏孢子团。嫩梢发病,病斑开始为淡褐色的水渍状长条斑,尔后病斑逐渐凹陷,病斑通常 3～4 mm 长,有时长达 10～30 mm。病梢往往从基部脱落。后期病斑上轮生子实体(图5-24。)

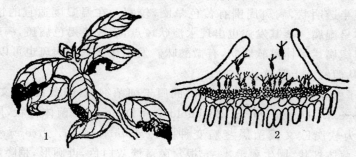

图5-24 山茶灰斑病
1.症状 2.分生孢子盘

②病原。山茶灰斑病病原菌是茶褐斑盘多毛孢(*Pestalotia puepini* Desm.),属半知菌亚门、丝孢菌纲、腔孢菌目、多毛孢属。有性阶段为赤叶枯菌[*Guignadia camelliae*(Cke.)Butler.]。

③发生规律。以分生孢子或分生孢子盘、或以菌丝体在病枯枝落叶上越冬。分生孢子由风雨传播;分生孢子自伤口侵入寄主组织,潜育期 10 d 左右。主要发生在 5～10 月。1 年有 2 个发病高峰,即 5 月至 6 月初;7 月至 8 月中旬。该病 10 月下旬发生处于停滞状态。

高温、高湿条件是该病发生的诱因;管理粗放,日灼、药害、机械损伤、虫伤等造成的大量伤口,均有利于病原菌的侵入。

(4)菊花褐斑病。该病侵染菊花,削弱菊花植株的生长,减少切花的产量,降低菊花的观赏性。

①危害症状。褐斑病主要为害菊花的叶片。发病初期,叶片上出现淡黄色的褪绿斑,或紫褐色的小斑点,逐渐扩大成为圆形的,椭圆形的或不规则形的病斑,褐色或黑褐色。后期,病斑

中央组织变为灰白色,病斑边缘为黑褐色。病斑上散生着黑色的小点粒,即病原菌的分生孢子器(图5-25)。

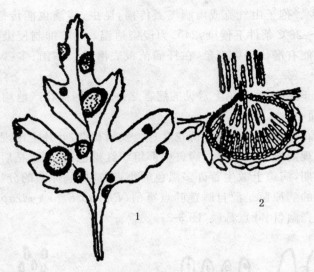

图5-25 菊花褐斑病
1.症状 2.分生孢子器

发病严重时叶片上病斑相互连接,使整个叶片枯黄脱落,或干枯倒挂于茎秆上。

②病原。菊花褐斑病病原菌是菊壳针孢菌(*Septoria chrysanthemella* Sacc.),属半知菌亚门、腔孢菌纲、球壳孢目、壳针孢属。分生孢子器球形或近球形,褐色至黑色;分生孢子梗短,不明显;分生孢子丝状,无色,有4~9个分隔。

③发生规律。以菌丝体和分生孢子器在病残体上越冬,成为次年的初侵染来源。分生孢子器吸水涨发溢出大量的分生孢子;由风雨传播;分生孢子从气孔侵入,潜育期约20~30 d。病害发育适宜温度为24~28℃。褐斑病的发生期是4~11月,8~10月为发病盛期。秋雨连绵、种植密度或盆花摆放密度大、通风透光不良,均有利于病害的发生。连作或老根留种及多年栽培的菊花发病均比较严重。

(5)菊花花腐病。花腐病是菊花上的重要病害。我国仅个别地区发现该病的为害,如杭州等市。该病主要侵染菊花花冠,流行快,几天之内可使花冠完全腐烂;也可以使切花在运销过程中大量落花,给商品菊花造成很大的损失。

①危害症状。该病主要侵染花冠,也侵染叶片、花梗和茎等部位。花冠顶端首先受侵染,通常在花冠的一侧,花冠畸形开"半边花",病害逐渐蔓延至整个花冠。在大多数情况下病害向花梗扩展数厘米,花梗变黑并软化,致使花冠下垂。未开放的花蕾受侵染时变黑、腐烂。叶片受侵染产生不规则的叶斑,叶片有时扭曲。分生孢子器初为琥珀色,成熟后变为黑色。花瓣上分生孢子器着生密集。

②病原。菊花黑斑亚隔孢壳菌[*Didymerella chrysanthemi* (Tassi.) Garibaldi & Gullino.],[*Mycosphaerella ligulicola* Baker, Dimock & Davis. =D. ligulicola (Baker, Dimock & Davis)von Arx=M. chrysanthemi F.]是该病的有性阶段,属子囊菌亚门、腔菌纲、座囊菌目、亚隔孢壳属(图5-26)。菊花壳二孢(*Ascothyta chrysanthemi* F.)是该病的无性阶段,属半知

菌亚门、腔孢菌纲、球壳菌目、壳二孢属。

③发生规律。以分生孢子器、子囊壳在病残组织上越冬。子囊壳在干燥的病残茎上大量形成,而花瓣上却较少。孢子由气流或雨滴飞溅传播,昆虫、雾滴也能传播。插条、切花、种子作远距离传播。在9～26℃条件下侵染,24℃为侵染适温,38℃抑制侵染。高温、干燥天气抑制孢子萌发。该病可能有潜伏侵染现象,在扦插苗根表潜伏。多雨、多露、多雾有利于病害的发生。

(6)荷花斑枯病。斑枯病是荷花上常见的病害之一。我国荷花产地均有发生,斑枯病使荷花生长衰弱,开花少而小。

①危害症状。荷花斑枯病主要为害荷花叶片。发病初期,叶片上出现许多褪绿的小斑点,以后逐渐扩大形成不规则形的大病斑。病斑中部组织红褐色,病斑干枯后呈浅褐色至深棕色,并具有轮纹。发病后期,病斑上散生着许多黑色的小点粒,即病原菌的分生孢子器。

②病原。斑枯病的病原菌是源自睡莲叶点霉菌(*Phyllosticta hydrophlla* Sacc.),属半知菌亚门、腔孢菌纲、球壳菌目、叶点霉属(图5-27)。

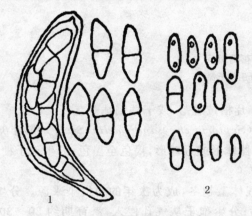

图 5-26　菊花花腐病病原菌

1.子囊及子囊孢子　2.分生孢子

(仿 A. SiVanesan)

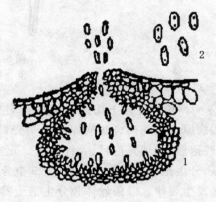

图 5-27　荷花斑枯病病原

1.分生孢子器　2.分生孢子

(仿李尚志)

③发生规律。病原菌以分生孢子器在病落叶上越冬,寄生性较强;病原菌分生孢子由风雨传播;分生孢子自伤口侵入或自表皮直接侵入。该菌生长适宜温度为25～30℃,温度范围为16～38℃,潜育期5～7 d。荷花斑枯病发生期为5～10月,8～9月为发病盛期。温度在23℃以上,降雨量在140 mm以上时发病严重。

病残体多、土壤贫瘠加重斑枯病的发生。新叶抽出期及结实期比开花期的叶片敏感,发病严重。立叶发病往往严重,浮叶发病轻,盆(缸)栽荷花发病严重,湖塘栽植的荷花发病轻。

(7)芍药褐斑病。此病害又称芍药红斑病。是芍药上的一种重要病害。该病也能侵害牡丹。常引起叶片早枯,致使植株矮小、花小且少,严重的会造成植株死亡。

①危害症状。病菌主要为害叶片,也能侵染枝条、花、果实。发病初期,叶背出现针尖大小的凹陷的斑点,逐渐扩大成近圆形或不规则形的病斑,叶缘的病斑多为半圆形。严重时病斑连接成片,叶片皱缩、枯焦。在湿度大时,叶背的病斑上产生墨绿色的霉层,即为病菌的分生孢子梗和分生孢子。幼茎、枝条、叶柄上的病斑长椭圆形,红褐色。叶柄基部、枝分叉处黑褐色溃疡

斑。病害在花上表现为紫红色的小斑点(图 5-28)。

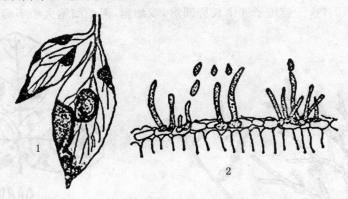

图 5-28 芍药褐斑病
1.症状 2.分生孢子及分生孢子梗

②病原。病原菌为牡丹枝孢霉(*Cladosporium paeoniae* Pass.),属半知菌亚门、丝孢纲、丛梗孢目、枝孢菌属。

③发生规律。病菌主要以菌丝体在病部或病株残体上越冬。翌年春天,在潮湿情况下产生分生孢子,借风雨传播,一般从伤口侵入,也可从表皮细胞直接侵入。潜育期短为 6 d 左右。春雨早、雨量适中,发病早、为害重;土壤贫瘠、含沙量大,植物生长势弱,发病重;种植过密、株丛过大,致使通风不良,加重病害发生。

(8)圆柏叶枯病。叶枯病是圆柏、侧柏、中山柏上的一种常见病害。该病不仅为害苗木及幼树,古树发病也重。该病造成针叶、嫩梢枯黄,树冠稀疏,生长势衰退,影响观赏效果。

①危害症状。病菌主要为害当年生针叶、新梢。发病初期,针叶由深绿色变为黄绿色,无光泽,最后针叶枯黄、早落。嫩梢发病初期,发生褪绿黄化,最后枯黄,枯梢当年不掉落(图 5-29)。

②病原。病原菌为细交链孢菌[*Aoternaria tenuis* Nees. ＝*A. fasciculate* (Cook et Ell.) Jones et Grout, *A. mali Roberts*, *A. solani* (E. et M.)Jones et Grourf. *symphoricarpi* Davis],属半知菌亚门、丝孢菌纲、丛梗孢目、交链孢霉属。

③发生规律。以菌丝体在病枝条上越冬。翌年春天产生分生孢子,由气流传播,自伤口侵入,潜育期 6～7 d 左右。在北京地区,5～6 月病害开始发生,发病盛期为 7～9 月。小雨有利于分生孢子的形成、释放、萌发。幼树和生长势弱的古树易于发病。

(9)月季黑斑病。月季黑斑病是月季上的一种重要病害,我国各月季栽培地区均有发生。月季感病后,叶片枯黄、早落,导致月季第二次发叶,影响月季的生长,降低切花产量,影响观赏效果。该病也能为害玫瑰、黄刺梅、金樱子等蔷薇属的多种植物。

①危害症状。病菌主要为害叶片,也能侵害叶柄、嫩梢等部位。在叶片上,发病初期正面出现褐色小斑点,后逐渐扩大成圆形、近圆形、不规则形的黑紫色病斑,病斑边缘呈放射状,这是该病的特征性症状。病斑中央灰白色,其上着生许多黑色小颗粒,即病菌的分生孢子盘。嫩梢、叶柄上的病斑初为紫褐色的长椭圆形斑,后变为黑色,病斑稍隆起。花蕾上的病斑多为紫褐色的椭圆形斑(图 5-30)。

②病原。病原菌为蔷薇放线孢菌[*Acinonema rosae* (Lib.) Fr.],属半知菌亚门、腔孢菌

纲、黑盘孢目、放线孢属。病菌的有性阶段为蔷薇双壳菌（*Diplocarpan rosae* Wolf.），一般很少发生。子囊壳黑褐色；子囊孢子 8 个长椭圆形，双细胞，两个细胞大小不等，无色。

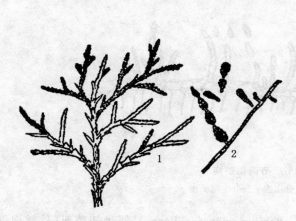

图 5-29　圆柏叶枯病
1.症状　2.分生孢子及分生孢子梗

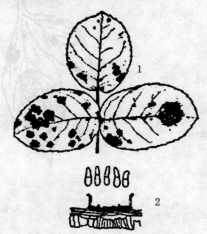

图 5-30　月季黑斑病
1.被害叶片　2.分生孢子盘及分生孢子

③发生规律。以菌丝体或分生孢子盘在芽鳞、叶痕及枯枝落叶上越冬。早春展叶期，产生分生孢子，通过雨水、喷灌水或昆虫传播。孢子萌发后直接穿透叶面表皮侵入。潜育期 7～10 d。不久即可产生大量的分生孢子，继续扩大蔓延，进行再侵染。在一个生长季节中有多次再侵染。雨水是该病害流行的主要条件。地势低洼积水处，通风透光不良，水肥不当、植株生长衰弱等都有利发病。多雨、多雾、露水重则发病严重。老叶较抗病，展开 6～14 d 的新叶最感病。

（10）香石竹叶斑病。此病害又名香石竹茎腐病、香石竹黑斑病，是一种世界性病害。发病严重时，全株叶片枯死，甚至导致整株死亡。

①危害症状。病害主要侵害香石竹叶片和茎干，也能侵染花器。病害始发于下部叶片，产生淡绿色水渍状小圆斑，后变成紫色。病斑扩大后，中央变成灰白色，边缘为褐色，直径为 4～5 mm。多个病斑连成不规则形大斑，致使整片叶子变黄、干枯，扭曲干枯的叶片倒挂在茎干上不脱落。潮湿时，病部产生黑色霉层，即病菌的分生孢子梗和分生孢子器。茎上病斑多发生在节及枝条分叉处或摘芽产生的伤口部位，灰褐色，不规则形，严重时可环割茎部使其上部枝叶枯死，呈褐色干腐。花梗上出现椭圆形病斑，使花蕾枯死。萼片上出现椭圆形、黄褐色水渍状病斑，常使花朵不能正常开放。受侵染的花瓣上出现椭圆形、水渍状褐色病斑。在天气潮湿情况下，所有发病部位均可以产生黑色霉层（图 5-31）。

②病原。病原菌为香石竹链格孢菌（*Alternaria dianthi* Stev. et Hall.），属半知菌亚门、丝孢菌纲、丛梗孢目、链格孢属。

③发生规律。病菌以菌丝体和分生孢子在土壤中的病残体上越冬，存活期一年。分生孢子借助于风雨传播，由气孔和伤口侵入或直接侵入。潜育期 10～60 d。露地栽培的香石竹发病期为 4～11 月，一年中发病有两个高峰，即梅雨季节和 9 月台风发生期。温室栽培情况下病害整年都可发生。老叶发病多而且重，新叶则发病少而且轻。连作发病严重。组培苗比扦插苗抗病。

(11)阔叶树毛毡病。阔叶树毛毡病在我国各地均有发生。主要为害杨、柳、白蜡、槭、枫杨、樟、榕树、青岗栎等绿化树种，也侵害梨、柑橘、葡萄、梅花、丁香、蝙蝠兰等观赏树种。影响树木叶片的光合作用，使叶片枯黄、早落，生长衰弱，影响观赏效果。

①危害症状。毛毡病侵染树木的叶片。发病初期，叶片背面产生白色、不规则形病斑，之后发病部位隆起，病斑上密生毛毡状物，灰白色。最后毛毡状物变为红褐色或暗褐色，有的为紫红色。毛毡状物是寄主表皮细胞受病原物的刺激后伸长和变形的结果。发病严重时，叶片发生皱缩或卷曲，质地变硬，引起叶片早落(图 5-32)。

图 5-31 香石竹叶斑病

1.症状 2.分生孢子

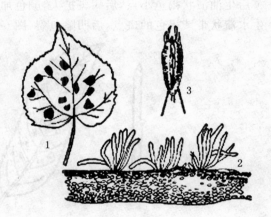

图 5-32 椴树毛毡病

1.症状 2.叶背毛毡状物 3.瘿螨

②病原。病原物是瘿螨(*Eriophyes* sp.)，属蛛形纲、瘿螨总科、绒毛瘿螨属。病原物的体形近圆形至椭圆形，黄褐色。头胸部有两对足，腹部较宽大，尾部较狭小，末端有 1 对细毛。背、腹面具有许多皱褶环纹，背部环纹很明显。卵球形，光滑，半透明。幼虫体形比成虫小，背、腹部环纹不明显。

常见的毛毡病病原有椴叶瘿螨(*E. tiloise-liosoma* Nal.)；槭叶瘿螨(*E. macrochelus eriobius* Nal.)；毛白杨瘿螨(*E. dispar* Nal.)；胡桃楸瘿螨(*E. tristriatus enineus* Nal.)；葡萄瘿螨(*E. vitis* Nal.)。

③发生规律。以成虫在芽鳞内、在病叶及枝条皮孔内越冬。翌年春天，当嫩叶抽出时瘿螨便随叶片的展开爬到叶背面为害、繁殖。在瘿螨为害的刺激下，寄主植物表皮细胞伸长、变形，成茸毛状，瘿螨在其中隐蔽为害。在高温干燥条件下，瘿螨繁殖快。夏秋季为发病盛期。天气干旱有利于病害发生。

(12)栀子花叶斑病。

①危害症状。主要发生于叶片上。下部的叶先发病。病斑圆形或近圆形，淡黄褐色，有稀疏轮纹。边缘褐色。由叶点霉(*Phyllosticta gardeniae*)引起的叶斑较大，直径 3～8 mm，其上黑点状子实体较多，由生叶点霉(*P. gardenicola*)引起的病斑较小，后形成穿孔。直径 0.5～3 mm，每个斑上子实体仅 1～2 个。

②病原。为栀子叶点霉和栀子生叶点霉(*Phyllosticta gardeniae* Tassi；*P. gardenieola* Saw.)，都属于半知菌亚门、腔孢菌纲、球壳菌目、球壳菌科、叶点霉属的真菌。

③发生规律。病菌以分生孢子器或菌丝在病叶或病落叶上越冬。分生孢子借风雨传播，可重复侵染。栽培过密，通风不良时容易发病。盆栽栀子花浇水不当，生长不好时容易发病。

(13)桃细菌性穿孔病。桃细菌性穿孔病在浙江、江苏、江西、广东、广西、上海、辽宁、河北、陕西、四川、云南、山西、湖北、湖南、河南、山东等省市均有发生，是造成早期落叶的原因之一。

①危害症状。病害主要发生在叶片上，引起穿孔，枝梢及果实也能受害。受害叶片初期出现淡褐色水渍状圆形、多角形病斑，周围有淡黄色晕圈。边缘容易产生离层，造成圆形穿孔。病斑连在一起时，穿孔形状即成不规则形。严重时一叶病斑可达数十个，病叶提前脱落。果受害后生油渍状褐色小点，后病斑扩大，颜色加深，最后呈黑色凹陷龟裂。病枝以皮孔为中心产生水渍状带紫褐色的斑点，后凹陷龟裂(图 5-33)。

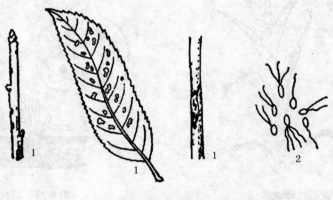

图 5-33 桃细菌性穿孔病
1.症状 2.病原

②病原。为核果黄单胞杆菌[*Xanthomonas pruni*(Smith) Dowson]。鞭毛端生，有 1～6 根。

③发生规律。4～5 月开始发生，6 月即可见到穿孔。病原细菌在老病斑(溃疡)上越冬，5月份起细菌开始侵染新叶、新梢及幼果并可继续侵染秋梢。温暖多雨、多雾，气候潮湿时容易病重。下部萌生枝多发病重，老树发病重。管理不善，通风、透光不良，树势衰弱时病重。有叶蝉、蚜虫为害时病情加重。

(14)叶斑病类的防治措施。

①加强栽培管理，控制病害的发生。适当栽植密度，及时修剪，芍药株丛过大要及时进行分株移栽，以利于通风透光；改进灌水方式，采用滴灌或沿盆沿浇水，避免喷灌，减少病菌的传播机会。实行轮作；及时更新盆土，防止病菌的积累。增施有机肥、磷肥、钾肥，适当控制氮肥，提高植株抗病能力。

②选种抗病品种和健壮苗木。在园林植物配置上，可选用抗性品种避免种植感病品种，可减轻病害的发生。香石竹的组培苗比扦插苗抗病，选用组培苗可减轻叶枯病的发生。

③清除侵染来源。彻底清除病株残体及病死株，集中烧毁。每年进行一次花盆土消毒。休眠期在发病重的地块喷洒 3°Bé 石硫合剂，或在早春展叶前喷洒 50％多菌灵可湿性粉剂 600 倍液。

④发病期喷药防治。在发病初期及时喷施杀菌剂。如 50％托布津可湿性粉剂 1 000 倍液

或 50％退菌特可湿性粉剂 1 000 倍液,或 65％代森锌可湿性粉剂 800 倍液。

⑤加强检疫。松针褐斑病等是检疫性病害,要防治病害的蔓延,注意不要从疫区购进松类苗木,也不要向保护区出售松类苗木。

7.炭疽病类

炭疽病是园林植物上的一类常见病害。其主要症状特点是子实体呈轮状排列,在潮湿情况下病部有粉红色的黏孢子团出现。炭疽病主要是由炭疽菌属(*Colletotrichum*)的真菌引起的,主要为害植物叶片,有的也能为害嫩枝。炭疽病有潜伏侵染的特点。

(1)山茶炭疽病。山茶炭疽病是庭园及盆栽山茶上普遍发生的重要病害。病害引起提早落叶、落蕾、落花、落果和枝条回枯,削弱山茶生长势,影响切花产量。

①危害症状。病菌侵染山茶地上部分的所有器官,主要为害叶片、嫩枝。

叶片发病初期,叶片上出现浅褐色小斑点,逐渐扩大成赤褐色或褐色病斑,近圆形。叶缘和叶尖的病斑为半圆形或不规则形。病斑后期呈灰白色,边缘褐色。病斑上轮生或散生许多红褐色至黑褐色的小点,即病菌的分生孢子盘,在潮湿情况下,从其上溢出粉红色黏孢子团(图 5-34)。

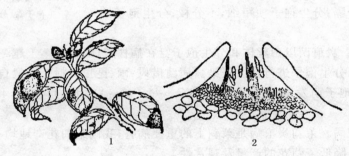

图 5-34　山茶炭疽病
1.症状　2.分生孢子盘

梢病斑多发生在新梢基部,少数发生在中部,椭圆形或梭形,略下陷,边缘淡红色,后期呈黑褐色,中部灰白色,病斑上有黑色小点和纵向裂纹。病斑环梢一周,梢即枯死。

枝干病斑呈梭形溃疡或不规则下陷,常具同心轮纹,削去皮层后木质部呈黑色。

花蕾病斑多在茎部鳞片上,不规则形,黄褐色或黑褐色,无明显边缘,后期变为灰白色,病斑上有黑色小点。

果实病斑出现在果皮上,黑色,圆形,有时数个病斑相连成不规则形,无明显边缘,后期病斑上出现轮生的小黑点。

②病原。病菌无性阶段为山茶炭疽菌(*Colletotrichum camelliae* Mass.)属半知菌亚门、腔孢菌纲、黑盘孢目、炭疽菌属。

③发生规律。病菌以菌丝、分生孢子或子囊孢子在病蕾、病芽、病果、病枝、病叶上越冬。翌年春天温、湿度适宜时,产生分生孢子,成为初侵染来源。分生孢子借风雨传播,从伤口和自然孔口侵入。一般 5～11 月都可以发病,7～9 月为发病高峰。病害发生与温、湿度关系密切,旬平均温度达 16.9℃左右,相对湿度 86％时,开始发病;温度 25～30℃,旬平均相对湿度 88％时,出现发病高峰。

(2)兰花炭疽病。此病害是兰花上普遍发生的严重病害。我国兰花栽培区均有发生。兰花炭疽病轻者影响观赏效果,重者导致植株死亡,造成经济损失。

①危害症状。病菌主要侵害叶片,也侵害果实。发病初期,叶片上出现黄褐色稍凹陷的小斑点,后扩大为暗褐色圆形或椭圆形病斑,较大。发生在叶尖、叶缘的病斑呈半圆形或不规则形。发生在叶尖的病斑向下扩展,枯死部分可占叶片的 1/5～3/5,发生在叶基部的病斑导致全叶或全株枯死。病斑中央灰褐色,有不规则的轮纹,其上着生许多近轮状排列的黑色小点,即病菌的分生孢子盘。潮湿情况下,产生粉红色黏孢子团。果实上的病斑不规则形,稍长(图 5-35)。

②病原。为害春兰、建兰、婆兰等品种的病原菌为兰炭疽菌(*Colletotrichum orchidaerum* Allesoh.)属半知菌亚门、腔孢纲、黑盘孢目、炭疽菌属。分生孢子盘垫状,小形;刚毛黑色,有数个隔;分生孢子梗短细,不分枝;分生孢子圆筒形。

图 5-35 兰花炭疽病
1. 症状　2. 病原菌分
生孢子盘、分生孢子及刚毛

③发生规律。炭疽菌以菌丝体和分生孢子盘在病株残体、假鳞茎上越冬。翌年气温回升,兰花展开新叶时,分生孢子进行初次侵染。病菌借风、雨、昆虫传播。一般自伤口侵入,嫩叶可直接侵入。分生孢子萌发的适温为 22～28℃。每年 3～11 月均可发病,4～6 月梅雨季节发病重。

(3)茉莉炭疽病。茉莉炭疽病是茉莉上的重要病害,我国茉莉花产地均有发生。炭疽病引起茉莉的早落叶,降低茉莉花的产量及观赏性。

①危害症状。该病主要侵害茉莉花的叶片,也为害嫩梢。发病初期,叶片上形成褪绿的小斑点,病斑逐渐扩大形成浅褐色的、圆形的或近圆形的病斑。病斑边缘稍隆起,病斑中央组织最后变为灰白色,边缘褐色。后期病斑上轮生着稀疏的黑色小点粒,即病原菌的分生孢子盘。病斑多为散生(图 5-36)。

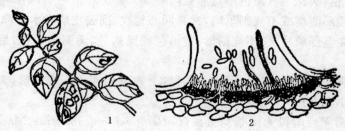

图 5-36 茉莉炭疽病
1. 症状　2. 分生孢子盘

②病原。病原菌为茉莉生炭疽菌(*Colletotrichum jasminicola* Tilaki),属半知菌亚门、腔孢菌纲、黑盘孢目、炭疽菌属。

③发生规律。病原菌以分生孢子和菌丝体在病落叶上越冬,成为次年的初侵染源。分生孢子由风雨传播;自伤口侵入。夏、秋季炭疽病发生较严重。多雨、多露、多雾的高湿环境加重

病害发生。

(4)炭疽病类防治措施。

①清除侵染来源。冬季清除病株残体并集中烧毁；发病初期及时摘除病叶，剪除枯枝，挖除严重感病植株。

②加强栽培管理。控制栽植密度或盆花摆放密度，及时修剪，以利于通风透光，降低温度；改进灌水方式，以滴灌取代喷灌；多施磷、钾肥，适当控制氮肥，提高寄主的抗病力。

③药剂防治。当新叶展开、新梢抽出后，喷洒 1%的等量式波尔多液；发病初期喷施 65%代森锌可湿性粉剂 500 倍液或 75%百菌清可湿性粉剂 500～600 倍液或 70%甲基托布津可湿性粉剂 800 倍液或 50%多菌灵可湿性粉剂 800 倍液，每隔 7～10 d 喷 1 次，连续喷 3～4 次，要交替使用不同类型的药剂，也可混合用药。

8. 病毒病类

病毒病在观赏植物上普遍存在且严重。寄主受病毒侵害后，常导致叶色、花色异常，器官畸形，植株矮化。

(1)唐菖蒲花叶病。此病害是唐菖蒲的世界性病害，我国各产地均有发生。该病使唐菖蒲球茎退化，植株矮小，花穗短小，花少且小，严重影响切花产量。

①危害症状。病毒主要侵染叶片，也可侵染花器。发病初期，叶片上出现褪绿的角斑或圆斑，后变为褐色，病叶黄化、扭曲。花器受害后，花穗短小，花少且小，发病严重时抽不出花穗，有的品种花瓣变色，呈碎锦状。叶片上也有深绿和浅绿相间的块状斑驳和线纹。

②病原。引起唐菖蒲花叶病的病毒主要有 2 种，即菜豆黄花叶病毒(Bean yellow mosaic virus)和黄瓜花叶病毒(Cucumber mosaic virus)。

③发生规律。两种病毒均在病球茎及病植株体内越冬。由蚜虫和汁液传播，自微伤口侵入。种球茎的调运是远距离传播的媒介。两种病毒的寄主范围都较广，菜豆黄花叶病毒可侵染美人蕉、曼陀罗、克利芙兰烟及多种蔬菜，黄瓜花叶病毒能侵害美人蕉、金盏菊、香石竹、兰花、水仙、百合、萱草、百日草等 40～50 种花、草。

(2)郁金香碎锦病。郁金香碎锦病是世界性病害，我国郁金香栽培地区均有发生。该病引起郁金香鳞茎退化、花变小、单色花变杂色花，影响观赏效果，严重时有毁种的危险。

①危害症状。病毒侵害叶片及花冠。受害叶片上出现淡绿色或灰白色的条斑；受害花瓣畸形，原为色彩均一的花瓣上出现淡黄色、白色条纹或不规则斑点，称为"碎锦"。病鳞茎退化变小，植株矮化，生长不良(图 5-37)。

②病原。引起郁金香碎锦病的病毒为郁金香碎锦病毒(Tulip breaking virus)。

③发生规律。病毒在病鳞茎内越冬，传毒介体为桃蚜，非持久性传播。寄主范围广，能侵害山丹、百合、万年青等多种花卉。

(3)菊花矮化病。该病在国外发生普遍，我国上海、广州、杭州、常德等几个地方发生。它是菊科植物上的一种重要病害。

①危害症状。叶片和花变小、花色异常、植株矮化是该病害的典型症状。病株比正常植株抽条早、开花早，有的品种还有腋芽增生和匍匐茎增多的现象，有的品种叶片上出现黄斑或叶脉上出现黄色线纹。

②病原。引起菊花矮化病的病原是菊花矮化类病毒(Chrysanthemum stunt viroid, CSV)。类病毒是低分子量的核糖核酸，具有高度的热稳定性和侵染性。

③发生规律。类病毒在病株体内及落叶上越冬,自伤口侵入,潜育期为6~8个月。类病毒可通过嫁接、修剪、汁液、种子及菟丝子(*Cuscuta gronowii*)传播。该类病毒仅侵染菊科植物。

(4)香石竹病毒病。香石竹病毒病是世界性病害,在各栽培区均有发生。常见的病毒病为叶脉斑驳病、坏死斑病、蚀环斑病和潜隐病。病毒病常引起香石竹生长衰弱、花枝变短、花朵变小、花瓣出现杂色、裂萼等现象,严重影响切花的产量和质量。

①香石竹坏死斑病。感病植株中下部叶片变为灰白色,呈淡黄坏死斑驳,或不规则形状的条斑或条纹。下部叶片常表现为紫红色手杖斑或条纹。随着植株的生长,症状向上蔓延,发病严重时,叶片枯黄坏死。引起该病的病原为香石竹坏死斑病毒(Carnation necratic flack virus,CaNFV)。病毒主要通过蚜虫传播。一般情况下,难以用汁液接种。而在美国石竹上接种易成功,可作为香石竹坏死斑病毒的诊断寄主。

②香石竹叶脉斑驳病。该病在香石竹、中国石竹和美国石竹上,均可产生系统花叶,花瓣碎色。幼苗期,症状不明显,随着植株的成长,病毒症状加重。冬季老叶往往呈隐症。引起该病病原为香石竹叶脉斑驳病毒(Carnation vein mottle virus,CaVMV)。该病毒主要通过汁液传播,桃蚜也是重要传播媒介。在园艺操作过程中,如摘心、摘芽、采花等操作过程中,病毒也可以通过手、工具传播。

③香石竹蚀环病。大型香石竹品种受害,感病植株叶上产生轮纹状、环状或宽条状坏死斑,幼苗期最明显。发病严重时,很多灰白色轮纹斑可以连接成大病斑,使叶子卷曲,畸形。此病在高温季节呈隐症。该病病原为香石竹蚀环病毒(Carnation etched ring virus,CaERV)。该病主要通过汁液和蚜虫传播。此外,植物摩擦接触以及园艺工具都可传毒(图5-38)。

图5-37　郁金香碎锦病症状图

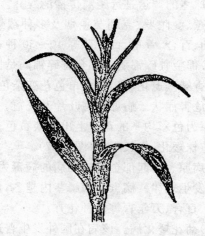

图5-38　香石竹蚀环病症状图

④香石竹潜隐病毒病。也称香石竹无症状病毒病。一般不表现出症状,或者产生轻微花叶症状。与香石竹叶脉斑驳病毒复合感染时,产生花叶症状。该病病原为香石竹潜隐病毒(Carnation latent virus,CaLV)。该病主要通过汁液和桃蚜传播。

(5)兰花病毒病。兰花病毒病又称卡特来兰花碎色病。在上海地区曾发现有多种兰花病毒病,在不同的兰花品种上其表现症状也各不相同,为害程度也有很大差异,感病植株一般生长不健壮。

①危害症状。在兰花的叶片上形成褐色圆形或长圆形坏死斑,小病斑可以汇合成大斑,叶子容易枯黄,严重时花变色或畸形。

②病原。最常见的是烟草花叶病毒兰花株(Orchid strain of tobacco virus)。病毒粒子为棒状,300 nm。

③发生规律。人为的接触带毒植株、操作工具、手指等都能导致传毒。土壤和种子也能带毒,但传毒率较低。患有病毒病的兰花植株将是终身患病,即使是新发生的幼叶、幼芽也都带有病毒。如果将无毒的健康植株种植在带毒的人工介质、苔藓等材料中,同样也会感染病毒。植物残体经电镜检查,也发现有病毒粒子。根系接触也可以传染病毒。

(6)病毒病类的防治措施。

①加强检疫。防止病苗和带毒繁殖材料进入无病地区,切断病害长距离传播的途径,防止病害扩散、蔓延。

②培育无毒苗。选用健康无病的枝条、种球作为繁殖材料;建立无毒母本园;通过组织培养繁殖脱毒幼苗。

③加强栽培管理。加强对工具的消毒,修剪、切花等工具及人手在作业前需用 3%~5%的磷酸三钠溶液、酒精或热肥皂水反复洗涤消毒,以防止病毒通过操作传播。及时清除染病植株。对菊花矮化病要注意圃地卫生,及时清除枯落叶,因类病毒能在干燥病落叶中存活。

④及时防治刺吸式口器昆虫。

⑤药剂防治。根据实际情况可选用病毒 A、病毒特、病毒灵、83 增抗剂、抗病毒 1 号等对病毒有效的药剂。

(二)茎干病害

引起观赏植物茎干病害的病原包括侵染性病原(真菌、细菌、植原体、寄生性种子植物、线虫等)和一些非侵染性病原(如日灼、冻害等)。其中真菌仍然是主要的病原。

观赏植物茎干病害的病状类型主要有腐烂、溃疡、枝枯、肿瘤、丛枝、黄化、萎蔫、流脂、流胶等。

1.腐烂、溃疡病类

(1)月季枝枯病。此病又名月季普通茎溃疡病。为害月季、玫瑰、蔷薇等蔷薇属多种植物,常引起枝条顶梢部分枯死,严重的甚至全株枯死。

①危害症状。病菌主要侵染枝干。发病初期,枝干上出现灰白、黄或红色小点,后扩大为椭圆形至不规则形病斑,中央灰白色或浅褐色,有小突起,边缘为紫色和红褐色。后期表皮纵向开裂,着生有许多黑色小颗粒,即病菌的分生孢子器,潮湿时涌出黑色孢子堆。病斑环绕枝条一周,引起病部以上部分枯死(图 5-39)。

②病原。病原菌为蔷薇盾壳霉(*Coniothyrium fucklii* Sacc.),属半知菌亚门、腔胞纲、球壳孢目、盾壳霉属。

③发生规律。以菌丝和分生孢子器在病组织中越冬。翌年春天,在潮湿情况下分生孢子器内的分生孢子大量涌出,借雨水融化、风雨传播,成为初侵染来源。病菌为弱寄生菌,主要通过休眠芽和伤口侵入寄主。管理不善、过度修剪、生长衰弱的植株发病重。潮湿的环境,或受干旱,有利于发病。

图 5-39　月季枝枯病

1.枝条上的症状　2.病原菌的分生孢子器

（2）菊花菌核性茎腐病。该病又名菌核病。为害植株的茎部,严重时导致全株性立枯。

①危害症状。主要在近土表的茎基部发病,温室栽培,在茎的中部也可发生。发病初期,病部变色,并逐渐扩大成不规则,呈水渍状软腐大病斑,后变为灰白色。当环境湿度大时,病斑处出现白色菌丝。后期病茎皮层霉烂成丝裂状,内生有鼠粪状黑色菌核,有时茎表面也产生菌核。当病斑环绕茎基一周时,导致叶枯萎、黄化下垂,最后植株呈立枯状(图 5-40)。

②病原。病原为菌核菌[*Sclerotinia sclerotiorum* （Lib)de Bary],属子囊菌亚门,盘菌纲,柔膜菌目,核盘菌属。

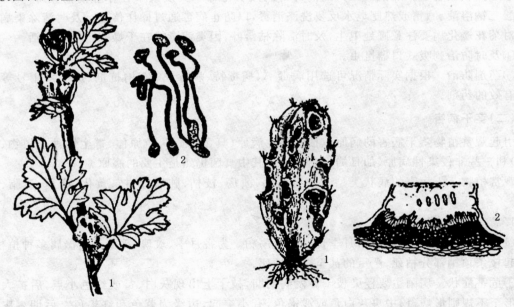

图 5-40　菊花菌核性茎腐病　　　　　　　　**图 5-41　仙人掌茎腐病**

1.症状　2.病原　　　　　　　　1.病害症状　2.病原菌的分生孢子盘和分生孢子

③发生规律。病菌以菌核在土壤中、病残体上或堆肥中越冬。越冬菌核在适宜条件下萌发产生子囊盘,子囊成熟后,遇空气湿度变化即将囊中孢子射出,子囊孢子借风雨传播,从伤口侵入寄主。菌核有时直接产生菌丝,病株上的菌丝具强的侵染力,菌丝迅速发展,致病部腐烂。阴湿多雨季节发病重。该病发生的适宜温度 5～20℃,15℃最适。菌丝在 0～30℃均能生长,20℃最适。病菌对湿度要求严格,在潮湿土壤中,菌核只存活 1 年;土壤长期积水,1 个月即死亡;在干燥的土壤中能存活 3 年多,菌核萌发要求高湿及阴凉的条件。连作发病也重,前期作

物为十字花科等蔬菜时发病重。

(3)仙人掌茎腐病。该病是我国仙人掌类园林植物上普遍而严重发生的病害,危害仙人掌、仙人球、霸王鞭、麒麟掌、量天尺等多种植物,常引起茎部腐烂,最后导致全株枯死。

①危害症状。病菌主要危害幼嫩植株茎部或嫁接切口组织。多从茎基部开始侵染,向上逐渐蔓延,上部茎节处也能发生侵染。初为黄褐色或灰褐色水渍状斑块,并逐渐软腐。病斑迅速发展,绕茎一周,使整个茎基部腐烂。后期茎肉组织腐烂失水,剩下一层干缩的外皮,或茎肉组织腐烂后仅留髓部。最后全株枯死(图5-41)。

②病原。仙人掌茎腐病的病原有3种:尖镰孢(*Fusarium oxysporum* Schlecht.)、茎点霉菌(*Phoma* sp.)、大茎点霉菌(*Macrophoma* sp.)。主要是尖孢镰,属于半知菌亚门、丝孢纲、瘤座孢目、镰孢霉属(镰刀菌属)。

③发生规律。尖镰孢以菌丝体和厚垣孢子在病株残体上或土壤中越冬,茎点霉及大茎点霉以菌丝体和分生孢子在病株残体上越冬。尖镰孢可在土壤中存活多年。通过风雨、土壤、混有病残体的粪肥和操作工具传播,带病茎是远程传播源,多由伤口侵入。高温高湿有利于发病。盆土用未经消毒的垃圾土或菜园土,施用未经腐熟的堆肥,嫁接、低温、受冻以及虫害造成的伤口多时,均有利于病害的发生。

(4)毛竹枯梢病。毛竹枯梢病是毛竹的一种危险性侵染病害。被害毛竹枝条、梢头枯死,严重时引起成片竹林枯死,影响毛竹生产和绿化景观。

①危害症状。病菌为害当年新竹枝条、梢头。发病初期主梢或枝条的分叉处出现舌状或梭形病斑,色泽由淡褐色逐渐变为深褐色。随着病斑的扩展,病部以上叶片变黄、纵卷、直至枯死脱落。严重发病的竹林,前期竹冠赤色,远看似火烧,后期竹冠灰白色,远看竹林似戴白帽。翌年春天,林内病竹染病部位可出现不规则状或长条状突起物,后纵裂或不规则开裂,从裂口处长出一至数根黑色棘状物,即病菌的子囊壳。有时病部也散生、圆形突起的小黑点,即病菌的分生孢子器(图5-42)。

②病原。病原菌为竹喙球菌(*Ceratophaeria phyllostachydis* Zhang),属子囊菌亚门、核菌纲、球壳菌目、喙球菌属。

③发生规律。以菌丝体在林内历年老竹病组织内越冬。每年4月雨量充足,月平均气温达15℃以上,病菌子实体在林间开始产生,于5月上旬至6月中旬成熟。随风雨传播,自伤口或直接侵入当年新竹,潜育期1~3个月,有的长达1~2年,7月开始产生病斑,7~8月高温干旱季节为发病高峰期,10月以后病害停止扩展。4~5月气温回升快,5~6月雨水多,7~8月30℃以上高温干旱的时间长的年份发病重。

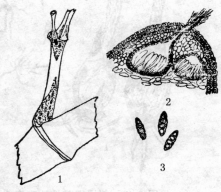

图5-42 毛竹枯梢病
1.病枝 2.病菌子囊腔 3.子囊孢子

(5)鸢尾细菌性软腐病。细菌性软腐病是鸢尾的常见病害,无论是球茎鸢尾或根状茎鸢尾均可发生,病害导致球茎腐烂,全株立枯。该菌寄主范围很广,除鸢尾外,还为害仙客来、风信子、百合及郁金香等多种花卉植物。

①危害症状。感病植株,最初叶片先端开始出现水渍状条纹,逐渐黄化、干枯。根颈部位

发生,水渍状更明显。球茎初期出现水渍状病斑,逐渐发生糊状腐败,初为灰白色,后呈灰褐色,有时留下一完整的外皮。腐败的球茎或根状茎,具有恶臭气味(图 5-43)。这种恶臭是诊断此病的重要依据。

②病原。鸢尾软腐病的病原已知有 2 种,即胡萝卜软腐欧文氏菌胡萝卜致病变种[*Erwinia carotouora* pv. *carotouora* (Jones) Bergey]和海芋欧文氏菌[*E. aroideae* (Townsend) Holl.],二者均属真细菌目,欧文氏菌属。

③发生规律。病原细菌在土壤中和病残体上越冬。通过伤口侵入寄主,尤其是鸢尾钻心虫的幼虫在幼叶上造成的伤口,或分根移栽造成的伤口,都为细菌的侵入打开了方便之门;病害借雨水、灌溉水和昆虫传播,当温度高、湿度大,尤以湿度大时发病严重;种植过密、绿荫覆盖度大的地方球茎易发病;连作地发病严重。一般德国鸢尾和澳大利亚鸢尾发病较普遍。

(6)棕榈干腐病。棕榈干腐病又叫枯萎病、腐烂病、烂心病,是棕榈的重要病害。常造成棕榈枯萎死亡。

①危害症状。多从叶柄基部开始发生。初产生黄褐色病斑,并沿叶柄向上扩展到叶片,病叶逐渐凋萎枯死。以后病斑扩大到树干并产生紫褐色病斑,致使维管束变色坏死,树干腐烂,树干上叶片枯黄萎蔫下垂,植株渐趋死亡。在棕榈干梢部位发病,其幼嫩组织腐烂,则更为严重。发病后期,在潮湿条件下,枯叶及叶柄基部长出白色菌丝。当地上部分枯死后,地下根系也很快随之腐烂,全部枯死。

②病原。病原菌为拟青霉菌(*Paecilomyces varitoti* Bain),属半知菌亚门、丝孢纲、丛梗孢目、拟青霉属。该菌生长最适温度为 25～30℃,孢子萌发最适温度为 20～30℃(图 5-44)。

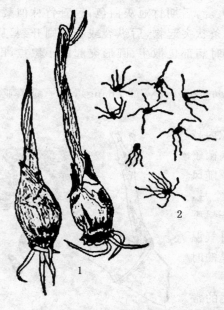

图 5-43 鸢尾细菌性软腐病
1.症状 2.病原

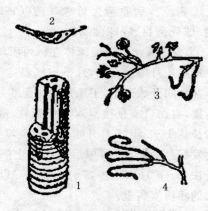

图 5-44 棕榈干腐病
1.病干断面示组织坏死 2.病叶柄横断面示组织坏死 3.4.病菌分生孢子

③发生规律。病菌在轻病株上过冬。每年 5 月中旬开始发病,6 月逐渐增多,7～8 月为发病盛期,至 10 月底,病害逐渐停止蔓延。该病对小树和大树均有危害。棕榈树遭受冻伤或

剥棕太多,树势衰弱易发病。

(7)腐烂、溃疡病类的防治措施。

①加强栽培管理,增强树势,是防治茎干腐烂、溃疡病的重要途径。适地适树、合理修剪、剪口涂药保护、避免干部皮层损伤、随起苗随移植,避免假植时间过长、秋末冬初树干涂白,防止冻害、防治蛀干害虫等措施,对防治槐树溃疡病、月季枝枯病都十分有效。用无菌土作栽培土、厩肥充分腐熟、合理施肥是防治仙人掌茎腐病的关键。

②加强检疫,防止危险性病害的扩展蔓延。茎干溃疡、腐烂病中有些是危险性病害,是检疫对象,如毛竹枯梢病等,要防止带病苗木、种竹、毛竹传入无病区,一旦发现,立即烧毁。

③清除侵染来源。及时清除病死枝条和植株,结合修剪去除其他枯枝或生长衰弱的植株及枝条,刮除老病斑,减少侵染来源,可减轻病害的发生。毛竹枯梢病在初春钩去病梢,就是一项有效防治措施。

④药剂防治。发病时可用 50%代森铵、50%多菌灵可湿性粉剂 200 倍液,或 2°Bé 石硫合剂射树干或涂抹病斑。茎、枝梢发病时可喷洒 50%退菌特可湿性粉剂 800～1 000 倍液或50%多菌灵可湿性粉剂 800～1 000 倍液或 70%百菌清可湿性粉剂 1 000 倍液。

2.干锈病类

干锈病是一类常见病害,是由锈菌侵染引起的,受害树干往往形成瘤肿,有的不甚明显,在一定的时期,病部会出现锈黄色的锈孢子器或鲜黄色的夏孢子堆或锈褐色的冬孢子堆。有的锈病要转主寄生才能完成其生活史。

(1)竹秆锈病。我国各地均有发生。竹秆被侵染处变黑,材质发脆,生长衰退,发笋减少,发病严重的整株枯死,不少竹林因此被毁坏。

①危害症状。病菌多侵染竹秆下部或近地面的秆基部,严重时也侵染竹秆上部甚至小枝。感病部位于春天 2～3 月,在病部产生明显的椭圆形、长条形或不规则形、紧密不易分离,呈毡状的橙黄色垫状物,即病菌的冬孢子堆,多生于竹节处。4 月下旬至 5 月,冬孢子堆遇雨后吸水向外卷曲并脱落,在其下面便露出由紫灰褐色变为黄褐色粉质层状的夏孢子堆。病斑逐年扩展,当绕竹秆一周时,病竹即枯死(图 5-45)。

②病原。病原菌为皮下硬层锈菌[*Stereostratum corticioides* (Berk. et Br.) Magn.],属担子菌亚门、冬孢纲、锈菌目、硬层锈菌(毡锈菌)属。夏孢子近球形或卵形,淡黄褐色或近无色,单细胞,表面有刺。冬孢子亚球形至广椭圆形,两端圆,双细胞,无色或淡黄色,壁平滑,具细长的柄。

③发生规律。以菌丝体或不成熟的冬孢子堆在病组织内越冬。每年 9 月、10 月开始产生冬孢子堆,翌年4 月中、下旬冬孢子脱落后即形成夏孢子堆。5 月、6 月新竹放枝展叶时是夏孢子飞散的盛期。夏孢子借风雨传播,从伤口侵入当年新竹或老竹,有时也可直接侵入新竹。潜育期 7～9 个月。病竹上只发现夏孢子堆和冬孢子堆,未发现转主寄主。地势低注、通风不良、较阴湿的竹林发病重。气温在 14～21℃,相对湿度 78%～85%时,病害发展迅速。

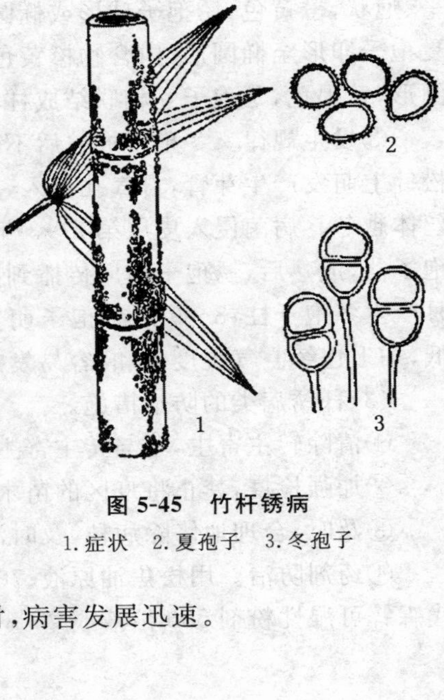

图 5-45　竹秆锈病

1.症状　2.夏孢子　3.冬孢子

(2)松瘤锈病。此病又称松栎锈病。松树感病后树干畸形,生长缓慢,严重的可引起侧枝、主梢枯死,甚至整株死亡。

①危害症状。病菌主要侵害松树的主干、侧枝和栎类的叶片。松树枝干受侵染后,木质部增生形成瘿瘤。通常瘿瘤为近圆形,大小不等,小的直径 5 cm,大的直径 60 cm。每年春夏之际,瘿瘤的皮层不规则破裂,自裂缝中溢出其中混有性孢子的蜜黄色液滴。第二年在瘤的表皮下产生黄色疱状锈孢子器,后突破表皮外露。锈孢子器成熟后破裂,散放出黄粉状的锈孢子。连年发病后瘿瘤上部的枝干枯死,或易风折。

锈孢子侵染栎树叶片,在栎叶的背面初生鲜黄色小点,即夏孢子堆,叶面的相对位置色泽较健康部分淡。1 个月后在夏孢子堆中生出许多近褐色的毛状物,即冬孢子柱(图 5-46)。

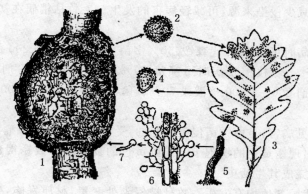

图 5-46 松瘤锈病
1.病瘤上的疱囊 2.锈孢子 3.蒙古栎叶上的冬孢子柱
5.冬孢子柱放大 6.冬孢子萌发产生担子及担孢子 7.担孢子萌发状态

②病原。病原菌为栎柱锈菌[*Cronartium quercum* (Berk.) Myiabe],属担子菌亚门、冬孢菌纲、锈菌目、柱锈菌属。性孢子无色,混杂在黄色蜜液内,自皮层裂缝中外溢。锈孢子器扁平、疱状,橙黄色;锈孢子球形或椭圆形,黄色或近无色,表面有粗疣。夏孢子堆黄色,半球形;夏孢子卵形至椭圆形,内含物橙黄色,壁无色,表面有细刺。冬孢子柱褐色,毛状;冬孢子长椭圆形,黄褐色,冬孢子互相联结成柱状。冬孢子萌发产生担子及担孢子。

③发生规律。冬孢子成熟后不经休眠即萌发产生担子和担孢子。担孢子随风传播,落到松针上萌发产生芽管,自气孔侵入,后由针叶进入小枝再进入侧枝、主干,在皮层中定殖,以菌丝体越冬。病菌侵入皮层第 2~3 年,春天可在瘤上挤出混有性孢子的蜜滴,第 3~4 年产生锈孢子器,成熟后,锈孢子随风传播到栎叶上,萌发后由气孔侵入。5~6 月产生夏孢子堆,7~8 月产生冬孢子柱,8~9 月冬孢子萌发产生担子和担孢子,当年侵染松树。夏、秋季节气温较低,加上连续空气湿度饱和,容易发病。

(3)秆锈病类的防治措施。

①清除转主寄主,不与转主寄主植物混栽,是防治秆锈病的有效途径。

②加强检疫,禁止将疫区的苗木、幼树运往无病区。

③及时、合理地修除病枝,及时清除病株,减少侵染来源。

④药剂防治。用松焦油原液、70%百菌清乳剂 300 倍液直接涂于发病部位;幼林用 65%代森锌可湿性粉剂 500 倍液或 25%粉锈宁 500 倍液喷雾。

3.丛枝类

丛枝病通常是由植原体、真菌引起的,大多是系统侵染,病害从局部枝条扩展到全株需数年或十数年。

(1)竹丛枝病。

①危害症状。发病初期,个别细弱枝条节间缩短,叶退化呈小鳞片形,后病枝在春秋季不断长出侧枝,形似扫帚,严重时密集成丛,形如雀巢,下垂。4~5月,病枝梢端、叶鞘内产生白色米粒状物,为假子座。雨后或潮湿的天气,子座上可见乳状的液汁或白色卷须状的分生孢子角。6月间假子座的一侧又长出1层淡紫色或紫褐色的垫状子座。9~10月,也可产生白色米粒状物,但不见子座产生。病竹从个别枝条丛枝发展到全部枝条发生丛枝,致使整株枯死(图 5-47)。

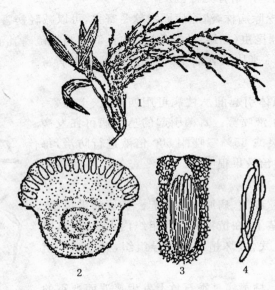

图 5-47 竹丛枝病
1.病枝 2.假菌核和子座切面 3.子囊壳和子囊 4.子囊孢子

②病原。病原菌为竹瘤座菌[*Balansia take*(Miyake)Hara],属子囊菌亚门、瘤座菌属。分生孢子无色,细长,3 个细胞,两端细胞较粗,中间细胞较细。子囊壳埋生于垫状子座中,瓶状,并露出乳头状孔口。子囊圆筒形;子囊孢子线形,无色,8 个束生,有隔膜,会断裂。

③发生规律。以菌丝体在病枝内越冬,翌年春天在病枝新梢上产生分生孢子成为初侵染源。分生孢子借雨水传播,由新梢的心叶侵入生长点,刺激新梢在健康春梢停止生长后仍继续生长而表现出症状,2~3 年后逐渐形成鸟巢状或扫帚状的典型症状。郁闭度大,通风透光不好,或者低洼处,溪沟边,湿度大以及管理不善的竹林,病害发生较为常见。病害大多发生在 4 年生以上的竹林内。

(2)翠菊黄化病。黄化病是翠菊种植区普遍而又严重的病害。该病使植株矮小、萎缩,叶片黄化,花瓣变绿、畸形或无花,严重影响切花生产和花坛景观。

①危害症状。翠菊感病后初期幼叶沿叶脉出现轻微黄化,后叶片变为淡黄色,病叶向上直立,叶片和叶柄细长狭窄,嫩枝上往往腋芽增多,形成扫帚状的丛枝;植株矮小、萎缩;花序颜

色减退,花瓣通常变成淡黄绿色,花小或无花。

②病原。翠菊黄化病是由植原体(MLO)引起的。菌体为球形或椭圆形,菌体大小为80～800 nm,壁厚8 nm。

③发生规律。病原物主要是在雏菊、春白菊、大车前、飞蓬、天人菊、苦苣菜等各种多年生植物上存活和越冬,主要通过叶蝉传播侵染。此外,菟丝子也能传毒;但种子不带毒,汁液和土壤不传毒。温度25℃时潜育期为8～9 d,气温20℃时潜育期18 d,10℃以下则不显症状。7～8月份发病严重。

(3)丛枝病类的防治措施。

①加强检疫,防治危险性病害的传播。

②栽植抗病品种或选用培育无毒苗。

③及时剪除病枝,挖除病株,清除病原物越冬寄主,可以减轻病害的发生。

④防治刺吸式口器昆虫(如蟥、叶蝉等)可喷洒50%马拉硫磷乳油1 000倍液或10%安绿宝乳油1 500倍液、40%速扑杀乳油1 500倍液,可减少病害传染。

⑤喷药防治。植原体引起的丛枝病可用四环素、土霉素、金霉素、氯霉素4 000倍液喷雾。真菌引起的丛枝病可在发病初期直接喷50%多菌灵或25%三唑酮500倍液进行防治,每周喷1次,连喷3次,防治效果很明显。

4.枯萎病类

枯萎病主要由真菌、细菌、病原线虫引起。病原物借风雨、昆虫传播,自伤口侵入茎干,在植物的输导组织内大量繁殖,以阻塞或毒害或以其他方式,破坏植物的输导组织,导致整个植株枯萎。

图5-48 香石竹枯萎病病原菌
1.症状 2.大型分生孢子

(1)香石竹枯萎病。枯萎病是香石竹上发生普遍而严重的病害,为害香石竹、石竹、美国石竹等多种石竹属植物,引起植株的枯萎死亡。

①危害症状。植株生长发育的任何时期都可受害。先是植株下部叶片枝条变色、萎蔫,并迅速向上蔓延,叶片由正常的深绿色变为淡绿色,最终呈苍白的稻草色。整个植株枯萎,有时表现为一侧枝叶枯萎。纵切病茎可看到维管束中有暗褐色条纹,从横断面上可见到明显的暗褐色环纹(图5-48)。

②病原。病原菌为石竹尖镰孢[*Fusarinm oxysporum* Schlecht. f. sp. *dianthi* (Prill. et Del.) Snyder & Hansen],属半知菌亚门、镰孢霉属。它是专一引起香石竹维管束病害的病原。病菌一般产生分生孢子座,分生孢子有两种,即大型分分孢子和小型分生孢子。当环境不利时,垂死的植株组织和土壤内的病株残体可产生大量的小型、圆形的厚垣孢子。

③发生规律。在病株残体或土壤中越冬。在潮湿情况下产生子实体。孢子借风雨传播,通过根和茎基或插条的伤口侵入,病菌进入维管束系统并逐渐向上蔓延扩展。繁殖材料是病害传播的重要来源,被污染的土壤也是传播来源之一。高温、高湿有利于病害的发生。酸性土壤及偏施氮肥有利于病菌侵染和生长。

(2)枯萎病类的防治措施。

①加强检疫,防治危险性病害的扩展与蔓延。香石竹枯萎病、松材线虫都属于检疫对象。

②加强对传病昆虫的防治是防止松材线虫扩散蔓延的有交手段。防治松材线虫的主要媒介—松墨天牛,可在 4 月天牛从树体中飞出时用 0.5% 杀螟松乳剂或乳油。用溴甲烷(40~60 g/m³),可杀死松材内的松墨天牛幼虫。

③清除侵染来源。及时挖除病株烧毁并进行土壤消毒可有效控制病害的扩展。

④ 药剂防治。防治香石竹枯萎病可在发病初期用 50% 多菌灵可湿性粉剂 800~1 000 倍液,或 50% 苯来特 500~1 000 倍液,灌注根部土壤,每隔 10 d 1 次,连灌 2~3 次。防治松材线虫病可在树木被侵染前用丰索磷、克线磷、涕灭威等进行树干注射或根部土壤处理。

5.寄生性种子植物害

(1)菟丝子病害。菟丝子病害在全国各地均有分布,为害轻者使之生长不良,重者导致园林植物死亡,严重影响观赏效果。

①危害症状。菟丝子为全寄生种子植物。它以茎缠绕在寄主植物的茎干,并以吸器伸入寄主茎干或枝干内与其导管和筛管相连接,吸取全部养分。因而导致被害植物生长不良,通常表现为植株矮小、黄化,甚至植株死亡(图 5-49)。

②病原。菟丝子又名无根藤、金丝藤,观赏植物上常见的有 4 种:

中国菟丝子(*Cuscuta chinensis* Zam):茎纤细、丝状,直径约 1 mm,橙黄色;花淡黄色,头状花序;花萼杯状,长约 1.5 mm;花冠钟形,白色,稍长于花萼,短 5 裂;蒴果近球形,内有种子 2~4 枚;种子卵圆形,长约 1 mm,淡褐色,表面粗糙。

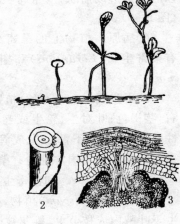

图 5-49 菟丝子发育及侵染植物的过程

1.菟丝子自种子萌发至缠绕寄主的过程 2.寄主枝条被害状 3.菟丝子吸器伸入寄主茎部皮层的切面

日本菟丝子(*C. japonica* Choisy):茎粗壮,直径 2 mm,分枝多,黄白色,并有突起的紫斑;在尖端及以下 3 节上有退化的鳞片状叶;花萼碗状,有瘤状红紫色斑点;花冠管状,白色,长 3~5 mm,5 裂;蒴果卵圆形,内有种子 1~2 枚;种子微绿至微红色,表面光滑。

田间菟丝子(*C. campestris* Juncker):茎丝状有分枝,淡黄色,光滑;花序球形;花萼碗状,长 2~2.5 mm,黄色,背部有小的瘤状突起;花冠坛状,白色,长于花萼,深 5 裂;蒴果近球形,顶端微凹;种子椭圆形,褐色。

单柱菟丝子(*C. monogyne* Vahl.):茎较粗,直径 2 mm,分枝众多,略带红色,并有紫色瘤状突起;穗状花序,花萼半圆形,5 裂几乎达到基部,背部有紫红色的瘤状突起;花冠坛状,长 3~3.5 mm,紫红色;蒴果卵圆形,长约 4 mm;种子圆形,直径 3~3.5 mm,暗棕色,表面光滑。

③发生规律。有的以成熟种子脱落在土壤中或混杂在草本种子中休眠越冬,也有的以藤茎在寄主上越冬。以藤茎越冬的,翌年春温、湿度适宜时即可继续生长攀缠为害。越冬后的种子,次年春末初夏,当温湿度适宜时种子在土中萌发,长出淡黄色细丝状的幼苗。随后不断生长,藤茎上端部分旋转向四周伸出,碰到寄主时,紧贴缠绕,在其接触处形成吸盘,并伸入寄主体内吸取水分和养料。此后茎基部腐烂或干枯,藤茎与土壤脱离,靠吸盘从寄主体内获得水

分、养料,不断繁殖蔓延为害。

夏、秋季是菟丝子生长高峰期,11 月开花结果。菟丝子的繁殖方法有种子繁殖和藤茎繁殖两种。一种传播方式是靠鸟类传播种子,或成熟种子脱落土壤,再经人为耕作进一步扩散;另一种传播方式是借寄主树冠之间的接触由藤茎缠绕蔓延到邻近的寄主上,或人为将扯断藤茎后无意的抛落在寄主的树冠上。

(2)桑寄生害。桑寄生科植物多分布于热带、亚热带地区,我国西南、华南最常见。为害导致生长势衰弱,严重时全株枯死。

①危害症状。桑寄生科的植物为常绿小灌木,它寄生在树木的枝干上非常明显,尤以冬季寄主植物落叶后更为明显。由于寄生物夺走的部分无机盐类和水分,并对寄主产生毒害作用,导致受害植物叶片变小,提早落叶,发芽晚,不开花或延迟开花,果实易落或不结果。枝干受害处最初略为肿大,以后逐渐形成瘤状,严重时枝条或全株枯死(图 5-50)。

②病原。植物上的桑寄生科植物主要有桑寄生属(*Loranthus*)和槲寄生属(*Visscum*)。

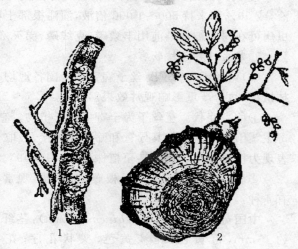

图 5-50　桑寄生
1. 被害枝条　2. 被害枝的横断面,示桑寄生的枝、叶果、吸盘及侵入寄主木质部的吸根

桑寄生属(*Loranthus*)植物树高 1 m 左右,茎褐色;叶对生、轮生或互生,全缘;花两性,花瓣分离或下部合生成管状;果实为浆果状的核果。我国常见的有桑寄生[L. parasiticu(L.)Merr.]和樟寄生(L. yadoriki S. et Z.)两种。

槲寄生属(*Viscum*)植物,枝绿色;叶对生,常退化成鳞片状;花单性异株,极小,单生或丛生于叶腋内或枝节上,雄花被坚实;雌花子房下位,1 室,柱头无柄或近无柄,垫状;果实肉质,果皮有黏胶质。

③发生规律。桑寄生科植物以植株在寄主枝干上越冬,每年产生大量种子传播为害。鸟类是传播桑寄生的主要媒介。鸟取食桑寄生浆果后,种子被鸟从嘴中吐出或随粪便排出后落在树枝上黏附于树皮上,在适宜的条件下种子萌发,萌发时胚芽背光生长,接触到枝干即在先端形成不规则吸盘,以吸盘上产生的吸根侵入寄主组织,与寄主导管相连,从中吸取水分和无机盐。同时,胚芽发育长出茎叶。

(3)寄生性种子植物害的防治措施。

①园艺措施防治。在菟丝子种子萌发期前进行深翻,将种子深埋在 3 cm 以下的土壤中,使其难以萌芽出土。经常巡查,一旦发现病株,应及时清除。在种子成熟前,结合修剪,剪除有种子植物寄生的枝条,注意清除要彻底,并集中销毁。

②药剂防治。对有菟丝子发生较普遍园地,一般于 5～10 月,酌情喷药 1～2 次。有效的药剂有 10％草甘膦水剂 400～600 倍液加 0.3％～0.5％硫酸铵,或 48 地乐胺乳油 600～800 倍液加 0.3％～0.5％硫酸铵。国外报道,防治桑寄生可用氯化苯氨基醋酸、2,4-D 和硫酸铜。

(三)根部病害

1. 根腐、根朽病类

根腐病类是观赏植物上的常见病害,包括根腐病、白绢病、白纹羽病、紫纹羽病、苗木立枯病等,主要是由真菌和非侵染性病原引起的,常导致植株的死亡。

(1)幼苗猝倒和立枯病。此病害是观赏植物的常见病害之一,全国各地均有此病发生,是育苗中的一大病害。

①危害症状。自播种至苗木木质化均可被侵害,种子在播种后至出土前,种子和芽受侵染发生腐烂,表现为种芽腐烂,苗床上出现缺行断垄现象;幼苗出土期,被病菌侵染,表现为茎叶腐烂;苗木出土后至嫩茎木质化之前,苗木根颈部被害,根颈处变褐色并发生水渍状腐烂,表现为幼苗猝倒;苗木茎部木质化后,根部被害,皮层腐烂,苗木不倒伏,称苗木立枯病。

②病原。a.鞭毛菌亚门、卵菌纲、霜霉目、腐霉属。菌丝无隔,无性阶段产生游动孢子囊,囊内产生游动孢子,在水中游动到达侵染部位。有性阶段产生厚壁而色泽较深的卵孢子,有时附有空膜有雄器(图5-51)。b.半知菌亚门、丝孢纲、瘤座菌目、镰孢属。c.半知菌亚门、丝孢纲、无孢菌目、丝核菌属。菌丝分隔,分枝近直角,分枝处明显溢缩。

③发生规律。引起幼苗猝倒和立枯病的病原菌都有较强的腐生能力,能在土壤的植物残体上腐生且能存活多年,它们分别以卵孢子、厚垣孢子和菌核渡过不良环境。病菌借雨水、灌溉水传播一旦遇到合适的寄主便侵染为害。病菌主要危害1年生幼苗,尤其是苗木出土后至木质化之前最容易感病。前作是茄子、番茄、大豆、烟草、瓜类等感病植物,病株残体多,病菌繁殖快,苗木易于发病。整地、作床或播种,若在

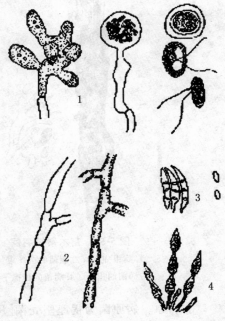

图 5-51 杉苗猝倒病病原菌
1.腐霉菌的孢囊梗、孢子囊、游动孢子和卵孢子
2.丝核菌的幼、老菌丝 3.镰孢菌的大、小分生孢子 4.镰格孢菌的分生孢子梗及分生孢子

雨天进行,不利于种子生长,种芽容易腐烂。圃地粗糙,土壤黏重,不利于苗木生长,病害易于发生。施用未经腐熟的有机肥料,常混有病株残体,病菌会蔓延为害苗木。一般播种量稍多,若间苗过迟,苗木过密,苗间湿度较大,病害易发生。苗木缺水或地表温度过高,根颈烫伤,有利于病害发生。

(2)花木紫纹羽病。此病害又称紫色根腐病。苗木受害后,病害发展很快,常导致苗木枯死;大树发病后,生长衰弱,严重的根茎腐烂而死亡。

①危害症状。从小根开始发病,蔓延至侧根及主根,甚至到树干基部,皮层腐烂,易与木质部剥离,病根及干基部表面有紫色网状菌丝层或菌丝束,有的形成一层质地较厚的毛绒状紫褐色菌膜,如膏药状贴在干基处,夏天在上面形成一层薄的白粉状孢子层。

病株地上部分表现为顶梢不发芽,叶形变小、发黄、皱缩卷曲,枝条干枯,最后全株死亡(图5-52)。

②病原。病原菌为紫卷担子菌[*Helicobasidium purpureum*(Tul.)Pat.],属担子菌亚

门、卷担子菌属。子实体膜质,紫色或紫红色。子实层向上、光滑。

③发生规律。在病根上的菌丝体和菌核潜伏在土壤内越冬。环境条件适宜时,萌发菌丝体,接触到健康林木的根后就直接侵入。可以通过病、健根的相互接触而传染蔓延。4月开始发病,6～8月为发病盛期,有明显的发病中心。地势低洼,排水不良的地方容易发病。在北京香山公园较干旱的山坡侧柏干基部也有发现。

(3)花木白纹羽病。此病害引起根部腐烂,造成整株枯死。

①危害症状。病菌侵害根部,初须根腐烂,后扩展到侧根和主根。土表根际处展布白色蛛网状的菌丝膜,有时形成小黑点,即病菌的子囊壳。栓皮呈鞘状套于根外,烂根有蘑菇味。植株地上部,叶片逐渐枯黄、凋萎,最后全株枯死(图5-53)。

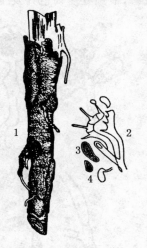

图 5-52　苗木紫纹羽病
1.病根症状　　2.病菌的菌丝束
3.病菌的担子　4.病菌的担孢子

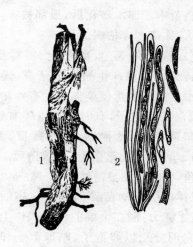

图 5-53　白纹羽病
1.病根上羽纹状菌丝片
2.病菌的子囊和子囊孢子

②病原。病原菌为褐座坚壳菌[*Rosellinia necatrix*(Hart.)Berl.],属子囊菌亚门、核菌纲、球壳菌目、座坚壳属。

③发生规律。病菌以菌核和菌索在土中或病株残体上越冬。病害的蔓延主要通过病、健根的接触和根状菌索的延伸。从根部表面皮孔侵入。根部死亡后,菌丝穿出皮层,在表面缠结成白色或灰褐色菌索,以后形成黑色菌核,有时形成子囊壳及分生孢子。一般3月中、下旬开始发病,6～8月发病盛期,10月以后停止发生。土质黏重、排水不良、低洼积水地,发病重;高温有利于病害的发生。

(4)花木白绢病。

①危害症状。白绢病主要发生于植物的根、茎基部。木本植物,一般在近地面的根茎处开始发病,而后向上部和地下部蔓延扩展。受害植物叶片失水凋萎,枯死脱落,生长停滞,花蕾发育不良,僵萎变红。主要特征是病部呈水渍状,黄褐色至红褐色湿腐,其上被有白色绢丝状菌丝层,多呈放射状蔓延,常常蔓延到病部附近土面上,病部皮层易剥离,基部叶片易脱落。君子兰和兰花发生于叶茎部及地下肉质茎处。发病的中后期,在白色菌丝层中常出现黄白色油菜籽大小的菌核,后变为黄褐色或棕色(图5-54)。

②病原。病原菌有性阶段为[*Pellicularia rolfsii*(Sacc.)West.],属担子菌亚门、薄膜

革菌属,有性阶段较少见。无性阶段为齐整小核菌(*Sclerotium rolfsii* Sacc.),属半知菌亚门、小核菌属。

③发生规律。以菌丝与菌核在病株残体、杂草上或土壤中越冬,菌核可在土壤中存活5~6年。环境条件适宜时,菌核产生菌丝进行侵染。病菌可由病苗、病土和水流传播。直接侵入或从伤口侵入。病菌发育的适宜温度为32~33℃,最高温度38℃,最低温度13℃。高温、高湿是发病的主要条件。土壤疏松湿润、株丛过密有利于发病;连作发病重;酸性沙质土也会加重病害发生。

(5)花木根朽病。

①危害症状。病菌侵染根部或根颈部,引起皮层腐烂和木质部腐朽。杜鹃被害的初期症状,表现为皮层的湿腐,具有浓重的蘑菇味;黑色菌索包裹着根部;紧靠土表的松散树皮下有白色菌扇,也形成蘑菇。根系及根颈腐烂,最后整株枯死(图5-55)。

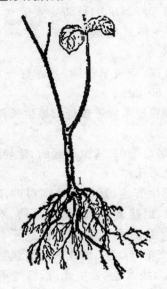

图 5-54 茉莉花白绢病

1. 病根

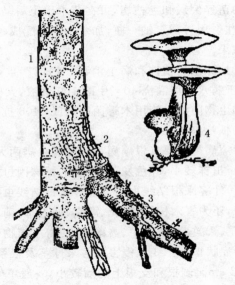

图 5-55 花木根朽病

1. 皮下的菌扇 2. 皮下的菌索 3. 根皮表面的菌索 4. 子实体

②病原。病原菌为小蜜环菌(假蜜环菌)[*Armillariella mellea* (Vahl. ex Fr.) Karst.],属担子菌亚门、层菌纲、伞菌目、小蜜环菌属。

③发生规律。蜜环菌腐生能力强,可以广泛存在于土壤或树木残桩上。成熟的担孢子可随气流传播侵染带伤的衰弱木。菌索可在表土内扩展延伸,当接触到健根时,可以直接侵入根内,或通过根部伤口侵入。植株生长衰弱,有伤口存在,土壤黏重,排水不良,有利于病害的发生。

(6)根腐、根朽病类的防治措施。

①防治苗木猝倒和立枯病。a. 选好圃地,要求不积水,透水性良好,不连作,前作不要是茄科等易感病植物。b. 圃地深翻、耙平,底肥施充分腐熟的农家有机肥,播种沟内撒入75%敌克松 4~6 g/m²。c. 精细选种,播种前用 0.2%~0.5%的敌克松等拌种。d. 播种后尽量少灌水,减少发病;出现苗木感病时,在苗木根颈部用75%敌克松 4~6 g/m² 灌根。栽植前,将苗木根部浸入 70%甲基托布津 500 倍溶液中10~30 min,进行根系消毒处理。

②加强管理提高植株抗病力。选栽抗病品种。注意前作,防止连作;改良土壤,加强水肥管理,增施有机肥,促进根系生长;开好排水沟,雨季及时排涝,降低相对湿度。

③病树治疗。当地上部初现异常症状如枯萎,叶小发黄时,应及时挖土检查,并采取相应措施。如为白绢病,则先将根茎部病斑彻底刮除,并采取相应措施,用抗菌剂 402 的 50 倍液或 1.9％硫酸铜液进行伤口消毒,然后涂保护剂;如为白纹羽病、紫纹羽病、根朽病,则应切除霉烂根。刮下、切除的病根组织均应带出园外销毁。病根周围土壤挖出,换上新土。病根周围灌注 500～1 000 倍的 70％的甲基托布津药液,或 50％多菌灵可湿性粉剂 500～1 000 倍液或 50％代森锌 200～400 倍液或福尔马林 400 倍液,也可使用草本灰。病株周围土壤用二硫化碳浇灌处理,既消毒了土壤又促进绿色木霉菌(*Trichoderma virid*)的大量繁殖,以抑制蜜环菌的发生。病树处理及施药时期要避开夏季高温多雨季节,处理后加施腐熟人粪尿或尿素,尽快恢复树势。

幼苗猝倒病和立枯病,可在苗木出土后马上喷施青霉素[80 万单位(青霉素钠 0.6 μg 为 1 单位)注射用青霉素钠一瓶,加水 10 kg 配成药液],隔 10～15 d,连续喷 5～6 次,有比较好的防治效果。

④挖除重病植株和病土消毒。病情严重及枯死的植株,应及早挖除,并做好土壤消毒工作,可于病穴土壤灌浇 40％甲醛 100 倍液,大树每株 30～50 kg。

⑤生物防治。施用木霉菌制剂或 5406 抗生菌肥料覆盖根系促进植株健康生长。

2. 根瘤病类

根瘤病类主要有根癌病和根结线虫病两大类。一般是由细菌、线虫引起的,常导致植物生长不良,植株矮小,叶色发黄,严重的植株因过度消耗营养而死亡。

(1)仙客来根结线虫病。仙客来根结线虫病在我国发生普遍,其寄主范围很广,除为害仙客来外,还为害六棱柱、桂花、海棠、仙人掌、菊、石竹、大戟、倒挂金钟、栀子、唐菖蒲、木槿、绣球花、鸢尾、天竺葵、矮牵牛、蔷薇等,使寄主植物生长受阻,严重时可导致植株死亡。

①症状识别。线虫侵害仙客来球茎及根系的侧根和支根,球茎上形成大的瘤状物,直径可达 1～2 cm。侧根和支根上的瘤较小,一般单生。根瘤初为淡黄色,表皮光滑,后变褐色,表皮粗糙,切开根瘤,可见发亮的白色颗粒,即为梨形的雌虫体。地上部分植株矮小,叶色黄化,严重时叶片枯死(图 5-56)。

②病原。病原物为南方根结线虫(*Meloidogyne incognita* Chitwood.)。雄虫蠕虫形,细长,长 1.2～2.0 mm,尾短而圆钝,有两根弯刺状的交合器;雌虫鸭梨形,大小为(0.5～0.69) mm×(0.30～0.43)mm,阴门周围有特殊的会阴花纹,这是鉴定种的重要依据;幼虫蠕虫形;卵长椭圆形,无色透明。

③发生规律。线虫以 2 龄幼虫或卵在土壤中或根结内过冬。当土壤温度达 20～30℃,湿度在 40％以上时,线虫侵入根部为害,刺激寄主形成巨型细胞,形成根结。完成 1 代需 30～50 d,1 年可发生多代。通过流水、肥料、种苗传播。温度高湿度大发病严重,在沙壤土中发病也较重。

(2)樱花根癌病。根癌病在我国分布很广,寄主范围也很广,菊、石竹、天竺葵、樱花、月季、蔷薇、柳、桧柏、梅、南洋杉、银杏、罗汉松等均能为害,寄主多达 59 个科、142 属、300 多种。受害植物生长缓慢,叶色不正,严重的引起死亡。

①危害症状。主要发生在根颈部,也发生在主根、侧根及地上部主干和侧枝上。病部膨大

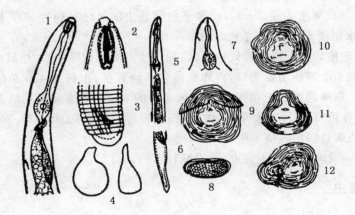

图 5-56 根结线虫

1.雄虫前端 2.雄虫头部 3.雄虫尾部 4.雌虫外形 5～6.幼虫头尾部 7.雌虫头部 8.卵
9.爪哇根结线虫会阴花纹 10.南方根结线虫会阴花纹 11.尖形根结线虫会阴花纹 12.花生根结线虫会阴花纹

呈球形的瘤状物。幼瘤为白色,质地柔软,表面光滑,后瘤状物增大,质地变硬,褐色或黑褐色,表面粗糙、龟裂。重者引起全株死亡,轻的造成植株生长缓慢、叶色不正(图 5-57)。

②病原病原菌为根癌土壤杆菌[*Agrobacterium tumefaciens* (Smith et Towns.) Conn.]。菌体短杆状,大小为(1.2～5)μm×(0.6～1)μm,具 1～3 根极生鞭毛。革兰氏染色阴性反应;在固体培养基上菌落圆而小,稍突起半透明。

③发病规律。病菌在癌瘤组织的皮层内越冬,或在癌瘤破裂蜕皮时,进入土壤中越冬,病菌能在土壤中能存活一年以上。雨水和灌溉水是传病的主要媒介,地下害虫如蛴螬、蝼蛄、线虫等在病害传播上也起一定的作用。苗木带菌是远距离传播的重要途径。病菌通过伤口侵入寄主。病菌会引起寄主细胞异常分裂,形成癌瘤。碱性土壤有利于发病,在 pH 6.2～8 均能保持病菌的致病力。pH 低于 5 时,带菌土壤则不能使植物发病。黏重、排水不良的土壤发病多,土

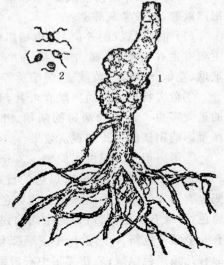

图 5-57 樱花根癌病
1.根颈部被害状 2.病原细菌

质疏松、排水良好的沙质壤土则发病少,地下害虫为害使根部受伤,增加发病机会。

(3)根瘤病类的防治措施。

①加强栽培管理。选择无病土壤作苗圃,实施轮作。苗圃地土壤消毒,防治细菌性根瘤病可用每平方米施硫磺粉 50～100 g,或 5%福尔马林 60 g,或漂白粉 100～150 g 对土壤进行处理;防治根结线虫可用日光暴晒和高温干燥方法进行处理,或用克线磷、二氯异丙醚、丙线磷(益收宝)、苯线磷(力满库)、棉隆(必速灭)等颗粒剂进行土壤处理。碱性土壤应适当施用酸性肥料或增施有机肥料,如绿肥等,以改变土壤 pH。雨季及时排水,以改善土壤的通透性。中耕应尽量少伤根。苗木检查消毒,调出苗木,用 1%硫酸铜溶液浸 5 min 或用 3%次氯酸钠液

浸泡 3 min,再放入 2%石灰水中浸 2 min;仙客来根结线虫病可将染病种球在 46.6℃水中浸泡 60 min 或在 50℃水中浸泡 10 min 杀死线虫。

②病株处理。在定植后的果树上发现病瘤时,先用快刀彻底切除病瘤,然后用 100 倍硫酸铜溶液或 50 倍抗菌剂 402 溶液消毒切口,再外涂波尔多液保护;也可用 400 单位链霉素涂切口,外加凡士林保护。病株周围的土壤可用抗菌剂 402 的 2 000 倍溶液灌注消毒。防治根结线虫可在生长期对病株可将 10%力满库(克线磷)施于根际附近,每公顷 45～75 kg,可沟施、穴施或撒施,也可把药剂直接混入浇水中。

③防治地下害虫。及时防治地下害虫,可以减轻发病。

二、观赏植物害虫

(一)食叶性害虫

1.蝶类

蝶类属鳞翅目中的锤角亚目(Rhopalocera)。蝶类的成虫身体纤细,触角前面数节逐渐膨大呈棒状或球杆状,均在白天活动,静止时翅直立于体背。

主要重点介绍柑橘凤蝶、菜粉蝶、香蕉弄蝶、茶褐樟蛺蝶、曲纹紫灰蝶。

(1)柑橘凤蝶(图 5-58)。柑橘凤蝶,属凤蝶科。主要寄主有柑橘、金橘、四季橘、柚子、柠檬、佛手、玳玳、花椒、竹叶椒、黄菠萝、吴茱萸等。

①危害特点。以幼虫取食叶片,是柑橘类花木的重要害虫。苗木和幼树的新梢、叶片常被吃光,严重影响柑橘的生长和观赏效果。

②形态识别。成虫体长 25～30 mm,翅展 70～

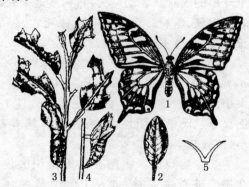

图 5-58　柑橘凤蝶
1.成虫　2.卵　3.幼虫及被害状
4.蛹　5.幼虫前胸翻缩腺

100 mm,体黄绿色,背面有黑色的直条纹,腹面、两侧也有同样的条纹。翅绿黄色或黄色,沿脉纹两侧黑色,外缘有黑色宽带;带的中间前翅有 8 个、后翅有 6 个绿黄色新月斑;前翅中室端部有 2 个黑斑,基部有几条黑色纵线;后翅黑带中有散生的蓝色鳞粉,臀角有橙色圆斑,中有一小黑点。

卵:直径约 1 mm,圆球形。初产时淡黄白色,近孵化时变成黑灰色。

幼虫:老熟幼虫 35～38 mm。体绿色,体表光滑。后胸背面两侧有蛇眼纹,中间有 2 对马蹄形纹;第 1 腹节背面后缘有 1 条粗黑带;第 4、5 腹节和第 6 腹节两侧各有蓝黑色斜行带纹 1 条,在背面相交。前胸背面翻缩腺橙黄色。

蛹:长 28～32 mm,呈纺锤形,前端有 2 个尖角。有淡绿、黄白、暗褐等多种颜色。

③发生规律。在广西、广东、福建年发生 6 代。以蛹附着在橘树叶背、枝干及其他比较隐蔽场所越冬。成虫白天活动,卵散产于嫩芽上和叶背,卵期约 7 d。幼虫孵化后先食卵壳,然后食害芽和嫩叶及成叶,共 5 龄,老熟后多在隐蔽处吐丝作垫,以臀足趾钩抓住丝垫,然后吐丝在胸腹间环绕成带,缠在枝干等物上化蛹(缢蛹)越冬。天敌有凤蝶金小蜂和广大腿小蜂等。

(2)菜粉蝶(图 5-59)。菜粉蝶又称菜青虫、菜白蝶,属粉蝶科。全国各地均有分布。主要为害十字花科植物的叶片,特别嗜好叶片较厚的甘蓝、花椰菜等。

①危害特点。初龄幼虫在叶背啃食叶肉,残留表皮,3龄以后吃叶成孔洞和缺刻,严重时只残留叶柄和叶脉,同时排出大量虫粪,污染叶面。幼虫为害造成的伤口又可引起软腐病的侵染和流行,严重影响观赏效果。

②形态识别。成虫体长 12～20 mm,翅展45～55 mm。体灰黑色,头、胸部有白色绒毛,前后翅都为粉白色,前翅顶角有 1 个三角形黑斑,中部有 2 个黑色圆斑。后翅前缘有 1 个黑斑。

卵:长瓶形,高 1 mm,表面有规则的纵横隆起线,其中纵脊 11～13 条,横脊 35～38 条。初产为黄绿色,后变淡黄色。

幼虫:体长 35 mm,全体青绿,体密布黑色瘤状突起,上面生有细毛,背中央有 1 条细线,两侧围气门有一横斑,气门后还有 1 个。

蛹:18～21 mm,纺锤形,体背有 3 条纵脊,体色有青绿色和灰褐色等。

③发生规律。各地发生代数、历期不同。以蛹在发

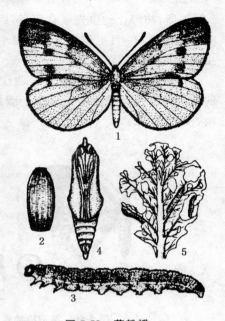

图 5-59 菜粉蝶
1. 成虫 2. 卵 3. 幼虫
4. 蛹 5.被害状

生地附近的墙壁屋檐下或篱笆、树干、杂草残株等处越冬。翌春 4 月初开始陆续羽化,边吸食花蜜边产卵,以晴暖的中午活动最盛。卵散产,多产于叶背,平均每雌产卵 120 粒左右。菜青虫发育的最适温度 20～25℃,相对湿度 76% 左右。菜青虫的发生有春、秋两个高峰。夏季由于高温、干燥,发生也呈现一个低潮。已知天敌在 70 种以上,主要的寄生性天敌,卵期有广赤眼蜂;幼虫期有微红绒茧蜂、菜粉蝶绒茧蜂(又名黄绒茧蜂)及颗粒体病毒等;蛹期有凤蝶金小蜂等。

(3)茶褐樟蚕蝶(图 5-60)。茶褐樟蚕蝶又称樟蚕蝶,属蚕蝶科。为害樟树、香樟、白兰等。

①危害特点。幼虫咀食叶片,严重发生时,将叶片食尽,仅残留主脉及叶基,影响生长和观赏效果。

②形态识别。成虫体长 34～36 mm,翅展 65～70 mm,体背、翅红褐色,腹面浅褐色。触角黑色。后胸、腹部背面,前、后翅缘近基部密生红褐色长毛。前翅外缘及前缘外半部带黑色,中室外方饰有白色大斑,后翅有尾突 2 个。

卵:半球形,高约 2 mm,深黄色,散生红褐色斑点。

幼虫:老熟幼虫体长 55 mm 左右,绿色,头部后缘有骨质突起的浅紫褐色四齿形锄枝刺,第 3 腹节背中央镶 1 个圆形淡黄色斑。

蛹:体长 25 mm,粉绿色,悬挂叶或枝下。稍有光泽。

③发生规律。广西 1 年 3～4 代,以老熟幼虫在背风,向阳、枝叶茂密的树冠中部的叶面主脉处越冬。翌年 3 月活动取食,4 月中旬化蛹,5 月上旬前后羽化成虫;5 月中旬产卵,5 月下旬幼虫孵化,各代幼虫分别于 6 月、8～9 月及 11 月取食为害。7 月下旬第 1 代成虫羽化,成虫常飞至栎树伤口,以伤口流汁为补充营养。随后交尾、产卵,卵多产于樟树老叶上。卵散产,一般

1叶1卵,初孵化幼虫先取食卵壳,后爬至翠绿中等老叶上取食,老熟幼虫吐丝缠在树枝或小叶柄上化蛹;10月上旬第2代成虫羽化。第3代幼虫于10月下旬出现,12月上旬前后末龄幼虫陆续越冬。

(4)曲纹紫灰蝶(图5-61)。曲纹紫灰蝶也称苏铁小灰蝶,属灰蝶科,是一种专门为害苏铁的检疫性害虫。国外主要分布于缅甸、马来西亚、斯里兰卡;国内分布于香港、广东、广西、海南、福建、浙江。

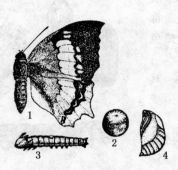

图5-60　茶褐樟蛱蝶

1.成虫　2.卵　3.幼虫　4.蛹

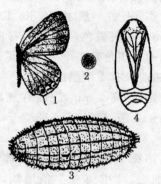

图5-61　曲纹紫灰蝶

1.成虫　2.卵　3.幼虫　4.蛹

①危害特点。曲纹紫灰蝶幼虫啃食苏铁新叶叶肉或咬食小叶,造成叶片缺损,严重时芽叶全部吃光,导致苏铁株顶无叶,或仅剩羽状复叶,影响观赏价值,甚至可导致整株枯死。

②形态识别。成虫雄蝶体长12 mm,翅展28 mm,雌虫略大。雄蝶翅蓝紫色,金属光泽,外缘黑褐色,亚缘带由1列黑褐色斑点构成,尾突细长黑色,端部白色。雌蝶翅黑褐色,中后区域有青蓝色金属光泽,后翅亚缘带由1列黑斑组成。翅反面雌雄相同,均呈灰褐色,斑纹黑褐色并具白边;前翅外缘有两列斑带,外横斑列在Cu_2和Cu_1室的斑斜,中室端纹棒状;后翅外缘斑列在2A、Cu_2和Cu_1室的斑点黑色并有金黄色光泽鳞片散布,内侧的橙黄色斑纹向M_3室延伸,外横斑列曲折(故名曲纹紫灰蝶)且前端1黑斑显著,翅基有4个大小不等的黑斑。

卵:白色,扁球形,直径0.4~0.5 mm,精孔区凹陷,表面满布多角形雕纹。

幼虫:老熟幼虫体长9~11 mm,体紫红色或绿色,椭圆形而扁,边缘薄而中间厚。头小,缩在胸部内,足短,背面密布黑短毛。

蛹:体长0.8~0.9 mm,宽0.3~0.4 mm。黄褐色,有黑褐色斑纹,缢蛹,椭圆形,光滑。

③发生规律。广西1年3~4代,以幼虫或蛹在鳞片叶的缝隙间越冬以蛹越冬。世代重叠现象严重。从4月苏铁抽春叶开始至11月、12月,凡有嫩叶均可见幼虫为害,但以夏、秋季为害最重(7~10月)。成虫需补充营养,产卵于花蕾、嫩叶上,每只雌成虫产卵20余粒。幼虫孵化后钻蛀取食,幼虫共4龄,1~2龄幼虫体小,藏匿于卷曲钟表发条状的小叶内,啃食表皮和叶肉,留下另一层表皮,不易觉察,3龄以上幼虫食量大增,可将整个嫩叶取食殆尽。幼虫有群集为害习性,老熟后的幼虫在鳞片叶间化蛹。曲纹紫灰蝶的发生与苏铁的叶期密切相关,春叶期气温偏低,不太适宜灰蝶的生长发育,少见为害。夏秋叶期气温升高,且各株苏铁抽叶不整齐,给幼虫提供了源源不断的食物,是灰蝶猖獗为害时期,25~35℃适

宜灰蝶的生长发育。

(5)蝶类防治方法。

①加强检疫。加强对引进的铁树的检查,防治曲纹紫灰蝶的传入。

②人工防治。人工捕杀幼虫和越冬蛹,在养护管理中摘除有虫叶和蛹。

③生物防治。在幼虫期,喷施每毫升含孢子 $100×10^8$ 以上的青虫菌粉或浓缩液 400～600 倍液,加 0.1％茶饼粉以增加药效;或喷施每毫升含孢子 $100×10^8$ 以上的 Bt 乳剂 300～400 倍液。收集患质型多角体病毒病的虫尸,经捣碎稀释后,进行喷雾,使其感染病毒病,也有良好效果。将捕捉到的老熟幼虫和蛹放入孔眼稍大的纱笼内,使寄生蜂羽化后飞出继续繁殖寄生,对害虫起克制作用。

④化学防治。可于低龄幼虫期喷 1 000 倍的 20％灭幼脲 1 号胶悬剂。如被害植物面积较大,虫口密度较高时,可用 20％杀灭菊酯乳油 2 500～3 000 倍液或 20％甲氰菊酯乳油 800～1 000 倍液喷杀。

2.刺蛾类

刺蛾类属鳞翅目刺蛾科。成虫鳞片松厚。多呈黄、褐或绿色,有红色或暗色斑纹。幼虫蛞蝓形,体上常具瘤和刺。被刺后,多数人皮肤痛痒。

(1)黄刺蛾(图 5-62)。

①危害特点。它是一种杂食性食叶害虫。初龄幼虫只食叶肉,4 龄后蚕食整叶,常将叶片吃光,严重影响植物生长和观赏效果。

②形态识别。成虫体长 15 mm,翅展 33 mm 左右,体肥大,黄褐色,头胸及腹前后端背面黄色。触角丝状灰褐色,复眼球形黑色。前翅顶角至后缘基部 1/3 处和臀角附近各有 1 条棕褐色细线,内侧线的外侧为黄褐色,内侧为黄色;后翅淡黄褐色,边缘色较深。

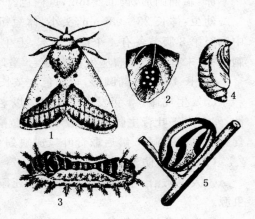

图 5-62 黄刺蛾
1.成虫 2.卵 3.幼虫 4.蛹 5.茧

卵:椭圆形,扁平,长 1.4～1.5 mm,表面有线纹,初产时黄白,后变黑褐。

幼虫:体长 16～25 mm,肥大,呈长方形,黄绿色,背面有一紫褐色哑铃形大斑,边缘发蓝。头较小,淡黄褐色;前胸盾半月形,左右各有一黑褐斑。

蛹:长 11～13 mm,椭圆形,黄褐色。茧石灰质坚硬,椭圆形,上有灰白和褐色纵纹似鸟卵。

③发生规律。1 年发生 2～3 代,以老熟幼虫在枝干上的茧内越冬。成虫昼伏夜出,有趋光性,羽化后不久交配产卵。卵产于叶背。初孵幼虫群集取食叶肉呈网状,4 龄后分散食叶成缺刻。

(2)褐边绿刺蛾(图 5-63)。

①危害特点。幼虫取食叶片,低龄幼虫取食叶肉,老龄时将叶片吃成孔洞,严重影响树势。

②形态识别。成虫体长 16 mm,翅展 38～40 mm。触角棕色,雄栉齿状,雌丝状。头、胸、背绿色,胸背中央有一棕色纵线,腹部灰黄色。前翅绿色,基部有暗褐色大斑,外缘为灰黄色宽

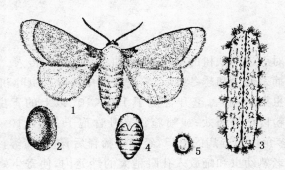

图 5-63　褐边绿刺蛾
1. 成虫　2. 茧　3. 幼虫　4. 蛹　5. 卵

带,带上散生有暗褐色小点和细横线,带内缘内侧有暗褐色波状细线。后翅灰黄色。

卵:扁椭圆形,长 1.5 mm,黄白色。

幼虫:体长 25～28 mm,头小,体短粗,初龄黄色,稍大黄绿至绿色,前胸盾上有 1 对黑斑,中胸至第 8 腹节各有 4 个瘤状突起,上生黄色刺毛束,第 1 腹节背面的毛瘤各有 3～6 根红色刺毛;腹末有 4 个毛瘤丛生蓝黑刺毛,呈球状;背线绿色,两侧有深蓝色点。

蛹:长 13 mm,椭圆形,黄褐色。茧长 16 mm,椭圆形,暗褐色酷似树皮。

③发生规律。1 年发生 1～3 代,以老熟幼虫于浅土层结茧越冬。成虫昼伏夜出,有趋光性,卵多产于叶背主脉附近,数十粒呈鱼鳞状排列。初孵幼虫不取食,2 龄后取食叶肉,3、4 龄食穿表皮成孔洞,6 龄后取食叶缘成缺刻。

(3)刺蛾类防治方法。

①人工防治。及时摘除虫叶,杀死刚孵化尚未分散的幼虫;或冬季结合翻地,消灭越冬虫源。

②生物防治。保护和引放寄生蜂。于低龄幼虫期喷洒 10 000 倍的 20% 除虫脲(灭幼脲 1 号)悬浮剂,或于较高龄幼虫期喷 500～1 000 倍的每毫升含孢子 100 亿以上的 Bt 乳剂等。

③化学防治。必要时在幼虫盛发期喷洒 50% 辛硫磷乳油 1 500～2 000 倍液、5% 来福灵乳油 3 000 倍液。

(4)利用黑光灯诱杀成虫。

3. 袋蛾类

袋蛾类又称蓑蛾,俗名避债虫。属鳞翅目袋蛾科。常见有大袋蛾[*Cryptothelea*（Clania）*variegata* Snellen],茶袋蛾[*Cryptothelea*（Clania）*minuscula* Butler]、桉袋蛾(*Acanthopsyche subferalbata* Hampson)、白囊袋蛾(*Chalioides kondonis* Matsumura.)。

(1)危害特点。袋蛾成虫性二型,雌虫无翅,触角、口器、足均退化,几乎一生都生活在护囊中;雄虫具有两对翅。幼虫能吐丝营造护囊,丝上大多粘有叶片、小枝或其他碎片。幼虫能负囊而行,探出头部蚕食叶片,化蛹于袋囊中。为害茶、樟、杨、柳、榆、桑、槐、栎(栗)、乌桕、悬铃木、枫杨、木麻黄、扁柏等。幼虫取食树叶、嫩枝皮。大发生时,几天能将全树叶片食尽,残存秃枝光干,严重影响树木生长,使枝条枯萎或整株枯死。

(2)形态识别,见表 5-4。

表 5-4　种袋蛾形态特征比较

虫态	大袋蛾	茶袋蛾	桉袋蛾	白囊袋蛾
成虫	雌虫长 22～30 mm,乳白色。雄虫长 15～20 mm,前翅近外缘有 4 块透明斑。体黑褐色,具灰褐色长毛	雌虫长 15～20 mm,米黄色。雄虫长 15～20 mm,体、翅共褐色。前翅具 2 个长方形透明斑。体具白色长毛	雌虫长 6～8 mm,黑褐色。雄虫长 4 mm,体、前翅黑色,后翅底面银灰色,具光泽	雌虫长约 9 mm,淡黄色。雄虫长 8～11 mm 前后翅透明,体灰褐色,具白色鳞毛
幼虫	体长 32～37 mm,头赤褐毛,体黑褐色,胸部背面骨化强,具 2 条棕色斑纹,腹部各节有横皱	体长 20～24 mm,具黑褐色网纹,头黄褐色,胸部各节背面具 4 条褐纵纹,正中 2 条明显	体长约 8 mm,头淡黄色,腹部乳白色,胸部各节背面具 4 条褐纵纹,有时褐斑相连成纵纹	体长 25～30 mm,红褐色,胸部背面有深色点纹,腹部毛片色深
袋囊	长约 60 mm,灰黄褐色,袋囊外常包有 1～2 片枯叶,袋囊丝质较疏松	长约 30 mm,以细碎叶片与丝织成外层缀结平行排列的小枝梗	长约 10 mm,袋囊表面附有细碎叶片和枝皮,袋囊口系有长丝 1 条	长约 30 mm,完全用丝织成,灰白色,袋囊丝质较密致,不附叶片与枝梗

（3）发生规律。在南方有 1 年 2 代的,以老熟幼虫在袋囊内越冬。翌年春天一般不再活动、取食,或稍微活动取食,桉袋蛾需继续活动为害。4～6 月,越冬老熟幼虫在袋囊中调转头向下,脱最后一次皮化蛹,蛹头向着排泄口,以利成虫羽化爬出袋囊。雌成虫羽化后仍留在袋囊内,雄成虫羽化时,将 1/2 蛹壳留在袋囊中。交尾时,雌成虫将头伸出袋囊排泄口外,袋蛾性信息激素释放点在头部,以诱引雄成虫,雄成虫交尾时将腹部伸入雌成虫袋囊内。交尾后,雌成虫产卵于蛹壳内,并将尾端绒毛覆盖在卵堆上。每雌产卵量因种类而异,一般 100～300 余粒,个别种多达 2 000 粒。卵经 15～20 d 孵化,初孵幼虫吃去卵壳,从袋囊排泄口蜂拥而出,吐丝下垂,随风吹到枝叶下,咬取枝叶表皮吐丝缠身做袋囊;初龄幼虫仅食叶片表皮,虫龄增加,食叶量加大,取食时间在早晚及阴天。10 月中下旬,幼虫逐渐沿枝梢转移,将袋囊用丝牢牢固定在枝上,袋口用丝封闭越冬。

（4）综合治理方法。

①人工摘除袋囊。秋冬结合整枝、修剪,摘除护囊,消灭越冬幼虫。

②诱杀成虫。利用大袋蛾雄性成虫的趋光性,用黑光灯诱杀。也可用大袋蛾性外激素诱杀雄成虫。

③生物防治。幼虫和蛹期有多种寄生性和捕食性天敌,如鸟类、姬蜂、寄生蝇及致病微生物等,应注意保护利用。Bt 制剂（每克芽孢量 100 亿以上）1 500～2 000 g/hm²,加水 1 500～2 000 kg,喷雾防治。

④化学防治。在初龄幼虫阶段,每公顷用 90% 的晶体敌百虫 50% 辛硫磷乳油、40% 乐斯本乳油、20% 抑食肼胶悬剂 1 000～1 500 mL 或 25% 灭幼脲胶悬剂、5% 抑太保乳油 1 000～2 000 mL、2.5% 溴氰菊酯乳油、2.5% 功夫乳油 450～600 mL,加水 1 200～2 000 kg,喷雾。根据幼虫多在傍晚活动的特点,一般在傍晚喷药,喷雾时要注意喷湿护囊。

4.毒蛾类

毒蛾类属于鳞翅目毒蛾科。主要寄主有桑科、樟科、大戟科、豆科、壳斗科、山榄科、木棉科、桃金娘科、楝科以及温带地区的蔷薇科、桦木科、杨梅科、胡桃科等植物。

(1)危害特点。毒蛾的食性很杂,毒蛾为害多种农林作物,幼虫有群集为害习性。初孵幼虫群集在叶背面取食叶肉,叶面现成块透明斑,3龄后分散为害形成大缺刻,仅剩叶脉。

(2)形态识别。

①豆毒蛾(图5-64)。成虫翅展雄34～40 mm,雌45～50 mm。触角黄褐色;下唇须、头、胸和足深黄褐色;腹部褐色;后胸和第2、3腹节背面各有一黑色短毛束;前翅内区前半褐色,布白色鳞片,后半黄褐色,内线为一褐色宽带,内侧衬白色细线,后翅淡黄色带褐色;前、后翅反面黄褐色;横脉纹、外线、亚端线和缘毛黑褐色。雌蛾比雄蛾色暗。

卵:半球形,淡青绿色。

幼虫:体长40 mm左右,头部黑褐色、有光泽、上具褐色次生刚毛,体黑褐色,亚背线和气门下线为橙褐色间断的线。前胸背板黑色,有黑色毛;前胸背面两侧各有一黑色大瘤,上生向前伸的长毛束,其余各瘤褐色,上生白褐色毛。第1～4腹节背面有暗黄褐色短毛刷,第8腹节背面有黑褐色毛束;胸足黑褐色,跗节有褐色长毛;腹足暗褐色。

蛹:红褐色,背面有长毛,腹部前4节有灰色瘤状突起。

②黄尾毒蛾(图5-65)。成虫体长12～19 mm,翅展25～35 mm;雄蛾体长11～15 mm,翅展24～26 mm。体白色,复眼黑色,前翅后缘有两个黑褐色斑纹,有时不明显。雌成虫触角栉齿状,腹部粗大,尾端有黄色毛丛;雄成虫触角羽毛状,体瘦小,腹末黄色部分较少。

图 5-64　豆毒蛾

1. 成虫　2. 卵　3. 幼虫　4. 蛹　5. 茧　6. 被害状

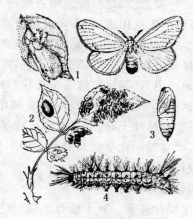

图 5-65　黄尾毒蛾

1. 成虫　2. 卵　3. 蛹　4. 幼虫

卵:直径0.6～0.7 mm,扁圆形,灰白色,半透明。卵块呈馒头状,上覆黄毛。

幼虫:体长26～38 mm,黄色。背线、气门下线红色;亚背线、气门上线、气门线黑色,均断续不连,每节有毛瘤3对。

蛹:体长14～20 mm,黄褐色。

③茶毒蛾。雌蛾体长约18 mm,翅展30～40 mm;雄蛾体略小,体翅暗褐色至板栗黑色,前翅基部色深,外横线细黑弯曲,内翅有一较大远圆形的黄白色斑,翅尖有3条短黑斜纹,靠近中横线隐现有2条相互靠近的细黑曲线。后翅色稍浅,无线纹。卵近球形黄白色,顶凹陷、块状。成熟幼虫体长23～36 mm,黑褐色,较细长多毛,腹部第1～4节背面各有一对褐色毛束,第5节有一对白色较短的毛束,第8节背面有一对灰色毛束,向后斜伸。背中及体侧有红色纵线。蛹外有丝茧,棕褐色。

（3）发生规律。

①豆毒蛾。南方年发生 3～4 代，以幼虫越冬。老熟幼虫以体毛和丝作茧化蛹。有趋光性，卵产于叶背，每一卵块有 50～200 粒，幼龄幼虫集中为害，仅食叶肉，2～3 龄后分散为害。

②黄尾毒蛾。南方年 3～5 代。以 3～4 龄幼虫在树干裂缝或枯叶内结茧越冬。成虫有趋光性。卵产于叶背，卵有腹末黄毛覆盖。每雌蛾产卵 200～550 粒。幼龄幼虫群集，3 龄后分散为害。幼虫白天停栖叶背阴凉处，夜间取食叶片。老熟幼虫在树干裂缝结茧化蛹。

③茶毒蛾。广西、福建 3～4 代以卵在树冠中或下层 1 m 以下的萌芽枝条或叶背越冬。初孵幼虫群集为害，老熟后于群集树、枯枝落叶或根际四周土中化蛹。卵产在叶背或树干上，卵块上覆尾毛。主要天敌有茶毛虫黑卵蜂、赤眼蜂、茶毛虫绒茧蜂等。

（4）综合治理办法。

①人工防治。结合养护管理摘除卵块及初孵尚群集的幼虫。

②灯光诱杀。利用黑光灯诱杀成虫。

③生物防治。保护天敌昆虫。喷施微生物制剂，可用每克或每毫升含孢子 100×10^8 以上的青虫菌制剂 500～1 000 倍液在幼虫期喷雾。

④药剂防治。用 90％敌百虫晶体 1 000 倍液，或 10 mg/kg 灭幼脲 1 号，防治幼虫。

5. 灯蛾类

灯蛾类属鳞翅目灯蛾科。中型至大型蛾类。主要有星白雪灯蛾（*Spilosoma menthastri* Esper）、人文污灯蛾（*Spilarctia subcaenea* Walker）、红缘灯蛾 *Amsacta lactinea* Cramer）、八点灰灯蛾（*Creatonotus transisens* Walker）、显脉污灯蛾（*Spilarctia bisecta* Leech）。寄主主要有木槿、芍药、萱草、鸢尾、菊花、月季、茉莉等。

（1）危害特点。多为杂食性。幼虫食叶，吃成孔洞或缺刻，使叶面呈现枯黄斑痕，严重时将叶片吃光。

虫体粗壮，色泽鲜艳，腹部多为黄或红色。翅为白、黄、灰色，多具条纹或斑点，成虫多夜出活动，趋光性强。幼虫密被毛丛。

（2）形态特征。

①人文污灯蛾（图 5-66）。成虫体长约 20 mm，翅展 45～55 mm。体、翅白色，腹部背面除基节与端节外为红色。前翅外缘至后缘有一斜列黑点，后翅略染红色。卵扁球形，淡绿色，直径约 0.6 mm。末龄幼虫约 50 mm 长，头较小，黑色，体黄褐色披棕黄色长毛；中胸及腹部第 1 节背面各有横列的黑点 4 个；腹部第 7～9 节背线两侧各有 1 对黑色毛瘤，腹面黑褐色，气门、胸足、腹足黑色。蛹体长 18 mm，深褐色，末端具 12 根短刚毛。

②星白雪灯蛾（图 5-67）。成虫体长 14～18 mm，翅展33～46 mm。雄蛾触角栉齿状，腹部背面黄色，每腹节中央有 1 个黑斑，两侧各有 2 个黑斑。前翅表面带黄色，散布黑色斑点。卵半球形，初为乳白色，后变灰黄色。幼虫土黄色至黑褐色，背有灰色或灰褐色纵带，气门白色，密生棕黄色至黑褐色长毛，腹足土黄色。蛹为深棕色较粗短，茧土黄色裹有幼虫脱落的体毛。

（3）发生规律。

①人文污灯蛾。1 年生 2 代，老熟幼虫在地表落叶或浅土中吐丝粘合体毛做茧，以蛹越冬。成虫有趋光性，卵成块产于叶背，单层排列成行，每块数十粒至一、二百粒。初孵幼虫群集叶背取食，3 龄后分散为害，幼虫爬行速度快，受惊后落地假死，蜷缩成环。

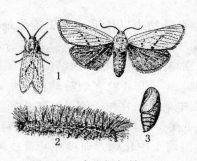

图 5-66 人文污灯蛾

1. 成虫 2. 幼虫 3. 蛹

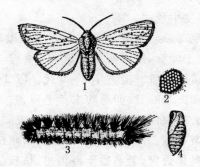

图 5-67 星白雪灯蛾

1. 成虫 2. 卵 3. 幼虫 4. 蛹

②星白雪灯蛾。年发生 3 代,以蛹在土中越冬。成虫有趋光性,白天静伏隐蔽处,晚上活动交配产卵。卵产于叶背成块,每块有数十粒至百余粒。初孵幼虫群集叶背,取食叶肉,残留透明的上表皮,稍大后分散为害,4 龄后食量大增,蚕食叶片仅留叶脉和叶柄。老熟幼虫惊动,有落地假死习性。幼虫经 5 次脱皮至老熟,在地表结粗茧化蛹。

(4)防治方法。

①人工防治。摘除卵块和尚群集为害的有虫叶片;清除田间残枝落叶,及时深翻土地,减少虫源。

②物理防治。成虫羽化盛期用黑光灯进行诱杀。

③保护和利用天敌。在幼虫期用苏云金杆菌制剂等进行喷雾。

④化学防治。药剂有 2.5% 敌杀死乳油 2 000～3 000 倍液,或 5% 来福灵乳油,或 2.5% 功夫乳油 2 000～3 000 倍液,或 24% 万灵水剂 1 000 倍液。

6.夜蛾类

夜蛾类属鳞翅目夜蛾科。分布于全国各地,主要有斜纹夜蛾[*Spodoptera litura* (Fabricius)]、黏虫(*Pseudaletia separate* Walker)、臭椿皮蛾(*Eligma narcissus* Cramer)、银纹夜蛾(*Argyrogramma aganata* Staudiger)、葱兰夜蛾(*Laphygma* sp.)、玫瑰巾夜蛾[*Parallelia artotaenia* (Guenee)]、淡剑袭夜蛾(*Sidemia depravata* Butler)等。为害荷花、香石竹、大丽花、木槿、月季、百合、仙客来、菊花、细叶结缕草、山茶等 200 多种植物。

(1)为害特点。初孵幼虫取食叶肉,2～3 龄后分散取食嫩叶成孔洞,4 龄后进入暴食期,将整株叶片吃光,影响观赏价值。

(2)形态特征。

①斜纹夜蛾斜纹夜蛾(图 5-68)。成虫体长 14～20 mm,翅展 35～40 mm,头、胸、腹均深褐色,胸部背面有白色丛毛,腹部前数节背面中央具暗褐色丛毛。前翅灰褐色,斑纹复杂,内横线及外横线灰白色,波浪形,中间有白色条纹,在环状纹与肾状纹间,自前缘向后缘外方有 3 条白色斜线。后翅白色,无斑纹。前后翅常有水红色至紫红色闪光。卵扁半球形,直径0.4～0.5 mm,卵粒集结成 3～4 层的卵块,外覆灰黄色疏松的绒毛,初黄白色,后淡绿,孵化前紫黑色。老熟幼虫体长 35～47 mm,头黑褐色,背线、亚背线及气门下线均为灰

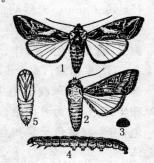

图 5-68 斜纹夜蛾

1～2.成虫 3.卵
4.幼虫 5.蛹

黄色及橙黄色。从中胸至第 9 腹节在亚背线内侧有三角形黑斑 1 对,其中以第 1、7、8 腹节的最大。胸足近黑色,腹足暗褐色。蛹长 15～20 mm,赭红色。

②银纹夜蛾。体长 15～17 mm,翅展 32～3 mm,体灰褐色。前翅灰褐色,具 2 条银色横纹,中央有 1 银白色三角形斑和一个似马蹄形的银边白斑。后翅暗褐色,有金属光泽。胸部背面有两丛竖起较长的棕褐色鳞毛。卵半球形,直径 0.4～0.5 mm,淡黄绿色,卵壳表面有格子形条纹。老熟幼虫体长 25～32 mm,淡黄绿色,前细后粗,体背有纵向的白色细线 6 条,气门线黑色。第 1、2 对腹足退化,行走时呈曲伸状。蛹长 18～20 mm,前期腹面绿色,后期全体黑褐色,具薄茧。

(3)发生规律。

①斜纹夜蛾。在两广、福建、台湾可终年繁殖,无越冬现象。成虫夜间活动,飞翔力强,有趋光性,对糖醋酒液及发酵的胡萝卜、麦芽、豆饼、牛粪等有趋性。成虫需补充营养,未能取食者只能产数粒。卵多产植株中部叶背叶脉分叉处最多。幼虫共 6 龄,初孵幼虫群集取食,3 龄前食叶肉,残留上表皮及叶脉。4 龄后进入暴食期,多在傍晚出来为害,老熟幼虫在 1～3 cm 表土内筑土室化蛹,土壤板结时可在枯叶下化蛹。斜纹夜蛾的发育适温较高(29～30℃)。

②银纹夜蛾。以蛹在枯叶、草丛中结薄茧越冬。成虫昼伏夜出,有趋光性和趋化性。卵多散产于叶背。幼虫共 5 龄,初孵幼虫多在叶背取食叶肉,留下表皮,3 龄后取食嫩叶成孔洞,且食量大增。幼虫有伪死性,受惊后掉地假死。老熟幼虫在寄主叶背吐白丝做茧化蛹。

(4)防治方法。

①人工防治。及时清除枯枝落叶,铲除杂草,翻耕土壤,降低虫口基数;人工摘卵和捕捉幼虫。

②诱杀成虫。利用成虫的趋光性用黑光灯诱杀;利用成虫对酸甜物质的趋性,用糖醋液(糖∶酒∶醋∶水=6∶1∶3∶10)、甘薯或豆饼发酵液诱成虫,糖醋液中可加少许敌百虫。

③生物防治。在夜蛾产卵盛期释放松毛虫赤眼蜂或在初龄幼虫期用 3.2% 的 Bt 乳剂喷雾。

④化学防治。幼龄幼虫盛发期喷药,幼虫白天不出来活动,宜在傍晚喷药,注意叶背及下部叶片。可用 48% 乐斯本(40% 毒死蜱)乳油 600～800 倍液、5% 锐劲特 1 500～2 000 倍液、5% 抑太保和 5% 卡死克 1 000～1 500 倍液等喷雾。

7. 天蛾类

天蛾类属鳞翅目天蛾科。为害观赏植物的天蛾主要有桃六点天蛾(*Marumba gaschkewitschi* Bremer et Grey)、咖啡透翅天蛾(*Cephonodes hylas* Linnaeus)、蓝目天蛾(*Smerinthus planus planus* Walker)、红天蛾(*Pergesa elpenor lewisi* Butler)、雀纹双线天蛾(*Theretra oldenlandiae* Fabricius)、鬼脸天蛾(*Acherontia lachesis* Fabricius)、白薯天蛾(*Herse convolvuli* Linnaeus)等。

咖啡透翅天蛾又称黄栀子透翅天蛾。分布于安徽、浙江、江西、湖南、湖北、四川、福建、广西、云南、中国台湾等地。

(1)危害特点。幼虫取食叶片成孔洞、缺刻,严重时将全株叶片吃光。

(2)形态特征。体长 22～31 mm,翅展 45～57 mm,纺锤形。触角墨绿色,基部细瘦,向端部加粗,末端弯成细钩状。胸背黄绿色,腹面白色。腹背面前端草绿色,中部紫红色,后部杏黄色;各体节间具黑环纹;5、6 腹节两侧生白斑,尾部具黑色毛丛。翅基草绿色,翅透明,翅脉黑棕色,顶角黑色;后翅内缘至后角具绿色鳞毛。卵长 1～1.3 mm,球形,鲜绿色至黄绿色。老熟幼虫体长 52～65 mm,浅绿色。头部椭圆形。前胸背板具颗粒状突起,各节具沟纹 8 条。亚气门线白色,其上生黑纹;气门上线、气门下线黑色,围住气门;气门线浅绿色。第 8 腹节具 1 尾角。蛹长 25～38 mm,红棕色,后胸背中线各生 1 条尖端相对的突起线,腹部各节前缘具细刻点。

(3)发生规律。1 年发生 5 代,以蛹在树蔸表层中越冬,卵产在寄主嫩叶两面或嫩茎上,幼虫多在夜间孵化,昼夜取食,老熟后体变成暗红色,从植株上爬下,入土化蛹羽化或越冬。

(4)防治方法。

①人工防治。冬季翻土,杀死越冬虫蛹;根据被害状和地面上大型颗粒状虫粪搜寻捕杀幼虫。

②利用黑光灯诱杀成虫。

③喷药防治。幼虫 3 龄前,喷施 25％灭幼脲 2 000～2 500 倍液,2.5％溴氰菊酯 2 000～3 000 倍液等。

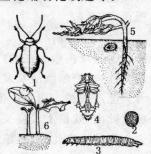

图 5-69 黄守瓜
1.成虫 2.卵 3.幼虫
4.蛹 5.幼虫为害的幼苗
6.被成虫为害的叶片

8.叶甲类

叶甲类属于鞘翅目叶甲科。为害观赏植物的叶甲主要有泡桐叶甲(*Basiprionota bisignata* Boheman)、柳蓝叶甲(*Plagiodera versicolora* Laicharting)、橘潜叶甲(*Podagricomela nigricollis* Chen.)、榆紫叶甲(*Chrysomela populi* Linnaeus)、黄守瓜(*Aulacophora femoralis chinensis* Weise)(图 5-69)等。成虫和幼虫均为植食性。成有假死性,多以成虫越冬。

(1)危害特点。叶甲类害虫是南方瓜类苗期的毁灭性害虫。食性较杂,主要喜取食葫芦科的黄瓜、南瓜、佛手瓜、西瓜、甜瓜、丝瓜、苦瓜,也可为害十字花科、豆科、茄科等植物。成虫咬食叶片呈环形或半环形缺刻,咬食嫩茎造成死苗,还为害花及幼瓜。幼虫在土中咬食根茎,常使瓜秧萎蔫死亡,也可蛀食贴地生长的瓜果。

(2)形态特征。成虫体长约 9 mm,长椭圆形,体黄色,仅中、后胸及腹部腹面为黑色。前胸背板有一波浪形凹沟。卵圆形,长约 1 mm,黄色,表面有多角形网纹。幼虫体长约 12 mm,头黄褐色、体黄白色。蛹长 9 mm,裸蛹,黄白色。

(3)发生规律。华南 1 年发生 3 代。以成虫在杂草、落叶及土缝间潜伏越冬。成虫喜在湿润表土中产卵,卵散产或成堆。初孵幼虫即潜土为害细根,3 龄以后食害主根,老熟幼虫在根际附近筑土室化蛹。成虫行动活泼,遇惊即飞,有假死性,但不易捕捉。瓜喜温好湿,成虫耐热性强、抗寒力差。

(4)防治方法。

①人工防治。利用成虫的假死性震落杀灭;冬季扫除枯枝落叶、深翻土地、清除杂草,消灭越冬虫源。

②化学防治。可用 2.5％溴氰菊酯乳油或 10％氯氰菊酯乳油 3 000 倍液喷雾防治成、幼虫。

9.叶蜂类

叶蜂类属鞘膜翅目叶蜂总科。为害观赏植物的叶蜂主要有樟叶蜂(*Moricella rufonota* Rohwer)、蔷薇三节叶蜂(*Arge pagana* Panzer)等。

樟叶蜂(图 5-70)。

(1)危害特点。分布于广东、广西、浙江、福建、湖南、四川、台湾、江西等。幼虫取食樟树嫩叶,经常将嫩叶吃光。

(2)形态特征。成虫雌虫体长 8～10 mm,翅展 18～20 mm,雄虫体长 6～8 mm,翅展 14～16 mm。头部黑色有光泽,触角丝状。前胸、中胸背板中叶和侧叶、小盾片、中胸侧板棕黄色有光泽;小盾附器、后盾片、中胸腹板、腹部均为黑色有光泽。中胸背板发

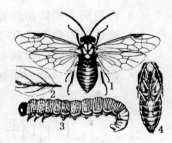

图 5-70 樟叶蜂
1.成虫 2.卵 3.幼虫 4.蛹

达,有"X"形凹纹。雌虫腹部末端锯鞘黑褐色,具 15 个锯齿。卵乳白色,肾形,一端稍大,长约 1 mm,近孵化时变为卵圆形,并可见卵内的幼虫的黑色眼点。初孵幼虫乳白色,取食后体呈绿色,全体多皱纹。胸足 3 对,黑色。腹足 7 对,位于腹部第 2 节至第 7 节、第 10 节上,但第 7 节及第 10 节上的稍退化。蛹体长 6～10 mm,浅黄色,复眼黑色。茧呈褐色,椭圆形,丝质,长 8～14 mm。

(3)发生规律。1 年发生 1～2 代,以老熟幼虫在土内结茧越冬。幼虫喜食嫩叶和嫩梢。初孵时取食叶肉留下表皮;2 龄起蚕食全叶,大发生时能将树叶吃光。幼虫体外有黏液分泌物,能侧身黏附在叶片上,以胸足抱住叶片取食。成虫很活跃,飞翔力亦强,羽化当天即可交配产卵。产卵时,雌虫以产卵器锯破叶片表皮,将卵产在伤痕内。

(4)综合治理办法。

①人工防治。摘除虫叶;翻耕土地,破坏越冬场所;摘除枝叶上的虫茧;剪除虫卵枝。

②生物防治。幼虫发生期喷施苏云金杆菌制剂。

③化学防治。幼虫盛发期,喷 20%杀灭菊酯乳油 2 000 倍液。

【完成任务单】

将提供的标本及田间观察的病虫害资料填入表 5-5、表 5-6。

表 5-5 观赏植物害虫发生与防治

序号	害虫名称	形态识别	目、科	世代及越冬虫态	越冬场所	为害盛期	防治要点

表 5-6 观赏植物病害发生与防治

序号	病害名称	症状	病原	越冬场所	侵入途径	发病条件	防治要点

【巩固练习】

简答题

1.叶花果病害有哪几类?症状主要特点是什么?

2.叶斑病类的防治措施有哪些?

3.白粉病类的防治措施有哪些?

4.简述苗木猝倒病和立枯病的症状特点及防治措施。

5.根结线虫病的发病规律如何? 防治措施有哪些?

6.花木白绢病的发病规律如何?

工作任务 5-4 蔬菜病虫害综合防治

◆**目标要求**:通过完成任务能正确识别主要蔬菜病虫害种类;能正确识别蔬菜主要病虫害;掌握各类病虫害危害特点及发生规律;能正确制定蔬菜病虫害综合防治方案并组织实施。

【相关知识】

一、十字花科蔬菜病虫害

(一)菜蚜

为害十字花科蔬菜的蚜虫种类很多,主要有桃蚜(又名烟蚜)(*Myzus persicae* Sulzer)、菜缢管蚜(又名萝卜蚜)(*Lipaphis erysimi* Kaltenbach)、甘蓝蚜(*Brevicoryne brassicae* L.),均属同翅目,蚜科。

1.形态识别

无翅胎生雌蚜体长 2 mm 左右,春季为绿色,夏季黄绿色或黄白色,秋季红褐色。复眼红色,触角和腹管端部黑色。尾片圆锥形,黑色,有 6～7 根曲毛。有翅胎生雌蚜与无翅胎生雌蚜相似,头胸黑色,腹部绿色或红褐色,翅透明。腹部有一大黑斑,腹管细长,尾片粗短,有 3 对侧毛。若蚜似无翅雌蚜(图 5-71)。

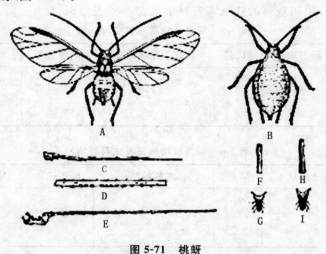

图 5-71 桃蚜

A.有翅胎生雌蚜 B.无翅胎生雌蚜 C.无翅胎生雌蚜触角 D.无翅雌蚜触角第 3 节

E.有翅雌蚜触角 F、G.有翅雌蚜腹管与尾片 H、I.无翅雌蚜腹管及尾片

2.发生特点

1 年发生 10～20 代,以卵或无翅雌蚜在木本寄主的芽上越冬。在十字花科蔬菜上,次年 3

月下旬卵孵化,植物展叶后,成、若蚜群集叶背取食,致叶发黄,呈不规则卷曲,严重时被害叶片干枯脱落,并传播多种病毒病。4～5月产生有翅蚜扩散,10～11月迁至木本寄主上产生性蚜,交配产卵越冬。

3.防治方法

①选用抗虫品种。

②注意检查虫情,抓紧早期防治。

③物理防治。利用黄板诱蚜或银色薄膜避蚜。

④保护和利用天敌。瓢虫、草蛉等天敌已能大量人工饲养后适时释放。另外,蚜霉菌等亦能人工培养后稀释喷施。

⑤在点片发生阶段。用50％抗蚜威可湿性粉剂2 000～3 000倍液,或20％吡虫啉可湿性粉剂2 000～4 000倍液,或4.5％高效氯氰菊酯2 500～3 000倍液,或15％乐溴乳油2 000～3 000倍液等喷雾防治。

(二)菜粉蝶

菜粉蝶(*Pieris rapae* L.),又称菜青虫,属鳞翅目,粉蝶科。全国各地均有分布,以芥蓝、白菜、甘蓝、花椰菜、萝卜等受害比较严重。

1.形态识别

成虫体长12～20 mm,灰黑色,有白色绒毛,前翅基部和前缘灰黑色,顶角有三角形黑斑,中央有两个黑色圆斑,后翅近前缘有1个黑斑。成熟幼虫体长28～35 mm,青绿色,背线淡黄色。体表密被瘤状小突起,上有细毛。各体节有4～5条横皱纹,体侧有黄斑(图5-72)。

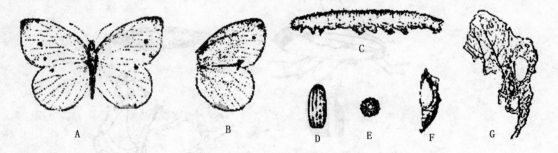

图5-72 菜粉蝶

A.雄成虫 B.雌成虫前后翅 C.幼虫 D.卵 E.卵的顶部 F.蛹 G.叶被害状

2.发生特点

发生世代数因地而异,从北向南发生3～9代。以蛹在向阳的屋檐、篱笆、枯枝落叶下越冬。成虫白天活动,喜食花蜜。卵散产于叶背。初孵幼虫先食卵壳,后取食叶肉,留下表皮,长大后食叶成孔洞或缺刻,甚至吃光叶片,仅剩叶脉和叶柄。幼虫老熟后,在叶背、叶柄、枝条等处化蛹。

菜粉蝶天敌较多,其中寄生在卵内的有广赤眼蜂;寄生在幼虫体内的有黄绒茧蜂、线虫、颗粒体病毒等;寄生在蛹内的有凤蝶金小蜂等。

3.防治方法

①清除枯枝落叶集中处理,减少虫源。

②人工捕杀受害植株上的幼虫和蛹。

③保护利用自然天敌。如茧蜂、金小蜂等。

④低龄幼虫发生初期。喷洒苏芸金杆菌 800～1 000 倍液或菜粉蝶颗粒体病毒每亩(1 亩 ＝667 m²)用 20 幼虫单位,对菜青虫有良好的防治效果,喷药时间最好在傍晚。

⑤幼虫发生盛期。可选用 1.8％阿维菌素 2 000 倍液、20％天达灭幼脲悬浮剂 800 倍液、10％高效灭百可乳油 1 500 倍液、50％辛硫磷乳油 1 000 倍液、20％杀灭菊酯 2 000～3 000 倍液、21％增效氰马乳油 4 000 倍液或 90％敌百虫晶体 1 000 倍液等喷雾 2～3 次。

(三)菜蛾

菜蛾(*Plutella xylostella* L.)属鳞翅目,菜蛾科。全国各地均有分布。为害油菜、白菜、甘蓝、紫甘蓝、芥菜、花椰菜、萝卜等 40 多种十字花科植物。

1. 形态识别

成虫体长 6～7 mm,灰黑色,前后翅有长缘毛。前翅后缘有黄白色 3°曲折的波状纹,停息时,两翅折叠呈屋脊状,翅尖翘起如鸡尾,黄白色部分合并成 3 个斜方块。成熟幼虫体长 10～12 mm,淡绿色,纺锤形,腹部第 4～5 节膨大,臀足伸向后方(图 5-73)。

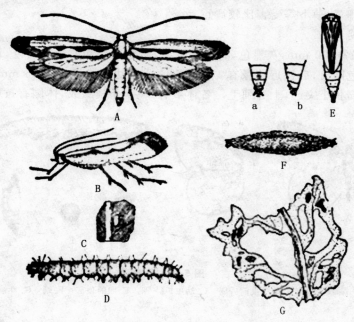

图 5-73　菜蛾
A. 成虫　B. 成虫侧面观　C. 卵　D. 幼虫　E. 蛹(a. 蛹末端腹面观　b. 蛹末端侧面观)　F. 茧　G. 叶被害状

2. 发生特点

发生世代数因地而异,广西 1 年发生 17 代,世代重叠。成虫昼伏夜出,有趋光性和取食花蜜习性。卵散产于叶背。初孵幼虫潜入表皮取食叶肉,或集中心叶吐丝结网,取食心叶;3～4 龄食叶成孔洞或缺刻。幼虫活泼,受惊扭动身体、倒退、吐丝下垂。幼虫老熟后,在叶背或枯叶等处结茧化蛹。

3.防治方法

①避免十字花科植物连作或邻作,减少虫源。

②十字花科蔬菜收获后及时进行田园清洁,消灭大批虫源。

③利用黑光灯或性诱剂诱杀成虫。

④在低龄幼虫期用 Bt 乳剂 500 倍液,或 5％农梦特乳油 1 000～1 500 倍液,或 5％卡死克乳油 1 000～1 500 倍液,或 2.5％功夫乳油 3 000 倍液,或 10％氯氰菊酯乳油 3 000～4 000 倍液喷雾防治。

(四)夜蛾类

为害十字花科蔬菜的夜蛾类主要有甘蓝夜蛾(*Barathra brassicoe* L.)、斜纹夜蛾(*Prodenia litura* Fabr.)、银纹夜蛾(*Argyrogramma aganata* Staudiner.)、甜菜夜蛾(*Laphygma exigua* Hübner)等。属鳞翅目,夜蛾科,常混合发生。寄主范围广泛,以幼虫为害十字花科蔬菜等多种植物。初孵幼虫取食叶肉,2 龄后分散危害,食叶成孔洞、缺刻,大发生时将叶片吃光。

1.形态识别(表 5-7)

表 5-7 4 种夜蛾的形态特征

虫态	种类			
	甘蓝夜蛾	斜纹夜蛾	银纹夜蛾	甜菜夜蛾
成虫	体长 18～25 mm,棕褐色。前翅有明显白色和灰黑色环状纹,外缘有 7 个小白点,下方有 2 个白点。前缘近端部有 3 个白点,后翅外缘有一黑斑	体长 14～20 mm,深褐色。前翅灰褐色,多斑纹,从前缘中部到后缘有 3 条灰白色带状斜纹,后翅白色	体长 14～17 mm,灰褐色。前翅深褐色,其上有 2 条银色横纹,中央有一显著的"U"形银纹和 1 个近三角形银斑,后翅暗褐色,有金属光泽	体长 10～14 mm,灰褐色。前翅灰黄褐色,内、外横线黑色,亚外缘线灰白色,外缘有 1 列三角形黑斑。肾状纹、环状纹黄褐色。后翅白色,翅缘褐色
幼虫	成熟幼虫体长 26～40 mm,头部黄褐色。体背两侧各有 1 个倒"八"字纹	成熟幼虫体长 38～51 mm,头部黑褐色,体背各节有 1 对半月形或三角形黑斑	成熟幼虫体长 25～30 mm,淡绿色。背线、亚背线白色。第1、2 对腹足退化,行走时体背拱曲状	成熟幼虫体长约25 mm。头褐或黑褐色,体色变化较大,有绿色、深绿色、黄绿色、褐色至黑褐色

2.发生特点（表 5-8）

表 5-8　4 种夜蛾的发生特点

虫态	种类			
	甘蓝夜蛾	斜纹夜蛾	银纹夜蛾	甜菜夜蛾
发生特点	年发生 2～3 代。以蛹在土壤中越冬。成虫日伏夜出，有强烈趋光性和趋化性。卵产于叶背。初孵幼虫群集叶背为害后分散，4 龄后日伏夜出，食料缺乏时有成群迁移习性。幼虫老熟后入土结茧化蛹	年发生 4～9 代。以蛹或幼虫在土壤中越冬。南方无明显越冬。成虫早晚及夜间活动。对糖醋液及黑光灯有强烈趋性。卵产于叶背，覆灰黄绒毛。初孵幼虫群集叶背，2 龄后分散，日伏夜出，食料缺乏时有成群迁移习性。幼虫老熟后入土化蛹	年发生 3～7 代。以蛹在土壤中越冬。成虫昼伏夜出，有趋光性，趋化性弱。卵散产于叶背。幼虫为害植物叶片，老熟后多在叶背结粉白色茧化蛹	年发生 4～5 代。以蛹在土室越冬。成虫日伏夜出，有趋光性。卵多产在叶背，其上覆盖白色鳞片。1～2 龄幼虫群集，吐丝结网为害。3 龄后分散为害，有假死性和互相残杀性。一般 5～9 月发生，以 7～8 月受害严重

3.防治方法

①在成虫盛发期，利用糖醋液或黑光灯诱杀成虫。

②结合田间管理，人工摘除卵块和初孵幼虫为害的叶片，集中处理。

③保护利用自然天敌，如各种寄生蜂、寄生蝇等，充分发挥其自然控制作用。

④在低龄幼虫期用 Bt 乳剂 500 倍液，或 10％吡虫啉乳油 1 500 倍液，或 50％辛硫磷乳油 1 000～2 000 倍液，或 2.5％功夫乳油 3 000 倍液在下午或傍晚喷雾防治。

（五）黄条跳甲

黄条跳甲又名地蹦子，是世界性害虫。危害蔬菜的黄条跳甲有 4 种，即曲条跳甲（*PhYlIotreta strialata* Fabr.）、直条跳甲（*P. reetiIineata* Chen.）、狭条跳甲（*P. vittula* Rede.）和宽条跳甲（*P. humilis* Weise.）。其中以曲条跳甲分布广，为害严重。主要为害十字花科蔬菜幼苗，受害较重的有白菜、油菜、萝卜、芥菜、菜花等。成虫主要咬食叶片，食叶呈孔洞。受害严重的幼苗不能继续生长而死亡，造成缺苗毁种。幼虫在土中蛀食根表皮，形成弯曲虫道，咬断须根，致使地上部分的叶片变黄而萎蔫枯死，影响齐苗。成虫和幼虫还能传播软腐病。

1.发生特点

在我国 1 年发生 4～8 代，世代重叠。以成虫在地面的菜叶反面或残株落叶及杂草丛中越冬。翌年气温上升到 10℃ 以上开始活动、取食。在华南地区可终年繁殖，无越冬现象。成虫善于跳跃，高温时还能飞翔，一般中午前后活动最盛。成虫有趋光性，对黑光灯敏感。卵散产于植株周围湿润的土隙中或细根上。初孵幼虫即在土中为害根部，老熟幼虫在 3～7 cm 土中筑土室化蛹。一般春秋季为害严重，并且秋季重于春季。

2.形态识别

成虫体长约 2.2 mm，椭圆形，黑色，有光泽。鞘翅上有两条黄色曲纹，后足腿节膨大，善于跳跃。成熟幼虫体长约 4 mm，长圆筒形，头部及前胸背板淡褐色，胸腹部黄白色，各节都有突起的肉瘤(图 5-74)。

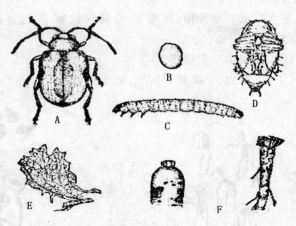

图 5-74　菜蛾

A.成虫　B.卵　C.幼虫　D.蛹　E、F.被害状

3. **防治方法**

①与非十字花科蔬菜轮作,减轻危害。

②清除残株落叶和杂草,以减少虫源。

③播种前深耕晒土,消灭部分幼虫、蛹。

④黑光灯诱杀成虫。

⑤成虫发生初期用 2.5%氯氰菊酯+敌敌畏乳油(穿先甲)800 倍液或炫目 1 000 倍液,从田边向田内喷雾;幼虫为害期用 50%辛硫磷乳油 1 500 倍液,或 40%乐斯本乳油灌根。

(六)白菜软腐病

白菜在田间生长发育及储藏、运输过程中都可发生软腐病,常造成全田白菜腐烂,引起重大经济损失。

1. **症状识别**

一般从植株包心期开始发病。常见症状有 3 种,一是在植株外叶上,叶柄基部与根茎交界处先发病。初呈水渍状,后变灰褐色腐烂,病叶瘫倒露出叶球,并伴有恶臭;二是病菌先从菜心基部开始侵入引起发病,而植株外叶生长正常,由心叶逐渐向外腐烂,充满黄色黏液,病株用手一拔即起,湿度大时腐烂并散发出恶臭;三是从叶球顶部的叶片开始发病,叶片呈水渍状淡褐色腐烂,干燥时呈薄纸状紧贴于叶球上。

2. **病原**

胡萝卜软腐欧氏杆菌、胡萝卜软腐致病型[*Erwinia carotovora* dv. *carotovora*(Jones)Bergey et al.]属细菌薄壁菌门、欧文氏菌属(图 5-75)。

3. **发病特点**

病菌在土壤、堆肥、种菜窖内以及害虫体内越冬。借雨水、灌溉水、带菌肥料、昆虫等传播。病菌易通过自然裂口、机械伤口和虫伤口侵入。梅雨季节、多雨年份、连作、地势低洼、虫害严重地块发病严重。储藏期内缺氧,温度高,湿度大,通风散热不及时,容易烂窖。

4. **防治方法**

①选用抗病品种。

②实行轮作,避免连作。

③选择地势高、地下水位低的地种植;提前 2～3 周深翻晒垄,促进病残体腐烂分解;适期晚播,高垄栽培;增施有机肥。

④发现病株及时拔除,并用生石灰消毒。

⑤及时防治黄条跳甲、菜青虫、小菜蛾等害虫,减少伤口。

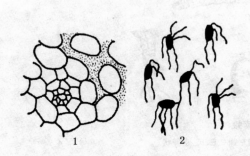

图 5-75　白菜软腐病菌
1.组织内的细菌　2.菌体

图 5-76　白菜菌核病菌
1.菌核　2.菌核萌发

⑥发病初期及时用 20 亿孢子/g 蜡质芽孢杆菌(细除)600 倍液,或 80%福·福锌可湿性粉剂(威克)800 倍液,或 50%氯溴异氰尿酸(氯溴)1 000 倍液喷雾防治。

(七)白菜菌核病

白菜菌核病是十字花科蔬菜重要病害之一。除为害十字花科蔬菜外,还侵染茄科、豆科及葫芦科的多种蔬菜。

1.症状识别

主要发生在茎基部,叶、叶柄和种荚也能受害。春季留种株先从基部老叶及叶柄处发病,以后蔓延到茎部和根部。也有的根部先发病,然后发展到茎基部。病斑初为黄褐色,后变为青白色至灰白色,最后全株腐烂。已抽薹、开花的植株迅速萎蔫死亡。秋播的大白菜、甘蓝,在包心期近地面的菜帮上产生水渍状凹陷病斑,初为淡褐色,后为褐色或灰白色,引起烂帮、烂心。潮湿时,病部密生白色菌丝和黑褐色鼠粪状菌核。

2.病原

菌核病菌[*Sclerotinia sclerotiorum*(Lib.)de Bavy]。属子囊菌亚门、核盘菌属(图 5-76)。

3.发病特点

主要以菌核在土壤或混杂在种子中越夏、越冬。菌核抵抗不良环境的能力极强,在土中可存活数年。春、秋季遇雨或浇水后,菌核便萌发,产生子囊孢子,通过风、雨传播,侵染老黄脚叶,引起初侵染和进行多次再侵染,使病害不断扩展蔓延。春、秋季多雨发病重。偏施氮肥,地势低洼,排水不良,大水漫灌均易发病。

4.防治方法

①轮作或深耕,与非寄主植物实行轮作,播前翻地,深埋菌核,减少土壤菌源。

②用 10%盐水或 20%硫酸铵水选种,除去混杂在种子中的菌核。

③加强栽培管理,勿偏施氮肥,增施磷、钾肥。及时摘除老黄脚叶,发现病株切断侵染

桥梁。

④雨后及时排水，低洼地采用高畦栽培。

⑤发病初期用50％速克灵可湿性粉剂1 000～2 000倍液，或50％异菌脲可湿性粉剂600～800倍液，或40％菌核净可湿性粉剂500倍液喷雾防治。

(八)白菜黑斑病

1.症状识别

主要为害白菜、花椰菜、甘蓝、萝卜等的叶片，也可侵害叶柄、花梗和种荚。叶片发病，多从外叶开始，病斑近圆形，灰白色至灰褐色。病斑上有明显的轮纹，周围时有黄色晕圈，潮湿时，病斑上产生黑色霉状物。严重时，外叶干枯，菜心裸露。叶柄上病斑梭形，暗褐色，稍凹陷。

2.病原

芸薹链格孢菌[*Alternaria brassicae*(Berk)Sacc.]属半知菌亚门、链格孢属（图5-77）。

3.发病特点

以菌丝体及分生孢子在病残体、土壤、采种株以及种皮内越冬，成为第2年田间发病的初侵染源。分生孢子借风雨传播，不断进行再侵染，使病害扩展蔓延。低温高湿条件有利于病害发生流行。秋季多雨，提早播种，与十字花科蔬菜连作，离早熟白菜地近，都有利于病害的发生。不同品种间抗病性有差异。

4.防治方法

①选用抗病品种。

②种子处理，用50℃温水浸种，或以种子量0.4％的50％福美双可湿性粉剂，或70％代森锰锌可湿性粉剂拌种，消灭初侵染源。

③轮作，与非十字花科蔬菜隔年轮作，勿与早熟白菜邻作。

④加强栽培管理，清除田间病残株；增施磷、钾肥，提高白菜的抗病力。

⑤发病初期用70％代森锰锌可湿性粉剂500倍液或75％百菌清可湿性粉剂600倍液、或50％扑海因可湿性粉剂1 000倍液喷雾防治。

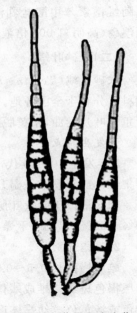

图5-77　白菜黑斑病病菌

二、茄科蔬菜病虫害

(一)棉铃虫

棉铃虫(*Helicoverpa armigera* Hubner.)属鳞翅目，夜蛾科。危害番茄、茄子、菊花、蜀葵、月季、大丽花、万寿菊、向日葵等园艺植物。

1.发生特点

华南、西南6～7代，世代重叠。以蛹在土壤中越冬。成虫昼伏夜出，有趋光性，对枯萎杨树枝有趋性。卵散产于嫩叶和花蕾上。初孵幼虫先食卵壳，后食嫩叶，还蛀食花蕾和果实。幼虫有假死、互残、转移为害习性。幼虫老熟后入土作土室化蛹。

2. 形态识别

成虫体长 15～17 mm，多为青灰或灰褐色。前翅多为暗黄色，环状纹、肾状纹褐色。后翅灰黄色，外缘有茶褐色宽带。成熟幼虫体长 40～45 mm，头部黄绿色，具有不规则黄褐色网状纹。背线 2～4 条，体侧有白色横线，体色变化大（图 5-78）。

3. 防治方法

①人工清除虫蕾和捕杀幼虫和蛹。

②设置黑光灯、性引诱剂、枯萎杨树枝诱杀成虫。

③低龄幼虫尚未蛀果前用 1.8%阿维菌素乳油 2 000～3 000 倍液，或 Bt 乳剂 500 倍液，0.5%甲胺基阿维菌素苯甲酸盐乳油（欧品）800 倍液，或 20%丙溴磷（高明）1 000 倍液喷雾防治。

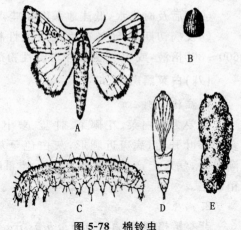

图 5-78　棉铃虫

A.成虫　B.卵　C.幼虫　D.蛹　E.土茧

（二）朱砂叶螨

朱砂叶螨（*Tetranychus cinnabarinus* Boisduval），又名棉红蜘蛛。属蛛形纲、蜱螨目，叶螨科。分布于全国各地。成、若螨以刺吸式口器吸取叶片汁液，受害叶片初呈黄白色小斑点，严重时叶片卷曲，枯黄脱落。

1. 发生特点

1 年发生 10～20 代。以受精雌成螨在土缝，树皮裂缝及枯枝落叶等处越冬。越冬时，具群集性。次年春季气温升高，开始繁殖危害。7～8 月发生量大，为害严重，10 月中下旬开始越冬。卵多散产于叶背叶脉两侧或丝网之下。雌螨发育的最适湿度为 25～31℃，相对湿度为 35%～55%。高温、干燥气候有利于发生，暴雨对其发生不利。

2. 形态识别

雌成螨体长 0.5～0.6 mm，卵圆形，朱红或锈红色，体侧有黑褐色斑纹。雄成螨体长 0.3～0.4 mm，菱形，腹末略尖，红色或淡黄色。幼螨体近圆形，半透明，取食后呈暗绿色，足 3 对。若螨椭圆形，体色深，背侧显出块状斑纹，有足 4 对（图 5-79）。

3. 防治方法

①及时清除枯枝落叶，集中处理，或深翻土壤，减少虫源。

②保护瓢虫、植绥螨、钝绥螨、花蝽等天敌。

③零星发生阶段，用 20%浏阳霉素乳油 1 000～1 500 倍液，或 20%哒螨酮可湿性粉剂 3 000～5 000 倍液，或 20%螨克乳油 1 000～2 000 倍液，或 55%尼索朗乳油 2 000 倍液喷雾防治。

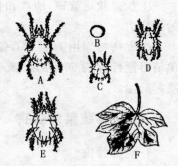

A.成虫　B.卵　C.幼虫　D.前期若虫
E.后期若虫　　F.被害状

图 5-79　朱砂叶螨

（三）番茄病毒病

番茄病毒病是番茄生产上的重要病害之一，症状表现主要有 3 种类型：花叶型、蕨叶型、条斑型。其中以条斑型造成的损失最严重。

1.症状识别

(1)花叶型。叶片上出现黄绿相间的斑驳,叶脉透明,叶片略有皱缩,病株略矮,新叶和果实小,果表多呈花脸状。

(2)蕨叶型。由上部叶片开始全部或部分变成条状,中、下部叶片向上微卷,花瓣增大,植株不同程度矮化。

(3)条斑型。叶片上表现茶褐色斑点或花叶,叶脉紫色,茎上出现暗绿色到黑褐色下陷的油渍状坏死斑,病茎质脆,易折断,果实上多形成不同形状的褐色斑块,但变色部分仅在表层组织,不深入到茎和果肉内部,随着果实发育,病部凹陷而成为畸形僵果(图5-80)。

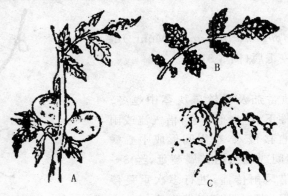

图 5-80 番茄病毒病
A.条斑 B.花叶 C.蕨叶

2.病原

番茄病毒病的毒源有20多种。其中烟草花叶病毒(TMV)主要引起花叶症状;黄瓜花叶病毒(CMV)主要引起蕨叶症状;烟草卷叶病毒(TLMV)引起卷叶症状。

3.发生特点

一般春季大棚番茄生长前期发病较轻,进入5月以后,蕨叶和花叶症状开始加重。秋延后番茄病毒病比春大棚严重,主要为蕨叶和条斑病毒。棚室昼夜温差小,播期早,定植苗龄大,均可加重病毒病的为害。高温、干旱,蚜虫为害重,植株长势弱,重茬等,均易引起病毒病的发生。病毒病主要通过田间操作接触传播,也可通过蚜虫、机械传播。

4.防治方法

①选用抗病品种。

②选留无病种子,培育无病壮苗。

③在播前用清水浸泡种子4 h后放入10%磷酸三钠液中浸20 min,捞出用清水冲洗干净后催芽播种。

④及时清除病株和病残体;田间操作时,注意手和工具的消毒,防止病害扩展蔓延。

⑤在病毒病防治上一般要进行三合一配方组合。病毒防治剂+传媒害虫杀虫剂+叶面肥:20%盐酸吗啉胍可湿性粉剂(可卡宁))+20%氰戊菊酯、马拉硫磷乳油(全能)800倍液+尊品1 500倍液。

（四）番茄晚疫病

1. 症状识别

幼苗及成株的叶、茎、果均可发病，以成株的叶片和青果受害较重。幼苗感病，叶片出现暗绿色水渍状病斑，并向主茎发展，使叶柄和茎变细呈黑褐色而腐烂倒伏，全株萎蔫。成株发病，多从下部叶片开始，形成暗绿色水渍状，扩大后呈褐色病斑。湿度大时叶背病健交界处出现白霉，干燥时病部干枯，脆而易破。茎部发病，初期病斑呈黑色凹陷，后变黑褐腐烂，引起病部以上枝叶萎蔫。青果发病，病斑呈油渍状暗绿色，病部较硬，稍凹陷，呈黑褐色腐烂，边缘呈明显的云纹状。湿度大时产生白色霉层。

2. 病原

致病疫霉菌［*Phytophthora infestans*（Mont.）de Bary］，属鞭毛菌亚门、疫霉属（图5-81）。

3. 发生特点

以菌丝体在保护地番茄及马铃薯块茎中越冬。次年春季，在适宜的条件下，产生孢子囊，借气流或雨水传播，从气孔或表皮直接侵入，在田间形成中心病株。菌丝体在寄主细胞间或细胞内扩展蔓延，经3~4 d，病部长出孢子囊，借风雨传播，进行多次重复侵染，引起病害流行。低温、潮湿是病害发生流行的主要条件。

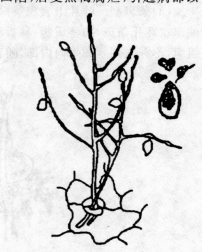

图5-81　番茄晚疫病病菌

4. 防治方法

①选用抗病品种。

②与非茄科作物实行3年以上轮作。

③合理密植，及时整枝，改善通风透光条件；晴天浇水，并防止大水漫灌，保护地浇灌后适时通风；施足底肥，采用配方施肥。

④发病前用64%代森锰锌·百菌清（毒霉矾）750倍液、65%代森锌可湿性粉剂（蓝焰）800倍液、50%烯酰吗啉可湿性粉剂1 500倍液，或60%甲霜灵与百菌清可湿性粉剂（除清）600倍液进行预防，发生严重时组合配方喷雾防治：a. 60%甲霜·百菌清600倍液（或50%烯酰吗啉1 500倍液）+ 52%代猛·王铜（大良）600倍液；b. 66.6%霜霉威盐酸盐水剂（卡普多）800倍液+50%烯酰吗啉1 500倍液。

（五）番茄青枯病

1. 症状识别

病株初期中午萎蔫，傍晚恢复。2~3 d后枯死，植株仍为青色，维管束变黑褐色，髓部变褐色

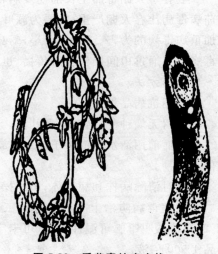

图5-82　番茄青枯病症状

腐烂,用手挤压有白色细菌黏液溢出(图 5-82)。

2. 病原

青枯假单胞菌(*Pseudomanas solanacearum* Smith),属薄壁菌门、假单胞菌属。可侵染番茄、茄子、辣椒、马铃薯等。

3. 发生特点

病菌主要随病残体在田间或马铃薯块茎上越冬。病菌可在土中生活达 14 个月,成为该病主要初侵染源。病菌主要通过雨水和灌溉水传播,病薯块及带菌肥料也可传播。病菌从根部或茎基部伤口侵入,在植株体内的维管束组织中扩展,造成导管堵塞及细胞中毒。高温、高湿条件发病严重。

4. 防治方法

①在种植时每亩施用得一多抗 888 一包或重茬 KO 两包与基肥施用,可减少病害的发生。

②做好排水沟,发病前(即第一串果前)用药淋根 2~3 次,配方以 20 亿孢子/g 蜡质芽孢杆菌(细除)600 倍液、20%松脂酸酮(青风)600 倍液、80%福·福锌可湿性粉剂(威克)600 倍液,噻枯唑(速补)800 倍或 20%叶枯唑(世福)800 倍液,结合与 90%土·链(仙福)800 倍液进行喷灌根茎部。

(六)番茄灰霉病

1. 症状识别

花、果、叶、茎均可发病。花部被害,柱头或花瓣先被侵染,后向果实或果柄扩展,致使果皮呈灰白色,并生有厚厚的灰色霉层,呈水腐状。叶片发病多从叶尖开始,沿支脉间成"V"形向内扩展。初呈水渍状,展开后为黄褐色,边缘有深浅相间的线纹。病、健组织界限分明。茎发病,初呈水渍状小点,后扩展成浅褐色、长圆形或条状病斑,严重时病部以上枯死。潮湿时,病斑表面生灰色霉层。

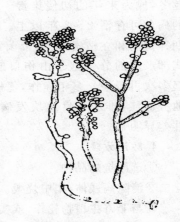

2. 病原

灰葡萄孢菌(*Botrytis cinerea* Pets. ex Fr.)属半知菌亚门、葡萄孢属(图 5-83)。

图 5-83 番茄灰霉病菌

3. 发生特点

病菌以菌核在土壤中,或以菌丝体及分生孢子在病残体上越冬或越夏。条件适宜时,菌核萌发,产生菌丝体和分生孢子。病菌借气流、灌溉水及农事操作传播。蘸花是主要的人为传播途径。病菌从伤口、衰老器官等枯死的组织上侵入,花期是侵染高峰期。一般 12 月至翌年 5 月,气温达 20℃左右,相对湿度持续在 90%以上易发病。

4. 防治方法

①定植时施足底肥,避免阴、雨天浇水,晴天浇水后应放风排湿,发病后控制浇水和施肥。

②及时摘除病果、病叶,清除病残体集中处理。

③初发病时,选用混合氨基酸铜 500 倍+2%丙烷脒 800 倍液(多氧清)600 倍液+25%腈菌唑(倾止)3 000 倍液,或 2%丙烷脒 800 倍+50%氯溴异氰尿酸(氯溴)1 000 倍液等喷雾防治。

(七)茄子褐纹病

褐纹病是茄子的重要病害之一,全国各地都有发生。

1. 症状识别

苗期受害,茎基部出现梭形、褐色的凹陷病斑,病斑上有黑色小点。幼苗猝倒或立枯。成株期感病,下部叶片出现灰白色、水渍状小圆斑,渐扩大为不规则、边缘褐色,中央浅黄色病斑,其上轮生小黑点。后期病斑常干裂,穿孔,脱落。茎基部受害,病斑梭形,边缘褐色,中央灰白色,凹陷,后扩大为干腐溃疡斑,其上密生黑色小点。病斑绕茎一周时,常造成整株枯死。果实受害,初期呈浅褐色、椭圆形,后扩展呈黑褐色病斑,凹陷。果实腐烂,病斑上出现同心轮纹。

2. 病原

茄子褐纹菌[*Phomopsis vexans*（Sace. et Syd. Harter)]属半知菌亚门、拟茎点霉属(图 5-84)。

3. 发生特点

以菌丝体、分生孢子器在病残体上,或以菌丝体潜伏在种皮内,或以分生孢子附着在种子表面越冬,成为来年的初侵染源。在种子上和土壤中的病菌可存活 2～3 年以上。种子带菌常引起苗期猝倒病和立枯病,土壤带菌常引起茎基部溃疡。病部产生的分生孢子由伤口或表皮直接侵入,引起多次再侵染。多年连作,氮肥过多或土质黏重,地势低洼,排水不良地块发病严重。品种间抗病性差异明显。

图 5-84　茄子褐纹病菌
A.分生孢子器　B.分生孢子

4. 防治方法

①选用抗病品种。

②清除病残体,集中烧毁。

③与非寄主植物轮作,或实行无病土育苗。

④发病初期,用 40%福星乳油 8 000～1 0000 倍液,或 50%百菌唑可湿性粉剂 1 000 倍液,65%代森锌可湿性粉剂 500 倍液喷雾防治。

(八)辣椒炭疽病

辣椒炭疽病是辣椒常见而又严重的病害,全国各地均有发生。

1. 症状识别

叶片发病,初为褪绿、水渍状斑点,逐渐变为中间淡灰色、边缘褐色的病斑,其上轮生小黑点。果柄受害,产生不规则褐色凹陷斑,易干裂。果实被害,初现水渍状黄褐色圆斑或不规则斑,斑面有隆起的同心轮纹状小黑点,低湿条件下病部干缩呈膜状,易破裂,潮湿时病斑表面溢出红色黏稠物。

2. 病原

引起辣椒炭疽病的辣椒炭疽菌[*Cotletotrichum capsici*（Syd.）Butl. & Bisby.]和辣椒刺盘孢菌(*Vermicularia capsici* Syd.)均属半知菌亚门、炭疽菌属(图 5-85)。

3.发生特点

以分生孢子在种子表面或以菌丝体在种子内部或随病残体在土壤中越冬。次年在适宜条件下产生分生孢子,通过风雨、昆虫等传播,从伤口侵入,引起初侵染和多次再侵染。病菌发育最适温度27℃,相对湿度95%左右。棚室种植条件下,由于湿度大,温度高,往往发病较重。受日灼伤害以及受各种损伤的果实炭疽病发生严重。种植密度大,排水不良以及施肥不当或氮肥过多,也会加速该病的发生、扩展和蔓延。

图 5-85　辣椒炭疽病
1.分生孢子盘　2.分生孢子

4.防治要点

①选用抗病品种,用无病株留种。

②实行 2～3 年轮作。

③用温水浸种等方法进行种子处理。

④合理密植,配方施肥,棚室适时通风,避免高温、高湿。

⑤及时清除病残体。

⑥发病初期用 25%溴菌腈乳油 600 倍液与 70%甲基硫菌磷(杀灭尔)800 倍液进行混配喷雾防治。

三、葫芦科蔬菜病虫害

(一)温室白粉虱

温室白粉虱(*Trialeurodes vaporariorum* Westwood),属同翅目,粉虱科。为害瓜类、茄子、青椒、豆类等,是设施园艺栽培的重要害虫。

1.形态识别

成虫体长 1～1.5 mm,淡黄色,体翅覆盖白粉。若虫扁圆形,黄绿色。体表有长短不一的蜡丝(图 5-86)。

2.发生特点

华南地区自然条件下全年危害。成虫活动力较弱,受惊动时作短距离飞行。具有趋黄,避白色及银灰色习性。卵散产于叶背面。初孵若虫在叶背面作短距离爬行后,固定刺吸危害。

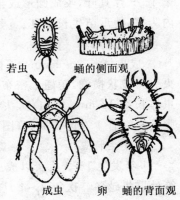

图 5-86　温室白粉虱

3.防治方法

①严格检疫。

②黄板诱杀成虫或用银灰色膜驱虫。

③结合栽培管理摘除带虫枝叶,减少虫源。

④保护利用自然天敌,如中华草蛉、粉虱黑蜂等。

⑤在若虫孵化期交替喷洒 20%扑虱灵可溶性粉剂 1 500 倍液,或 10%吡虫啉可湿性粉剂 2 000～4 000 倍液,或 20%康福多浓可溶剂 4 000 倍液,或 20%灭扫利乳油 2 000 倍液防治;也可在保护地用 80%敌敌畏乳油熏蒸。

(二)美洲斑潜蝇

美洲斑潜蝇(*Liriomyza sativae* Blanchard),属双翅目,潜蝇科。为害葫芦科、豆科、菊科、十字花科蔬菜及锦葵科、旋花科、伞形科、藜科、大戟科花卉等 100 多种植物。

1. 形态识别

成虫体长 1.5～2.4 mm，淡灰黑色。头部和小盾片后缘鲜黄色，胸背黑色，有光泽，腹面黄色。成熟幼虫体长 3 mm 左右，橙黄色，后气门突三分叉（图 5-87）。

2. 发生特点

发生世代数因地而异，海南 1 年发生 21～24 代，世代重叠，无明显越冬现象。江苏以蛹在枯叶下或土壤中越冬。成虫白天活动，具有趋黄习性，取食补充营养。卵散产于叶面表皮下。幼虫潜食叶肉，形成蛇形虫道，虫道两侧缘有黑色虫粪。老熟后在叶面或表土层化蛹。

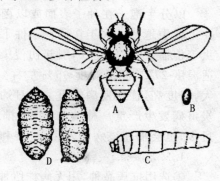

图 5-87　美洲斑潜蝇
A.成虫　B.卵　C.幼虫　D.蛹

3. 防治方法

①严格检疫，防止该虫扩大蔓延。

②进行合理的套作和轮作；适当稀植，增加田间的通透性；收获后清洁田园，植株残体集中深埋、沤肥或烧毁。

③黄板诱杀成虫。

④发生初期用 3‰阿维菌素 500 倍液（或上格阿维 1 000 倍液、郎锐 1 500 倍液）药剂防治。

（三）黄守瓜

黄守瓜（*Aulacophora femoralis chinensis* Weise），又名黄萤。属鞘翅目，叶甲科。分布于全国各地。主要为害瓜类，也可为害豆科、十字花科蔬菜及多种果树。成虫主要食害子叶及第 1～5 片真叶，咬成圆形或半圆形缺刻。幼虫在土中咬食瓜根，或钻入主根髓部及近地面茎内为害，使瓜苗生长不良、黄萎，以至死亡。

1. 形态识别

成虫体长 8～9 mm，长椭圆形，橙黄色。前胸背板长方形，中央有一波状横沟，鞘翅上密布小点刻。腹末露在鞘翅外面。成熟幼虫体长约 12 mm，黄白色，头褐色。各体节都有小黑点，上生细毛。腹部末端有 1 对肉质突起（图 5-88）。

2. 发生特点

1 年发生 1～3 代。以成虫在背风向阳的枯叶、土缝、草堆、石块等处群集越冬。次年 3～4 月，越冬成虫先在菜地、果树或杂草上取食，再迁移到瓜地危害。成虫白天活动，以晴天中午前后活动最盛，清晨和黄昏后栖息在叶背。成虫有假死性，但行动灵活，稍受惊动，即展翅飞行。卵多散产或堆产在根际附近土中。初孵幼虫即潜入土中危害根部，老熟后在被害根际附近作土室化蛹。

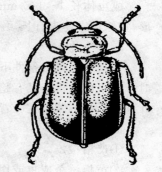

图 5-88　黄守瓜

3. 防治方法

①瓜菜收获后及时耕地灭蛹。

②采用地膜栽培，或在瓜苗附近土面撒秕糠、锯末、草木灰或废烟末，可防止成虫产卵。

③瓜苗移栽前后到 4～5 片真叶前，可喷洒 2.5%敌杀死乳油 3 000 倍液，或 50%辛硫磷乳油 1 000 倍液，或 2.5%功夫乳油 3 000 倍液防治成虫。幼虫危害严重时，用 50%辛硫磷乳油

1 000倍液，或30倍烟草水灌根毒杀幼虫。

(四)黄瓜枯萎病

1. 症状识别

根、茎发病，生长点呈失水状，根部腐烂，茎蔓稍缢缩，茎纵裂有松香状胶质物流出。湿度大时病部产生粉红色霉层，茎维管束变褐色。被害株初期表现部分叶片萎蔫，中午下垂，晚上恢复，以后萎蔫叶片增多直至全株萎蔫死亡。幼苗染病，子叶先变黄萎蔫，茎基部缢缩，变褐腐烂，易造成植株倒伏死亡。黄瓜开花期至坐果期为发病盛期。

2. 病原

尖镰孢菌、黄瓜专化型[*Fusarium oocysporum* (Sen.)f. sp. cucumerinum Owen.]属半知菌亚门、镰刀菌属(图5-89)。

3. 发病特点

以厚垣孢子或菌核随病残体在土壤或种子上越冬。病菌可在土中存活5～6年。病菌借雨水、灌溉水和昆虫等传播。可从根部伤口、自然裂口或根毛细胞侵入，也可从茎基部的裂口侵入。后进入维管束，堵塞导管，造成植株萎蔫。连作、土壤湿度大、地下害虫多的地块病重。病菌喜温暖潮湿的环境，时晴时雨或阴雨天气，病害容易发生和流行。

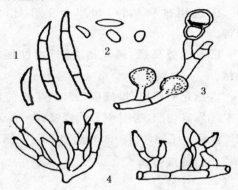

图5-89 黄瓜枯萎病菌
1.大分生孢子 2.小分生孢子
3.厚垣孢子 4.分生孢子座

4. 防治要点

①选用抗病品种。

②避免连作，与十字花科作物实行3～5年轮作，或水旱轮作。

③温汤浸种；嫁接防病；采用地膜栽培；施用腐熟有机肥，增施磷、钾肥和根外追肥；雨后及时开沟排水；保护地注意通风透光，增强植株抗病力。

④叶面喷施淋根同时进行，叶面喷用：混合氨基酸铜1 000倍液、15%多菌灵＋15%福美双＋噻霉酮(枯可菌多福)600倍液、80%乙蒜素＋10%苯醚甲环唑(枯黄萎绝杀)1 200倍液＋混合氨基酸铜＋丙烷脒(多氧清)600倍液；淋根用：80%乙蒜素＋10%苯醚甲环唑(枯黄萎绝杀)1 200倍液＋混合氨基酸铜＋丙烷脒(多氧清)600倍液。

(五)黄瓜霜霉病

1. 症状识别

主要为害叶片。子叶被害，在叶正面产生不规则褪绿水渍状斑，潮湿时在叶背产生灰黑色霉层，造成子叶干垂，幼苗死亡。成株期发病，初期在叶背产生水渍状斑点，病斑逐渐由淡黄色转为黄色，最后呈淡褐色干枯。因受叶脉限制，病斑呈三角形，病斑边缘明显。潮湿时叶背长出灰黑色霉层。发病严重时，病斑连接成片，全叶黄褐色干枯、收缩而死亡。

2. 病原

黄瓜假霜霉菌[*Pseudoperonospora cubensis*(Berk. et Curt.)Rostov.]属鞭毛菌亚门、假霜霉属(图5-90)。

3. 发病特点

以孢子囊或以菌丝体随病株残体在土壤、种子内越冬或越夏。孢子囊随风雨传播，从寄主叶片表皮直接侵入,引起初次侵染和多次再侵染。保护地栽培霜霉病一般在 3 月上中旬始见,4 月初至 5 月中下旬为发病盛期。露地栽培 4 月上旬始见,5 月上中旬至 6 月上中旬为发病盛期。保护地发病重于露地。定植过密、偏施氮肥、通风不良、地势低的瓜地发病重。

图 5-90　黄瓜假霜霉菌
A. 症状　B. 病菌　C. 孢子囊
D. 游动孢子　E. 休止孢萌发

4. 防治要点

①选用抗病品种,如津杂 1、2 号,津研 2、6 号等。

②选地势高燥,通风透光,排水性能好的田块种植。

③施足有机肥,增施磷、钾肥;生长前期适当控制浇水次数,提高植株本身的抗病性。

④发病初期,选用 64％代森锰锌·百菌清(毒霉矾)800 倍液,或 60％甲霜·百菌清 600 倍＋52％代猛·王铜(大良)600 倍液喷雾;大棚可使用 45％百菌清烟熏剂熏蒸。

(六)黄瓜疫病

1. 症状识别

保护地栽培主要为害茎基部、叶和果实。幼苗发病,多于嫩尖产生水渍状、暗绿色病斑,幼苗萎蔫枯死,但不倒伏。茎发病多在近地面茎基部产生暗绿色、水渍状斑,后病部缢缩,全株萎蔫而死亡。叶片发病,初呈暗绿色、水渍状斑点,后扩展为近圆形或不规则的大斑,潮湿时全叶腐烂,干燥时变青白色,易破裂。瓜条发病,潮湿时长出灰白色霉层,迅速腐烂。

2. 病原

德氏疫霉菌(*Phytophthora drechsleri* Tucker),属鞭毛菌亚门、疫霉属。

3. 发病特点

以菌丝体、卵孢子和厚垣孢子随病残体在土中越冬。翌春,通过风雨、灌溉水传播,引起植株发病。在病部产生大量孢子囊,借气流传播。平均气温 18℃开始发病,适温为 28～30℃。多雨、大雨过后暴晴,最易发病和流行。连作地、排水不良、浇水过多、施用未腐熟肥料,通风透光差的田块发病较重。

4. 防治要点

①与非瓜类作物轮作 3 年以上。

②采用地膜覆盖栽培,施用充分腐熟的有机肥。

③选择地势高燥、排水良好的田块,深沟高畦种植;大棚注意通风换气。

④发病初期用 60％甲霜·百菌清 600 倍液,或 58％甲霜灵锰锌可湿性粉剂 600 倍液,或 52.5％抑快净水分散剂 3 000 倍液,或 47％加瑞农可湿性粉剂 800 倍液等喷雾防治。

(七)黄瓜细菌性角斑病

全国各地都有发生,是大棚、温室前期,露地黄瓜中、后期常见的病害。

1. 症状识别

叶片被害,初生针头大小,水渍状斑点,后扩大,受叶脉限制而呈多角形、黄褐色病斑。湿度大时,病斑上产生乳白色黏液,干后为一层白膜或白色粉末。干燥时,病斑干裂、穿孔。果实、茎、叶柄发病,初近圆形水渍状,后淡灰色病斑,中部常产生裂纹,潮湿时病部产生菌脓。果实上的病斑常向内部扩展,后期腐烂,有臭味。幼苗发病,子叶上产生圆形或卵圆形水渍状凹陷病斑,后变褐色,干枯。

2.病原

黄瓜角斑假单胞菌(*Pseudomonas syringae* pv. lachrymans),属细菌薄壁菌门、假单胞菌属。除侵染黄瓜外,还为害南瓜、甜瓜、西瓜等多种葫芦科植物。

3.发病特点

病菌在种子内或病残体上越冬。病菌在种子上可存活 2 年。种子萌发,附着的细菌即侵染黄瓜子叶,造成烂种或死苗。土壤中的细菌随雨水或灌溉水溅至茎、叶片和果实上,从伤口、气孔或水孔侵入体内引起发病。病斑上的菌体借雨水、昆虫、农具、农事操作等传播,进行再侵染。病害发生的适宜温度是 18～25℃,相对湿度 75% 以上。降雨多、湿度大、地势低洼、管理不当、多年重茬的地块,病害严重。保护地黄瓜,通风不良,湿度高,发病严重。品种间抗病性有差异。

4.防治要点

①选用抗病品种。

②与非瓜类作物实行 2 年以上轮作。

③加强田间管理,降低田间湿度。

④黄瓜收获后及时清洁田园,并深翻土壤,消灭菌源。

⑤播种前,用 52℃温水浸种 20 min;或用 50%代森铵水剂 500 倍液浸种 1 d,清水洗净后催芽播种。

⑥发病初期,可选用 20%叶枯唑(世福)600 倍液,或 90%土·链(仙迪)800 倍液、20 亿孢子/g 蜡质芽孢杆菌(细除)600 倍液、80%福·福锌可湿性粉剂(威克)600 倍液、噻枯唑(速补)800 倍或克菌壮＋叶枯唑(世福)800 倍液,或 20%松脂酸酮(青风)600 倍液,或 52%代猛·王铜(大良)600 倍液喷雾防治。

【完成任务单】

将提供的标本及田间观察的病虫害资料填入表 5-9、表 5-10 。

表 5-9　蔬菜害虫发生与防治

序号	害虫名称	形态识别	目、科	世代及越冬虫态	越冬场所	为害盛期	防治要点

表 5-10　蔬菜病害发生与防治

序号	病害名称	症状	病原	越冬场所	侵入途径	发病条件	防治要点

【巩固练习】

一、填空题

1. 菜蚜虫为害后,常引起枝叶变色、皱缩,还大量分泌( ),影响植物正常的( ),并诱发( )病的发生,有些种类还是( )的重要传播媒介。

2. 菜粉蝶属( )目,( )科,以( )在枯枝落叶下越冬。

3. 菜蛾属( )目,( )科,该虫在广西等地1年发生( )代,以( )在叶脉附近结茧越冬。

4. 斜纹夜蛾属( )目,( )科,黄条跳甲属( )目,( )科。

5. 白菜软腐病的越冬场所是( )、( )、( )。

6. 白菜黑斑病的症状在叶片上为( ),在叶柄上为( ),湿度大时产生暗褐色霉层。

7. 朱砂叶螨又名( ),主要以( )越冬。

8. 在番茄青枯病中将病茎横切,用手挤压,可见切口处的( )溢出。

9. 温室白粉虱属( )目,( )科,在我国南方以( )在( )上越冬。

10. 美洲斑潜蝇属( )目,( )科,该虫主要以( )虫态为害植物。

11. 黄守瓜属( )目,( )科,主要以( )在背风向阳的枯叶、土缝、草堆、石块等处越冬。

12. 黄瓜霜霉病的症状是( ),叶背产生( )。

13. 黄瓜疫病的病原是( )。

二、简答题

1. 怎样从形态上区分菜粉蝶与菜蛾?

2. 菜蚜、菜粉蝶、菜蛾发生特点是什么?

3. 如何有效地防治菜蛾?

4. 斜纹夜蛾、黄条跳甲各是怎样为害植物的?如何有效地防治?

5. 简述白菜软腐病的防治措施。

6. 白菜菌核病的发生特点如何?如何有效地防治?

7. 温室白粉虱、黄守瓜各是怎样为害植物的?如何有效地防治?

8. 美洲斑潜蝇的发生特点如何?请你拟定一个综合防治计划。

9. 试述黄瓜枯萎病的发病规律,并根据规律制定防病措施。

10. 简述黄瓜细菌性角斑病的发生规律。

11. 如何识别黄瓜疫病?并根据发病规律制定综防措施。

工作任务 5-5　亚热带特色植物病虫害综合防治

◈**目标要求**：通过完成任务能正确识别各类亚热带特色植物病虫害种类；掌握各类特色植物主要害虫的形态识别、危害特点及发生规律；掌握各类特色植物主要病害的症状特点、病原及发生规律；能正确制定特色植物病虫害综合防治方案并组织实施。

【相关知识】

一、甘蔗病虫害

（一）甘蔗病害

1. 甘蔗凤梨病

（1）危害症状。主要侵染甘蔗种苗，病菌从种苗两端切口入侵，染病的切口开始变成红色。随后，逐渐变成黑色，并产生黑色的煤粉状物，并散发凤梨香味。纵剖蔗种，可见种苗的内部组织也变成红色。种苗受感染后，会造成烂种，或种苗虽能长出，但生长瘦弱。成长植株受感染后，蔗叶凋萎，外皮皱缩变黑，甚至死亡（图 5-91）。

（2）病原及发生规律。凤梨病属真菌性病害。凤梨病菌的大分生孢子可在土壤中存活 4 年以上，小分生孢子容易萌发，主要靠气流、土壤、灌溉水和昆虫传播。低温、高湿，长期阴雨天气或过于干旱等不利于蔗苗萌发的因素，均可诱使本病发生。

（3）防治方法。蔗种用 2%石灰水浸种 1～2 d，或用 0.1%多菌灵或苯莱特、甲基托布津药液浸种 5 min 进行消毒；土壤酸性过大的田块，每亩施石灰粉 60～70 kg，可抑制凤梨病菌的繁殖；收砍甘蔗后，及时清理残茎枯叶。

2. 甘蔗黑穗病

黑穗病也称黑粉病，是旱地蔗，特别是宿根蔗的主要病害之一。

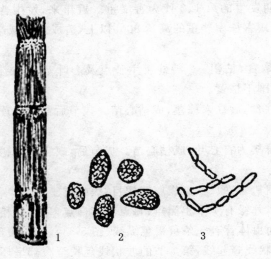

图 5-91　甘蔗凤梨病
1.病茎纵剖面　2.大分生孢子　C.小分生孢子

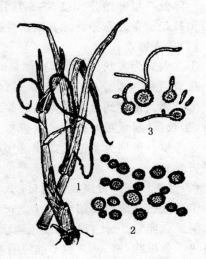

图 5-92　甘蔗黑穗病
1.症状　2.厚垣孢子　3.厚垣孢萌发

(1)危害症状。以蔗茎顶端部生长出一条没有分枝的黑色鞭状物（黑穗）为明显特征,鞭长几十至上百厘米长。短鞭直生或稍弯曲,长鞭向下卷成圈状。鞭内藏有大量厚垣孢子。厚垣孢子成熟时,薄膜破裂,释放出大量煤粉状的厚垣孢子。病株长出鞭状物之前会出现以下特征:叶片变小且狭,叶色淡绿,茎变细长,蔗芽细小、扁平,芽沟深(图 5-92)。

(2)病原及发生规律。病原为担子菌亚门的真菌。蔗种或土壤带菌是初次侵染的主要来源。风、雨、昆虫和灌溉水是传播病源菌的主要媒介。厚垣孢子落在蔗芽后,藏在芽的鳞片间,遇水萌芽,侵入蔗芽。病菌沿生长点向上蔓延,可能即时产生黑穗,也可能处于休眠状态,成为下一季甘蔗黑穗病的发病源。4月中下旬各蔗区病苗陆续表现,至5月中下旬各地甘蔗黑穗病进入发病盛期。

(3)防治方法。结合当地情况选择适宜的抗病品种;下种前,先将种苗浸在冷水数小时后,浸入 52℃热水中 20 min;发病严重的蔗地不留宿根蔗,蔗茎不做种用;出现病株立即拔出带离蔗地集中销毁,防止病菌蔓延;加强栽培管理,合理施肥,培育健壮植株。

3. 赤腐病

(1)危害症状。主要为害蔗茎及叶片中脉。被害茎早期外表无任何症状,茎纵剖时,可见蔗肉红色,中部夹杂与蔗茎垂直的白色圆形或长形斑块,发出淀粉发酵的酸味,受害蔗叶中脉初期呈鲜红色小点,迅速扩展为纺锤形,叶中央枯死成灰白色或秆黄色,边缘呈暗红色。

(2)病原及发生规律。赤腐病属于真菌性病害。病菌适宜生长温度为 27℃。通过螟害孔、生长裂缝等入侵。

(3)防治方法。选种抗病品种,采无病及无螟害蔗种;在 52℃的温水中加入 50%苯来特 1 500 倍悬浮液浸种 20～30 min 消毒,及时消灭螟虫;甘蔗收获后,及时将病株、病叶烧毁。

(二)甘蔗虫害

1. 甘蔗螟虫

广西为害甘蔗的螟虫主要有二点螟、黄螟、条螟。苗期为害生长点造成枯心苗,枯心率一般在 10%～20%,严重的达 40%～60%以上;生长中后期钻蛀为害蔗茎(螟害株率严重的高达 80%),降低产量和糖分。以 3～6 月甘蔗苗期发生的第 1、2 代为害最重。近年来,发生普遍,为害呈日趋加重之态势。尤其高产蔗区来宾螟害株率严重的高达 80%以上,造成大幅减产。

(1)危害特点。

①二点螟为害状。1 龄幼虫群集叶鞘内取食,枯鞘。2 龄蛀害生长点及心叶基部,成枯心苗。拔节后蛀茎为害,幼虫蛀孔圆形,蛀孔周围不枯黄。

②黄螟。苗期幼虫孵化先在蔗芽、根带蛀食,后蛀入蔗茎,成枯心苗。拔节后常蛀食蔗芽、根带、生长带,形成虫蛀蚜和风吹折断。

③条螟。苗期为害造成花叶,初孵幼虫群集为害心叶,成枯心苗。拔节后,螟害节枯鞘,遇风易折断。

(2)形态识别。黄螟属鳞翅目,小卷叶蛾科。条螟、二点螟属鳞翅目,螟蛾科。

①二点螟。成虫前翅中央有 2 个小黑点,外缘有 7 个小黑点,每点下有白点,呈黑白相间,雄虫明显。卵常 3～4 行排列成鱼鳞状块。幼虫体背有 5 条黄褐色纵线(图 5-93)。蛹:腹部背面可见 5 条纵线,第 5～7 腹节前缘有明显波状线隆起线,第 7 节的波状线延长至腹部呈环状,腹末呈平截状。

②黄螟。成虫深灰色或深黄褐色,体形较小,前翅斑纹复杂,前缘有灰色和褐色相间的短

斜纹,翅中央有"Y"形褐色纹。卵散生,扁椭圆形,初乳白色,后期出现红褐色弧形线。幼虫淡黄色,头部赤褐色,两颊各有一个黑色楔形纹,体无纵线。蛹:近纺锤形,腹部2~8节背有黄列锯齿状凸起。

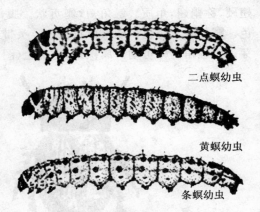

二点螟幼虫

黄螟幼虫

条螟幼虫

图5-93　甘蔗螟幼虫形态

③条螟。成虫灰黄色,前翅纵脉较粗而明显,中室附近有一黑点,外缘有一列小黑点。卵成块,"八"字形排列,初产黄白,卵扁椭圆形。幼虫淡黄色,背有4条紫色宽纵线,各节背有4个紫色斑正方形排列。蛹:体红褐色,前期残存有幼虫期的4个黑斑。

(3)发生规律。

①二点螟。南宁1年5代。喜干燥环境,高坡旱地为害重。

②黄螟。1年6~7代,越冬成虫在螟虫中出现最早。主要为害3~6月(1~3代),为害宿根及春植蔗苗,喜湿,低洼地发生重。

③条螟。孵化后聚集在甘蔗心叶部为害,咬食叶肉,留下皮层成"花叶",为害两三天后可见花叶,为害心叶10 d左右。以3、4代为害重,每年的5月和10月、11月为为害高峰。

(4)防治方法。

①农业防治。低斩收获,消灭躲藏在茎基部的幼虫;收蔗后及时清除田间的残株及蔗叶,集中堆沤制肥;春季螟蛾羽化前及时斩除秋笋,减少越冬幼虫;水田蔗地,在甘蔗幼苗枯心多时,灌水浸田淹过茎基部6~9 cm,淹水2~3 d。

②人工防治。枯心苗发生后和成虫羽化前及时处理,用小刀将枯心苗茎脚泥拔开,然后向虫口附近斜切下去,刺死幼虫。

③生物防治。在早春螟蛾飞出产卵盛期释放赤眼蜂控制螟虫;用性激素散释于田间或蔗田外围,使雄蛾迷失方向,减少其繁育后代几率。

④药剂防治。防治螟虫的重点是第一、二代。下种及中耕培土时,结合施肥选择混合撒施5%毒死蜱、8%毒·辛、3.6%杀虫单等颗粒剂;根据当地预报施药防治,7 d后再施药防治1次,选用95%杀虫单可溶性粉剂,1.8%阿维菌素乳油,毒死蜱+阿维菌素,20%氟虫双酰胺水分散剂,20%氯虫苯甲酰胺悬浮剂、6.7%氟虫双酰胺+3.3%阿维菌素喷雾。

发生盛期7~9月的防治方法:及时剥除枯老叶鞘;选用10%吡虫啉可湿性粉剂、50%抗蚜威可湿性粉剂喷雾,施药时必须对叶背进行喷雾。

2.蔗龟

鞘翅目,犀金龟科。蔗龟又名蔗金龟子,其幼虫叫蛴螬。别名突背蔗龟、黑色金龟子,中国台湾称黑圆蔗龟、隐纹黑色金龟甲等。分布福建、台湾、广东、广西、贵州等地。寄主有甘蔗、玉米、高粱、受旱的水稻或旱稻。蔗龟种类很多,其中以黑色蔗龟(突背蔗龟)最为严重。

(1)危害特点。黑色蔗龟成虫及所有蔗龟幼虫都咬食蔗根及蔗茎地下部,在苗期形成枯心苗,造成缺株,减少有效茎;而后为害地下茎部,受害蔗株遇台风易倒伏,遇干旱蔗叶呈黄色,叶端干枯,影响甘蔗产量及蔗糖分。

(2)形态识别。黑蔗龟成虫初期淡黄色,渐变为褐色,最后变成有光泽的漆黑色。成虫前翅硬,称鞘翅,角质。触角短,鳃页状。腹部为翅覆盖,不露出。卵产于土中,长椭圆形,乳白色。孵化时灰白色。幼虫体黄白色。头带褐色。腹部末端膨大。胸足发达,腹足退化。蛹翅芽、足、触角离体可动。属裸蛹,土黄色(图5-94)。

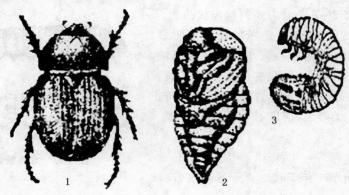

图5-94　蔗龟形态图

1.成虫　2.蛹　3.幼虫

(3)发生规律。金龟子每年发生1个世代。幼虫在蔗头根际附近土中越冬。成虫在4月中旬至6月下旬为害,成虫有趋光性和假死性。6月以后进入夏眠。幼虫在11月至翌年3月为害甘蔗。1～2龄的黑蔗龟幼虫主要取食土中的腐殖质为生。2龄幼虫开始取食甘蔗幼根。大龄幼虫大量取食甘蔗的根和蔗茎。白天和夜间在近表土处咬食蔗苗的基部,咬口常超过幼苗直径的一半以上,造成蔗株极易倒伏。

(4)防治方法。

①农业防治措施。在蔗龟为害严重不留宿根的蔗地,收获后及时深耕勤耙,蔗稻轮作;生长旺季,有条件的可放水淹灌蔗地,一般淹过垄面7 d左右;避开初孵幼虫发生期(5～6月)施用已腐烂的有机肥,造成不利初孵幼虫生存的环境。

②频振式杀虫灯诱杀成虫。

③药剂防治。下种时适量撒施3%辛硫磷、5%毒死蜱、8%毒・辛、5%杀虫双、3.6%杀虫单等颗粒剂。

3.甘蔗绵蚜

同翅目,蚜科。分布在华东、华南、西南、中国台湾等甘蔗产区。寄主有甘蔗、茭白、柑橘、芦苇、大芒谷草等。

(1)危害特点。甘蔗绵蚜常群集于甘蔗叶片背部叶中脉的两旁,刺吸汁液,破坏中部组织,并分泌糖蜜,导致煤烟病的发生。

(2)形态识别。甘蔗绵蚜分有翅和无翅成虫、有翅和无翅若虫等多种类型,其形态特征有以下区别:无翅成虫体长2.5 mm左右。颜色有黄绿、灰黄、黄褐等多种类型。体表覆盖白色蜡质粉末。复眼很少,触角5节。无环状感觉器。腹部第8节的背面有蜡孔1对。有翅成虫。头深绿色。胸背黑色,腹部由暗绿变黑色。体表无蜡质覆盖。复眼隆起。触角5节。翅透明,长约7 mm。静止时,两翅并置腹部,过腹端位置。无翅若虫。体黄色,略带灰绿色。初生时,背面蜡质物很少。触角4节,第3节中间稍缢宿。有翅若虫。初生淡黄,略带灰绿色。有翅

1对。第3次、第4次蜕皮后变成深褐色(图5-95)。

无翅成虫　　　　　　　有翅成虫　　　　　　　有翅若虫

图5-95　甘蔗绵蚜

　　(3)发生规律。1年可发生20个世代。绵蚜虫以孤雌生殖方式进行繁殖后代。繁殖力极强,1个雌蚜可产仔蚜50~130头。整年均可生长繁殖。成虫和若虫均有群聚性,畏强光,多在秋、冬植蔗或宿根蔗的秋笋上越冬。绵蚜发生的最适温度是20~25℃。一般来说,冬季气温高,春暖开始早,春季干旱有利于绵蚜虫的大发生。

　　(4)防治办法。

　　①消灭越冬虫源,降低虫口密度。3月底春暖之前,集中消灭秋植、冬植和宿根甘蔗上的越冬蚜虫。干旱时要及时灌水,及时剥去老叶。

　　②药剂防治。可选用48%乐斯本乳油、20%丁硫克百威乳油、10%吡虫啉可湿性粉剂等1 000~1 500倍液加90%杀虫单原粉500倍液进行全田均匀喷雾,及时消灭发虫中心,可以有效地防治绵蚜。

　　4.甘蔗红粉蚧

　　同翅目,粉蚧科。分布国内各蔗区。寄主有甘蔗、芒草。

　　(1)危害特点。成、若虫群集在蔗苗基部或青叶鞘包着的蔗茎节下部蜡粉带上吸食汁液,致蔗株生长衰弱,或诱发煤烟病。

　　(2)形态识别。雌成虫体长4~5 mm,椭圆形,稍扁平,外观臃肿肥大,背部硕厚,高2 mm左右,暗桃红色至棕红色,外披白色粉状蜡质物。触角7节,足退化。主要营孤雌生殖。雄虫具翅,但很少产生。卵长0.5 mm左右,长椭圆形,浅黄褐色。若虫与成虫近似,浅桃红色,初孵若虫触角、足发达。

　　(3)生活习性。1年生8代左右,完成一个世代20~30 d,秋季60多天,主要以若虫在蔗梢生长点或蔗根裂缝处越冬。可进行孤雌生殖,也有少数个体能产下少量卵,每雌一生能产仔300多头。成、若虫匿居在甘蔗叶鞘下蔗节处,喜欢阴暗湿润环境。有时几十只至百余只成、若虫堆集在节处。初孵若虫行动灵活,能自行爬至蔗叶鞘或芽的四周,长大后的若虫,行动迟钝。每年7~9月发生最多,卵期2~3 d天,幼虫期20~30 d,成虫寿命1~2个月。主要靠种子或蚂蚁搬运传播。

　　(4)防治方法。

　　①新建蔗园,严格选择无虫种苗。

　　②甘蔗生长期粉蚧发生严重时应多次剥叶,把红粉蚧捏死,剥叶后及时灌溉,使甘蔗生长健壮。

　　③发现蔗种带虫时用3%鱼藤精1 500倍液浸种20 h消毒灭虫。

5. 甘蔗蓟马

(1)危害特点。甘蔗蓟马群栖于蔗株未展开的心叶内,以锉吸式口器锉破叶片表皮组织,吸吮叶汁,破坏叶绿素,影响光合作用。被害叶片展开后出现黄色或淡黄色斑块,为害严重时,叶尖卷缩,甚至缠绕打结,呈现黄褐色或紫赤色。

(2)形态特征。成虫体长 1.2～1.3 mm,黄褐至暗褐色。头的长与宽略相等。触角 7 节。第 3～5 节灰色。两眼中间有 2 对刺。翅膀 2 对,狭长灰白色。翅膀简单,只有 1 条不明显的翅膀,密生小刺毛。卵长椭圆形,稍弯曲,白色,长约 0.35 mm。若虫体形与成虫相似,但较小,黄白色,没有翅(图 5-96)。

图 5-96 甘蔗蓟马

(3)发生规律。蓟马主要在甘蔗苗期和拔节伸长期发生为害,6～7 月受蓟马为害较普遍。干旱季节,心叶展开慢,适合蓟马栖息,发生严重。一般发生在干旱季节,并繁殖特别快。如蔗田因积水或缺肥等原因,造成甘蔗生长缓慢时,蓟马为害便会加重;高温和雨季来临后,蓟马的发生会受到抑制。

(4)防治办法。

①农业防治。施足基肥,旱季有可能时要勤灌水,并追施速效肥,促进苗期甘蔗生长旺盛,加速心叶展开,加快植株生长以减少为害。

②化学防治。苗期发生蓟马为害可用 10％吡虫啉可湿性粉剂或 3％啶虫脒乳油或 25％噻嗪酮可湿性粉剂兑水后于早晨或傍晚对心叶进行喷雾,每隔 5～7 d 再喷 1 次。

6. 蔗根锯天牛

(1)危害特点。幼虫在土中为害根部及埋在土中的幼茎。被害植株叶片枯黄。

(2)形态识别。成虫体红棕色,长 25～62 mm,头部和触角基部棕黑色,雄虫触角比较长。

(3)发生规律。蔗根锯天牛成虫于 6 月中旬初出现,6 月中旬末至下旬为该虫成虫出土盛期。

(4)防治方法。

①历年该虫发生较重的蔗区于蔗地中挖掘口径为 35～40 cm,深 30～35 cm 的圆锥形陷阱(每亩蔗地 5～8 个),捕杀成虫。

②有条件的蔗区可利用天牛成虫的趋光性,在成虫羽化期,安装诱虫灯引诱成虫,然后人工捕杀。

③在蔗根天牛成虫出现期,巡视蔗园进行人工捕杀。

6 月份是蔗根土天牛幼虫孵化期,此时用药效果较好。结合大培土,可使用辛硫磷、毒死蜱等颗粒剂 2～3 kg 施于蔗兜附近再培土。

7. 白蚁

(1)危害特点。主要有黑翅土白蚁、家白蚁。白蚁食茎内组织,形成与蔗种平行多条的隧道,致叶色变黄,通风易倒折,造成全株枯死。

(2)形态识别。

①黑翅土白蚁,白蚁科。

兵蚁:头宽 1.2～1.4 mm 暗深黄色,腹部淡黄至灰白色(酒精浸的标本往往头转为褐色)。

头部背面观为卵形,长大于宽,上颚镰刀形,在上颚内缘中点的前方有一显著的齿,前胸背板非扁平,前部窄,斜翘起,后部较宽,从上方看如元宝状;左右两侧凹下,体形较大。

有翅成虫:头顶背面及胸,腰的背面为黑褐色,头部和腹部的腹面为棕黄色,翅黑褐色,头圆形,单眼与腹眼的距离约等于单眼本身的长度,前胸背板前宽后狭,中央有一淡色的"十"形,"十"形的两侧前方各有一圆形或椭圆形的淡色点,"十"形的后方有一小而带有分支的淡色点,翅长大。

②家白蚁,鼻白蚁科。

兵蚁:头及触角浅黄色,上颚黑褐色,镰刀形,左上颚基部有一深凹刻,其前另有 4 个小突起.头部背面观呈椭圆形,囟(泌乳孔)大,其圆形开口伸向头部前端接近唇基下方,前胸背板扁平,前部不翘起,左右两侧不凹下。

有翅成虫:头背面深黄褐色,胸、腹背面褐黄色,较头色淡,腹部腹面黄色,翅淡黄白色,单眼与复腹的距离小于单眼本身的宽度,前胸背板前缘向后凹,侧缘与后缘连成半圆形,后缘中央向前方凹入。

(3)发生规律。有翅成虫于 3 月出现在巢内,4～6 月出现在近蚁巢的地面上。每巢有一群或多群,在羽化孔下有候飞室。候飞室与主巢相距 3～8 m。气温高于 20℃,相对湿度高于 85% 的雨天,有翅成虫于 19 时前后分飞,经过分飞后,脱翅的成虫一般成对地钻入地下建立新巢。工蚁食性很杂。整个甘蔗生长期均可受害,在萌芽期和生长的中后期有 2 次受害高峰。白蚁发生情况与土壤、植被、气候和温、湿度及垦植年限、方法、品种有关。以播种后萌芽期受害最烈,蔗种受害多从两端切口侵入,蛀食种茎组织,使种苗不能萌发。白蚁主要为害旱地、山岗地,特别是新垦地新植甘蔗植株,很少为害水田甘蔗。其中,又以在萌芽期为害最甚,幼苗期较轻,伸长期至成熟期再次加重。中后期从地下茎蛀入,蛀食后致使茎内中空,叶片枯黄或干梢,全株枯死。

(4)防治方法。在白蚁纷飞季节用黑光灯诱杀。

①下种前深耕改土,挖毁蚁巢,把白蚁消灭在植蔗前。

②下种时用 48% 乐斯本、10% 天王星等乳油,以 300～400 倍液浸种 1 min,或每公顷选用 5% 毒·辛、5% 丁硫克百威、5% 杀虫单·毒死蜱、4.5% 敌百·毒死蜱等颗粒剂 45～75 kg 或 15% 乐斯本颗粒剂 15～18 kg,与 600 kg 干细土或化肥混合均匀撒施于植蔗沟内覆土。

二、枇杷病虫害

(一)枇杷病害

1. 叶斑病

叶斑病是枇杷最主要的病害,受害植株轻则影响树势和产量,重则叶落枝枯。枇杷叶斑病包括斑点病、灰斑病、角斑病、胡麻色斑病。

(1)症状。

斑点病:只为害叶片。病斑初时为赤褐色小点,后逐渐扩大,中央变为灰黄色,外缘呈灰棕色或赤褐色。后期病斑上有许多轮生或散生的小黑点(分生孢子器)。

灰斑病:除为害叶片外,还为害果实。病斑初时淡黄色,后期中央变白色以至灰黄色,边缘具明显的黑色环带。如果实受害,产生紫褐色圆形病斑,不久凹陷。病斑上散生黑色小点。

角斑病:只为害叶片,病斑以叶脉为界,呈多角形,初时赤褐色,周围往往有黄色晕环。后期病斑上长出黑色霉状小粒点。

胡麻色斑病:苗木发病最多。发病初期叶片上出现黑紫色小圆点,周围呈红紫色,中央灰白色,生有小黑点。发病严重时,许多小病斑连合成大病斑,以致叶片枯死脱落。

(2)病原及发生规律。枇杷叶斑病的病原均为半知菌亚门真菌。病菌在病叶上越冬。越冬后分生孢子借风雨传播,环境条件适宜(温暖多湿)时易侵染发病。一年多次侵染,多从嫩叶的气孔或伤口入侵。在土壤瘠薄、排水不良、管理不善、生长较差的树上更易先发病。

(3)防治方法。

①农业防治。雨季搞好排水、干旱及时灌溉;合理施肥,增强树势;科学修剪、通风透光;及时清园,减少病原。

②药剂防治。在各新梢展叶时开始喷杀菌剂保护叶片,10~15 d 喷 1 次,共 2 次。药剂可以交替选用:0.5%~0.6%波尔多液、50%多菌灵可湿性粉剂 500~800 倍液、75%百菌清可湿性粉剂 500~800 倍液。

2. 枇杷炭疽病

此病害主要为害果实,偶尔叶、嫩梢受害也较重。

(1)症状。果实初发病时,为淡褐色水浸状圆形小斑点,后扩大为深褐色圆形病斑,病部凹陷,表面密生小黑点,当天气湿润时,溢出粉红色黏物,最后病果干缩。

(2)病原及发生规律。病原菌是一种子囊菌。以菌丝体在病果及带病枝梢上越冬。翌年春季温暖多雨时,产生分生孢子,随风雨、昆虫传播。排水不良,树梢密蔽,氮肥过多,遇上连绵阴雨,幼苗、果实发病多。遇大风、冰雹等灾害性天气,叶片易发病。晚熟品种成熟期正值梅雨季节,发病重。

(3)防治方法。增施磷钾肥,增强树势,提高抗病能力;果实采收期结合修剪,清除病果、病梢,以减少病原;上年发病重的枇杷园,在果实转色时用 0.3%~0.6%等量式波尔多液或 50%托布津 500~600 倍液喷射 1~2 次,以保护果实。

(二)枇杷虫害

1. 枇杷黄毛虫

(1)危害特点。枇杷黄毛虫是枇杷最主要害虫之一,主要为害叶片,亦啃食果皮及嫩梢韧皮部。

(2)形态识别。成虫体长 10 mm,灰白色,雄蛾略小。前翅有一弯曲的黑斑。卵浅黄白色,近扁圆形,直径约 0.8 mm。幼虫初时淡黄色,后变黄绿色,老熟时橙黄色,体长 20~23 mm,各节都有毛瘤,上生刺毛,第 3 腹节背面的一对毛瘤较大,黑褐色。腹足 4 对,第 3 腹节上缺腹足。蛹:近椭圆形,长 8~11 mm,淡褐色;茧:与枇杷树皮同色。前端有一角状突。

(3)发生规律。1 年发生 5 代。以老熟幼虫在叶片主脉上和枝干凹陷处结茧化蛹越冬。成虫白天倒贴在树的主干、主枝上,趋光性弱。成虫卵产于嫩叶上。低龄幼虫有群集性,1~2 龄幼虫取食嫩叶叶肉;3 龄幼虫将叶片咬成孔洞或缺刻,4~5 龄幼虫蚕食全叶,在叶量不足时,还啃食叶脉和嫩梢的韧皮部和花果。老熟幼虫在叶背主脉附近等处结茧化蛹。发生高峰期多与抽梢时期一致。

(4)防治方法。

①人工捕杀。利用成虫喜欢倒贴在树干的特性,冬季刮刷树皮缝隙、涂白以及清园烧毁落

叶、断枝、树皮等,以减少越冬虫源;利用1～2龄幼虫群集为害习性进行人工捕杀。

②生物防治。保护腿小蜂、黑瘤姬蜂等寄生天敌,以控制黄毛虫的发生。

③药剂防治。在幼虫低龄期可用20％速灭杀丁3 000倍液,或90％敌百虫800倍液,隔7 d喷1次,连续2～3次。

2．枇杷舟蛾

枇杷舟蛾又称枇杷天社蛾、黑毛虫、举尾毛虫等。

(1)危害特点。幼虫以咬食叶片,常可将全树叶片吃光,轻则严重削弱树势,重则全株死亡。

(2)形态识别。成虫体长22～30 mm,黄白色,腹部黄褐色,翅乳白色,雄蛾略小。前翅外缘有紫黑色新月形纹一列。卵产于叶背,球形,数十粒成一块,淡绿色至灰色。幼虫:体长52～54 mm,头黑色,腹部初孵时黄褐色,后背面紫黑色,腹面紫红色,气门上下有淡红色侧线各1条,体上有黄白色长毛。

(3)发生规律。1年发生1代。以蛹在树干附近土中越冬。次年7月中下旬成虫出现最多。成虫喜傍晚活动,趋光性强。卵产于叶背。1～2龄幼虫群集在一起,头向外整齐地排列在叶背上为害,以后分散,早晚取食,白天不活动,静止时头尾翘起似船形故名"舟形毛虫"。幼虫受惊有吐丝假死性。9月为害最重。9月下旬至10月上旬老熟幼虫沿树干下行,或吐丝下垂入土化蛹越冬。

(4)防治方法。冬季结合深翻园土,以冻死土中越冬的蛹;利用幼虫的假死性,震动树枝,使其落地捕杀;药剂防治在低龄幼虫发生时,可用48％乐斯本乳油、10％吡虫啉可湿性粉剂1 000～1 500倍液、2.5％敌杀死3 000倍液喷雾,每隔7 d 1次,连续2～3次,效果较好。

3．枇杷蓑蛾

枇杷蓑蛾俗称皮袋虫、吊死鬼。枇杷蓑蛾种类很多,主要有大、小蓑蛾。

(1)危害特点。以幼虫为害叶、嫩芽、嫩梢。

(2)形态识别。大蓑蛾雌成虫:长23～31 mm,肥胖,乳白色,头不明显,无足无翅,停居于护囊内。雄成虫长20～23 mm,展翅40 mm。幼虫:末龄体长23～27 mm,粗短,头暗褐色,前部硬皮板上有褐白相间的纵向带,至中胸背面。蛹粗短,红褐色,长约20 mm,腹部末端微弯。

(3)发生规律。大蓑蛾1年发生1代。越冬以幼虫在护囊中越冬,次年5月上旬开始化蛹,下旬羽化。成虫在护囊中产卵,每雌蛾可产3 000粒。6月底7月初为幼虫孵化盛期,孵化后幼虫爬出护囊,吐丝下垂,随风飘散。然后吐丝黏附在树上咬碎叶片做护囊。1～3龄幼虫取食叶肉呈半透明斑,后食成缺刻或穿孔,只留叶脉。11月间越冬幼虫封袋,停食越冬。

(4)防治方法。盛发期或冬季人工摘除蓑袋,压缩虫口密度;药剂防治在幼虫盛孵后3％啶虫脒乳油或25％噻嗪酮可湿性粉剂喷洒。保护利用天敌,天敌有小蜂科的粗腿小蜂、姬蜂科的白蚕姬蜂、黄姬蜂、寄生蝇等。

4．枇杷毒蛾类

(1)危害特点。属鳞翅目毒蛾科。幼虫为害枇杷叶片。

(2)形态识别。成虫体长15 mm左右,雄成虫体略小;头淡黄色,背部淡灰褐色,腹部黄白色,前翅灰褐,有两条黄色曲横线,后翅黄色。卵圆形,直径0.5 mm,卵成块状产于叶背面。幼虫体长20 mm灰褐色,体上有瘤状突起,上生白色毒毛。第3～7腹节背面中央纵贯黄色带纹,中线红色。蛹褐色,长10 mm左右。

（3）发生规律。1年发生4代。以幼虫越冬。成虫白天息于叶间或杂草中，夜间活动，有趋光性。每一雌蛾产卵约100粒左右。幼虫有群集性，有假死性，遇震动后即吐丝下垂，老熟幼虫从树干向下爬，在草丛或枯叶中吐丝结茧化蛹。

（4）防治方法。利用假死性，震动树干，令其吐丝下垂以人工杀死。灯光诱杀成虫。药剂防治幼虫发生期可用90％敌百虫加水稀释800倍液，2.5％敌杀死3 000倍液，每隔7 d喷1次连续2～3次。

【完成任务单】

将提供的标本及田间观察的病虫害资料填入表5-11、表5-12。

表 5-11　特色植物害虫发生与防治

序号	害虫名称	形态识别	目、科	世代及越冬虫态	越冬场所	为害盛期	防治要点

表 5-12　特色植物病害发生与防治

序号	病害名称	症状	病原	越冬场所	侵入途径	发病条件	防治要点

【巩固练习】

简答题

1.甘蔗凤梨病的症状特点如何？病区应该如何防治？

2.甘蔗螟虫有哪些？各危害特点怎样？如何防治？

3.枇杷有哪些病虫害？各危害特点怎样？如何进行防治？

拓展知识1　常用农药简介

一、杀虫剂、杀螨剂

（一）矿物油杀虫剂

（1）机油乳剂（蚧螨灵）。它是由95％机油和5％乳化剂加工制成。具有窒息杀虫作用。常见的剂型有95％蚧螨灵乳油。一般使用浓度为95％机油乳剂稀释100～200倍液，喷雾。

（2）柴油乳剂。它是由柴油和其他乳化剂配制而成。对害虫的作用方式主要是窒息杀虫作用。常见的剂型有48.5％柴油乳剂。一般使用浓度为10～100倍液，喷雾。

（3）加德士敌死虫。它是由高烷类、低芳香族基础油加工而成的一种矿物油乳剂，属低毒类农药。常见的剂型有 99.1％乳油。一般使用浓度为 200～300 倍液,喷雾。

(4)矿物油(绿颖)。它是一种用白蜡机油加工的机油乳剂。具有窒息杀虫作用。属高效低毒,无公害的杀虫、杀菌剂。常见的剂型有 99％乳油。一般使用浓度为 200～300 倍液,喷雾。

(二)植物源杀虫剂

植物源杀虫剂是用植物体的全部或其中的一部分作为农药。植物杀虫剂以触杀作用为主,有的具有胃毒作用及熏蒸作用,有的有强烈的拒食、忌避作用,有的兼有两种或两种以上的作用。

(1)茴蒿素(山道年,santonin)。具有胃毒和触杀作用,并兼杀卵作用。可用于防治鳞翅目幼虫。对人、畜毒性极低,无污染,对环境安全,适于生产绿色食品。常见的剂型有 0.65％水剂,一般使用浓度为稀释 400～500 倍液,喷雾。

(2)印楝素(印楝制剂,azadirachtin)。具有胃毒、触杀、拒食、忌避及影响昆虫生长发育等多种作用,并具有良好的内吸传导性。能防治鳞翅目、同翅目、鞘翅目等多种害虫。对人、畜、鸟类及天敌安全,无残毒,不污染环境,适于生产绿色食品。常见的剂型有 0.3％乳油,一般使用浓度为稀释 800～2 000 倍液,喷雾。

(3)烟碱(尼可丁,nicitine)。具有胃毒、触杀和熏蒸作用,还有杀卵作用。可用于防治同翅目、鳞翅目、双翅目等害虫。对人、畜中等毒性。常见的剂型有 2％水乳剂,一般使用浓度为稀释 800～1 200 倍液,喷雾。

(4)苦参碱(苦参素,matrine)。具有触杀和胃毒作用。对人、畜低毒。可用于防治多种作物上的蚜虫、螨类、菜青虫、小菜蛾及地下害虫等。常见的剂型有 0.04％水剂,一般使用浓度为稀释 400 倍液,喷雾。

(5)除虫菊素(pyrethrins)。具有强力触杀作用,胃毒作用微弱,无熏蒸作用和传导作用。主要用于防治同翅目、缨翅目、鳞翅目和膜翅目的害虫。常见的剂型有 3％乳油,一般使用浓度为稀释 800～1 200 倍液,喷雾。

(6)川楝素(蔬果净,toosendanin)。具有胃毒、触杀及一定的拒食作用。对鳞翅目、同翅目、鞘翅目等多种害虫有效。对人、畜安全。常见的剂型有 0.5％乳油,一般使用浓度为稀释 800～1 000 倍液,喷雾。

(三)动物源杀虫剂

自然界中,很多天敌昆虫以害虫为食料维持生存,保持着自然界的生态平衡。人们大量繁殖昆虫天敌,并用于农业生产,使其转变为动物源杀虫剂,并成为商品进入市场销售。动物源杀虫剂具有与环境相容性好,对人、畜无任何毒性,也无"三致"作用,持效期长,施用次数少,成本低等优点。

(1)丽蚜小蜂(*Encarsia formosa*)。丽蚜小蜂属膜翅目蚜小蜂科,是温室白粉虱的专性寄生天敌昆虫。常见的剂型为蛹,使用方法是将商品蛹挂在植株的叶柄上或架条上。在温室白粉虱发生初期,虫量较少时放蜂,平均单株粉虱成虫 0.5 头以下时,每亩释放小蜂 1 次 500～1 000 头;平均单株粉虱成虫 0.5～1 头时,每亩释放小蜂 5 000 头;平均单株粉虱成虫 1～5 头时,每亩释放小蜂 1 万头,分两次释放。

(2)中华草蛉(*Chrysopa sinica*)。中华草蛉属脉翅目草蛉科。可捕食蚜虫、粉虱、蚧类、叶螨及多种鳞翅目害虫幼虫及卵。主要剂型为成虫、幼虫、卵箔。使用方法在温室、大棚等保护地释放成虫,一般按益害比 1∶(15~20)投放,或每株放 3~5 头,隔 1 周后再放,共放 2~4 次。

(3)智利小植绥螨(*Phytoseiulus peosimieis*)。智利小植绥螨属蛛形纲蜱螨目植绥螨科。捕食叶螨等害螨。主要剂型为成虫。使用方法在害螨发生初期,按 1∶(10~20)释放成虫,或小苗每株释放 1 头,大苗放 5 头。

(四)微生物杀虫剂

微生物杀虫剂是指利用使害虫致病死亡的微生物(细菌、真菌、病毒等)及其代谢产物作为杀虫作用的药剂。

(1)苏云金杆菌(Bt 乳剂、杀虫素,*Bacilus thuringiensis*)。该药剂是一种细菌性杀虫剂,属低毒杀虫剂。具胃毒作用。可用于防治直翅目、鞘翅目、双翅目、膜翅目,特别是鳞翅目多种害虫。常见的剂型有可湿性粉剂(100 亿活孢子/g),Bt 乳剂(100 亿活孢子/mL)可用于喷雾、喷粉、灌心等。一般使用浓度稀释 500 倍液,喷雾。

(2)杀螟杆菌(蜡状芽孢杆菌 *Bacillus cereus*)。该药剂是一种细菌性杀虫剂,属低毒杀虫剂。杀虫机理同苏云金杆菌。主要用于防治蔬菜、果树、茶叶等作物上的鳞翅目害虫。常见的剂型有可湿性粉剂(100 亿活孢子/g),一般使用浓度为稀释 300~1 000 倍液,喷雾。

(3)白僵菌(*Beauveria bassiana*)。该药剂是一种真菌性杀虫剂。可用于防治鳞翅目、同翅目、膜翅目、直翅目等害虫。常见的剂型有粉剂(50 亿~70 亿活孢子/g),一般使用浓度为稀释 50~60 倍液,喷雾。

(4)块状耳霉菌(杀蚜霉素、杀蚜菌剂)。该药剂是一种真菌性杀虫剂。可用于防治各类蚜虫。常见的剂型有悬浮剂(200 万菌体/mL),一般使用浓度为稀释 1 000~1 500 倍液,喷雾。

(5)核型多角体病毒(Autographa california nuclear polyhedrosis virus)。该药剂是一种病毒杀虫剂。具有胃毒作用。适于防治鳞翅目害虫。常见的剂型有可湿性粉剂(10 亿个核型多角体病毒/g),一般使用浓度为每亩用 100 g,兑水 50 L,喷雾。

(6)菜青颗粒体病毒(菜青虫病毒,Pierisrapae granulosis virus)。该药剂为活体病毒杀虫剂,是由感染菜青虫颗粒体病毒死亡的虫体经加工制成。适于防治鳞翅目害虫。常见的剂型有浓缩粉剂,一般使用浓度为每亩用 40~60 g,兑水稀释为 750 倍液,在幼虫 3 龄前喷雾。

(7)富表甲氨基阿维菌素(methylamineavermectin)。该药剂是抗生素类杀虫、杀螨剂。具触杀和胃毒作用。对鳞翅目、鞘翅目、同翅目及斑潜蝇及螨类有高效。常见的剂型有 0.5%乳油。一般使用浓度为每亩用 30~60 mL,兑水 50 L,喷雾。

(8)多杀霉素(菜喜、催杀,spinosad)。该药剂是新型抗生素类杀虫剂。具有胃毒和触杀作用。对鳞翅目幼虫、蓟马等效果好。常见的剂型有 2.5%悬浮剂。一般使用浓度为稀释 1 000~1 500 倍液,喷雾。

(9)阿维菌素(灭虫灵、杀虫素、爱福丁,abamectin)。该药剂是抗生素类杀虫、杀螨剂。具触杀和胃毒作用。对鳞翅目、鞘翅目、同翅目及斑潜蝇及螨类有高效。常见的剂型有 1.8%乳油,一般使用浓度为稀释 1 000~3 000 倍液,喷雾。

(五)化学合成杀虫剂

1. 有机磷类杀虫剂

此类杀虫剂具有品种多、药效高、杀虫作用方式多样,残留毒性低,抗性产生较慢,对植物较安全,绝大多数品种在碱性条件下易分解等特点。

(1)敌百虫(trichlorphon)。它具有很强的胃毒作用,兼有触杀作用。对植物有一定的渗透性,但无传导作用,残效期短。对人、畜低毒。适用于防治多种作物上的咀嚼式口器害虫。常见的剂型有80%晶体,一般使用浓度为稀释800～1 000倍液,喷雾。

(2)敌敌畏(DDVP,dichlorvos)。它具有触杀、熏蒸和胃毒作用。对人、畜中毒。对鳞翅目、膜翅目、同翅目、双翅目、半翅目等害虫均有良好的防治效果,击倒迅速。常见的剂型有50%乳油,一般使用浓度为稀释1 000～1 500倍液,喷雾。

(3)辛硫磷(肟硫磷、倍腈松,phoxim)。它具触杀和胃毒作用。对人、畜低毒。见光易分解。可用于防治鳞翅目幼虫及蚜虫、螨类、介壳虫等害虫。常见的剂型有5%颗粒剂,50%乳油。一般使用浓度为50%乳油稀释1 000～1 500倍液,喷雾或浇灌;5%颗粒剂每667 m² 用2 kg防治地下害虫。

(4)乐果(dimethoate)。它具有强烈的内吸、触杀和胃毒作用。本剂属于中等毒性。对果树、蔬菜、花卉等作物上的多种刺吸式和咀嚼式口器害虫有效。常见剂型有40%乳油,60%可溶性粉剂等。一般使用浓度为40%乳油稀释1 000～1 500倍液,喷雾。

(5)毒死蜱(乐斯本,chlorpyrifos)。它具触杀、胃毒及熏蒸作用。对人、畜中毒。对鳞翅目幼虫、蚜虫、叶蝉及螨类害虫效果好,也可用于防治地下害虫。常见的剂型有40.7%乳油,一般使用浓度为稀释1 000～2 000倍液,喷雾。

(6)丙硫磷(prothiofos)。它具触杀、胃毒及熏蒸作用。对人、畜低毒。对鳞翅目幼虫有特效。常见的剂型有50%乳油,一般使用浓度为50%乳油稀释1 000～1 500倍液,喷雾。

(7)马拉硫磷(马拉松,malathion)。它具触杀、胃毒及微弱的熏蒸作用。对人、畜低毒。对小菜蛾、菜青虫等多种鳞翅目害虫的幼虫及螨类、蚜虫等害虫有较好的防效。常见的剂型有45%乳油,一般使用浓度为稀释900～1 400倍液,喷雾。

2. 氨基甲酸酯类杀虫剂

大多数品种具有速效性好、残效期短、选择性强、毒性差异较大、遇碱易分解等特点。

(1)抗蚜威(避蚜雾,pirimicarb)。它具触杀、熏蒸和渗透叶面作用。能防治对有机磷杀虫剂产生抗性的蚜虫。药效迅速,残效期短,对蚜虫天敌毒性低。对人、畜中毒。常见的剂型有50%可湿性粉剂,一般使用浓度为每亩用10～18 g,兑水30～60 L,喷雾。

(2)唑蚜威(灭蚜灵、灭蚜唑,triaguron)。高效选择性内吸杀虫剂,对多种蚜虫有较好的防治效果。对人、畜中毒。常见的剂型有25%可湿性粉剂,24%、48%乳油。使用有效成分每667 m² 用2 g即可。

3. 拟除虫菊酯类杀虫剂

该类杀虫剂高效、广谱,但多数品种对螨类毒力较差。以触杀和胃毒作用为主,无内吸和熏蒸作用。该类杀虫剂具有在自然界中易分解,残留低,不污染环境,对植物安全等特性。

(1)甲氰菊酯(灭扫利,fenpropathrin)。它具触杀、胃毒及一定的忌避作用。对人、畜中毒。可用于防治鳞翅目、鞘翅目、同翅目、双翅目、半翅目等害虫及多种害螨。常见的剂型有20%乳油,一般使用浓度为稀释2 000～3 000倍液,喷雾。

（2）联苯菊酯（虫螨灵、天王星，bifenthrin）。它具触杀、胃毒作用。对人、畜中毒。可用于防治鳞翅目幼虫、蚜虫、叶蝉、粉虱、潜叶蛾、叶螨等害虫。常见的剂型有10％乳油，一般使用浓度为稀释3 000～5 000倍液，喷雾。

（3）顺式氰戊菊酯（来福灵，esfenvalerate）。它具强力触杀作用，有一定的胃毒和拒食作用。效果迅速，击倒力强。对人、畜中毒。对鱼、蜜蜂高毒。可用于防治鳞翅目、半翅目、双翅目害虫的幼虫。常见的剂型有5％乳油，一般使用浓度为稀释2 000～5 000倍液，喷雾。

（4）氯氰菊酯（安绿宝、灭百可、兴棉宝、赛波凯，cypermethrin）。它具触杀、胃毒和一定的杀卵作用。该药对鳞翅目害虫幼虫、同翅目、半翅目害虫效果好。对人、畜中毒。常见的剂型有10％乳油，一般使用浓度为稀释2 000～5 000倍液，喷雾。

（5）高效氟氯氰菊酯（保得、保富、拜虫杀，beta-cyfluthrin）。它具触杀、胃毒作用。对人、畜低毒。杀虫谱广，作用迅速，持效期长。对鳞翅目害虫幼虫及刺吸式口器害虫均有效。常见的剂型有2.5％乳油，一般使用浓度为稀释2 000～3 000倍液，喷雾。

（6）四溴菊酯（凯撒、刹克，tralomethrin）。它具触杀、胃毒作用。对人、畜中毒。可用于防治棉铃虫、地老虎等害虫。常见的剂型有10.8％乳油，一般使用浓度为稀释5 000倍液，喷雾。

（7）氟硅菊酯（施乐宝、硅白灵，silafluofen）。它具触杀、胃毒作用。对人、畜低毒。杀虫效果好，对白蚁有良好的驱避作用。常见的剂型有80％乳油。一般使用浓度为乳油稀释10 000倍液，喷雾。

（8）溴氰菊酯（敌杀死、凯安保，deltamethrin）。它具很强的触杀、胃毒作用。对人、畜中毒。对鳞翅目、鞘翅目、双翅目和半翅目的害虫都有明显的防治效果，但对螨类无效。对水生生物高毒，在水生植物田禁止使用。常见的剂型有2.5％乳油，一般使用浓度为稀释2 000～4 000倍液，喷雾。

4. 特异性杀虫剂

该类杀虫剂的特点是杀虫效果高，毒性低，对益虫影响小，对环境无污染，但杀虫效果较慢，而且残效期长。适合果树、蔬菜上使用。

（1）灭幼脲（灭幼脲3号、苏脲1号，chlorbenzuron）。它具胃毒和触杀作用，抑制几丁质合成。一般药后3～4 d药效明显。常见的剂型有50％胶悬剂，一般使用浓度为稀释1 000～2 500倍液，喷雾。残效期15～20 d。

（2）定虫隆（抑太保，chlorfuazuron）。它以胃毒作用为主，兼有触杀作用，抑制几丁质合成。一般在施药后5～7 d才显高效。可用于防治鳞翅目、直翅目、鞘翅目、膜翅目、双翅目等害虫，但对叶蝉、蚜虫、飞虱等无效。常见的剂型有5％乳油，一般使用浓度为稀释1 000～2 000倍液，喷雾。

（3）噻嗪酮（优乐得、扑虱灵，buprofezin）。为触杀性杀虫剂，无内吸作用。对于粉虱、叶蝉及介壳虫类害虫防治效果好。常见的剂型有25％可湿性粉剂，一般使用浓度为稀释1 500～2 000倍液，喷雾。

（4）氟铃脲（盖虫散、太保、果蔬保，hexaflumuron）。它以胃毒作用为主，兼具触杀作用。对鳞翅目幼虫效果好，对螨类无效。常见的剂型有5％乳油，一般使用浓度为稀释2 000～3 000倍液，喷雾。

（5）氟苯脲（农梦特，teflubenzuron）。它具触杀和胃毒作用，抑制几丁质合成。对鳞翅目害虫效果好。常见的剂型有5％乳油，一般使用浓度为稀释1 000～1 500倍液，喷雾。

（6）虫酰肼（米满,tebufenzuron）。它是酰肼类昆虫生长调节剂。适于防治蔬菜、果树、林木上的鳞翅目害虫。常见的剂型有 24％悬浮液,一般使用浓度为稀释 1 200～2 400 倍液,喷雾。

（7）抑食肼（虫死净,RH5849）。它是酰肼类昆虫生长调节剂。具非甾醇类蜕皮激素活性。对鳞翅目、鞘翅目、双翅目幼虫具有抑制进食、加速蜕皮和减少产卵的作用。以胃毒作用为主,并有较强的内吸作用。常见的剂型有 20％胶悬剂,20％可湿性粉剂,一般使用浓度为稀释 1 000～1 500 倍液,喷雾。

5.其他杀虫剂

（1）吡虫啉（艾美乐、大功臣、蚜虱净、高巧、咪蚜胺,imidacloprid）。为超高效内吸性杀虫剂。对传统杀虫剂有抗药性的害虫,使用吡虫啉仍可取得好的效果,故吡虫啉是蚜虫等刺吸式口器害虫的首选杀虫剂。对人、畜低毒。常见的剂型有 10％可湿性粉剂,10％乳油,一般使用浓度为稀释 2 000～4 000 倍液,喷雾。

（2）杀虫双（disosultap）。它具较强触杀、胃毒、内吸作用,并兼有一定的熏蒸及杀卵作用。对人、畜中毒。对鳞翅目幼虫以及叶蝉、蓟马等害虫效果好。常见的剂型有 25％水剂,一般使用浓度为每亩用 200 mL,兑水 60 L,喷雾。

（3）磷化铝（磷毒,alominium phosphide）。磷化铝以分解产生的毒气杀灭害虫,对各虫态都有效。对人、畜剧毒。可用于密闭熏蒸防治种实害虫、蛀干害虫等。防治效果与密闭好坏、温度、时间长短有关。多为片剂,每片约 3 g。防治光肩星天牛,每孔用量 1/4～1/8 片;熏蒸时用量一般为 12～15 片/m³。

（4）啶虫咪（莫比朗,acetaniprid）。它具较强的触杀、胃毒作用,同时具内渗作用。杀虫迅速,残效期长,可达 20 d 左右。对人、畜低毒。对同翅目害虫效果好。常见的剂型有 3％乳油,一般使用浓度为稀释 2 000～2 500 倍液,喷雾。

6.混合杀虫剂

（1）辛敌乳油（①phoxim②trichlorphon）。由 25％辛硫磷和 25％敌百虫混配而成。具触杀及胃毒作用。可防治蚜虫及鳞翅目害虫。对人、畜低毒。常见的剂型有 50％乳油,一般使用浓度为稀释 1 000～2 000 倍液,喷雾。

（2）速杀灵（菊乐合剂,①fenvalerate②dimethoate）。由氰戊菊酯和乐果按 1∶2 混配而成。具触杀、胃毒及一定的内吸、杀卵作用。可防治蚜虫、叶螨及鳞翅目害虫。对人、畜中毒。常见的剂型有 30％乳油,一般使用浓度为稀释 1 500～2 000 倍液,喷雾。

（3）桃小灵（①fenvalerate②malathion）。由氰戊菊酯和马拉硫磷混配而成。它具触杀及胃毒作用,兼有拒食、杀卵及杀蛹作用。可防治蚜虫、叶螨及鳞翅目害虫。对人畜中毒。常见的剂型有 30％乳油,一般使用浓度为稀释 2 000～2 500 倍液,喷雾。

（六）生物杀螨剂

（1）浏阳霉素（liuyangmycin）。它为广谱抗生素类杀螨剂。对天敌昆虫、蜜蜂和家蚕较安全,对鱼类有毒。具有触杀作用,对螨卵也有一定的抑制作用。常见的剂型有 10％乳油,一般使用浓度为 10％乳油稀释 1 000～2 000 倍液,喷雾。

（2）华光霉素（nikkomycin）。本剂为广谱抗生素类杀螨剂。无残留,对天敌昆虫、人、畜和环境安全。常见的剂型有 2.5％可湿性粉剂,一般使用浓度为稀释 600～1 200 倍液,喷雾。

（3）螨速克（dithioether）。它为植物源杀螨剂。具有触杀、胃毒作用。对人、畜低毒。常见的剂型有 0.5％乳油。一般使用浓度为 0.5％乳油,每亩用 33.3～50 mL,兑水 50 L,喷雾。

(七)化学杀螨剂

(1)噻螨酮(尼索朗,hexythiazox)。它具有强力杀卵、幼螨、若螨作用。药效迟缓,一般施药后 7 d 才显高效。残效达 50 d 左右。属低毒杀螨剂。常见的剂型有 5％乳油,5％可湿性粉剂,一般使用浓度为稀释 1 500～2 000 倍液,喷雾。

(2)哒螨酮(哒螨灵、牵牛星、扫螨净,pyridaben)。它具触杀和胃毒作用。可防治各个发育阶段的螨,残效长达 30 d 以上。对人、畜中毒。常见的剂型有 20％可湿性粉剂,一般使用浓度为稀释 2 000～4 000 倍液,喷雾。

(3)四螨嗪(阿波罗、螨死净,clofentezine)具触杀作用。对螨卵活性强,对若螨也有一定的活性,对成螨效果差,有较长的持效期。对鸟类、鱼类、天敌昆虫安全。对人、畜低毒。常见的剂型有 20％可湿性粉剂,20％悬浮剂。一般使用浓度为稀释 2 000～2 500 倍液,喷雾。

(4)苯丁锡(托尔克、克螨锡,fenbutatijn oxide)。它以触杀作用为主。对成螨、若螨杀伤力强,对卵几乎无效。对天敌影响小。对人、畜低毒。该药为感温型杀螨剂,22℃以下时活性降低,15℃以下时药效差,因而秋冬季勿用。常见的剂型有 50％可湿性粉剂,一般使用浓度为稀释 1 500～2 000 倍液,喷雾。

(5)溴螨酯(螨代治,bromopylate)。它具较强的触杀作用,无内吸作用。对成、若螨和卵均有一定的杀伤作用。杀螨谱广,持效期长。对天敌安全,对人、畜低毒。常见的剂型有 50％乳油,一般使用浓度为稀释 1 000～2 000 倍液,喷雾。

(6)炔螨特(克螨特,propargite)。它具触杀、胃毒作用,无内吸作用。对成螨、若螨有效,杀卵效果差。对人、畜低毒,对鱼类高毒。常见的剂型有 73％乳油,一般使用浓度为稀释 2 000～3 000 倍液,喷雾。

(7)吡螨胺(必螨立克,tebufenpyrad)。该药剂可防治多种螨类以及蚜虫、粉虱等害虫。对螨类各个发育阶段(卵、幼螨、成螨)均有速效、高效作用。持效期长。对人、畜低毒。常见的剂型有 10％乳油,10％可湿性粉剂。一般使用浓度为稀释 1 000～2 000 倍液,喷雾。

二、杀线虫剂、杀鼠剂

(一)杀线虫剂

(1)淡紫拟青霉菌(线虫清、真菌杀线虫剂,paecilomyces lilacinus)。本剂为活体真菌杀线虫剂,为毒性极低的生物制剂。对人、畜和环境安全。可防治多种蔬菜作物根线虫病。常见的剂型有高浓缩吸附粉剂。播种时进行拌种。

(2)威巴姆(威百亩、维巴姆、保丰收,metham-sodium)。它为具熏蒸杀灭作用的杀线虫剂。对人、畜低毒,对皮肤、眼、黏膜有刺激作用。持效期 15 d 左右。常见的剂型有 35％水剂,施药量为每亩用 2.5～5.0 kg,兑水 400～900 L,均匀浇施于沟内,随即覆土踏实,过 15 d 后,翻耕放气,再播种或定植。

(二)生物杀鼠剂

C-型肉毒梭菌素(生物毒素杀鼠剂)。具有选择性。对人、畜比较安全。在自然条件下可自动分解,无残留,无二次中毒的危险。常见的剂型有水剂,一般在 -15℃ 以下冰箱保存。一般采用 0.06％～0.1％的浓度,配制成毒素毒饵灭鼠。拌制毒饵时,不要在高温、阳光下搅拌,不要用碱性水。

(三)化学杀鼠剂

(1)磷化锌(zinc phosphide)。本品为无机类杀鼠剂,有效成分为磷化锌。对人、畜、家禽、鸟类毒性很高,可造成动物的二次中毒。常见的剂型有90%原粉。配制毒饵灭鼠。应在室外顺风操作配制毒饵,并做好安全防护措施。残留的毒饵要及时回收,死鼠应及时捡回深埋,避免二次中毒。

(2)敌鼠(野鼠净、得伐鼠、敌鼠钠盐,diphacinone)。本品属于第1代凝血杀鼠剂,有效成分为敌鼠。对人、畜、家禽毒性较低,但对猫、犬有二次中毒现象。常见的剂型有80%钠盐,0.005粒剂。配制毒饵灭鼠,在配制毒饵前,应注意敌鼠钠盐含量是否到达80%,否则会影响灭鼠效果。

(3)氟鼠酮(杀它仗、伏灭鼠、氟鼠灵、氟羟香豆素,flocoumafen)。本品属于第2代凝血杀鼠剂,有效成分为氟鼠酮。属高毒杀鼠剂。对鱼类高毒,对鸟类毒性也很高,对鹅敏感。对各种鼠类包括对第1代抗凝血剂产生抗性的鼠类,均有很好的防治效果。常见的剂型有0.005%毒饵和0.1%粉剂。

一般配制毒饵灭鼠。在施药前,应准备好解毒药维生素 K_1。

三、杀菌剂

(一)无机杀菌剂

1. 波尔多液(bordeauxmixture)

波尔多液是用硫酸铜、生石灰和水配成的天蓝色胶状悬浮液,呈碱性,有效成分是碱式硫酸铜,几乎不溶于水,应现配现用,不能储存。波尔多液有多种配比,使用时可根据植物对铜或石灰的敏感程度及防治对象选择配制(表5-13)。

表 5-13 波尔多液的几种配比(重量)

原料	配合量				
	1%等量式	1%半量式	0.5%倍量式	0.5%等量式	0.5%半量式
硫酸铜	1	1	0.5	0.5	0.5
生石灰	1	0.5	1	0.5	0.25
水	100	100	100	100	100

波尔多液的配置方法通常为稀硫酸铜液倒入浓石灰乳法:以 8/10 的水量溶解硫酸铜,用 2/10 的水量消解生石灰成石灰乳,然后将稀硫酸铜溶液缓慢倒入浓石灰乳中,边倒入边搅拌即成。注意不能将石灰乳倒入硫酸铜溶液中,否则会产生络合物沉淀,降低药效,产生药害。

波尔多液的防病范围很广,可以防治多种果树和蔬菜病害。如霜霉病、疫病、炭疽病、溃疡病、疮痂病、锈病、黑星病等。

2. 石硫合剂(lime sulfur)

石硫合剂是用生石灰、硫磺和水熬制成的红褐色透明液体。有臭鸡蛋气味,呈强碱性,有效成分为多硫化钙,溶于水,易被空气中的氧气和二氧化碳分解,游离出硫和少量硫化氢。因此,必须储存在密闭容器中,或在液面上加一层油,以防止氧化。

石硫合剂的熬制方法:石硫合剂的配方也较多,常用的为生石灰 1 份、硫磺粉 2 份、水 10～12 份。把足量的水放入铁锅中加热,放入生石灰制成石灰乳,煮至沸腾时,把事先用少量水调好的硫磺糊徐徐加入石灰乳中,边倒边搅拌,同时记下水位线,以便随时添加开水,补足蒸发掉的水分。待药液熬成红褐色,锅底的渣滓呈黄绿色即成。此过程药液颜色的变化是由黄→橘黄→橘红→砖红→红褐。熬制时间为后即停火冷却,滤去渣滓,即为石硫合剂母液。

按上述方法熬制的石硫合剂,一般可以达到 22～28°Bé。使用时直接兑水稀释即可。重量稀释倍数可按下列公式计算(也可查表稀释):

$$加水倍数＝(原液浓度－使用浓度)/使用浓度$$

石硫合剂是一种良好的杀菌剂,也可杀虫、杀螨。可用于防治多种作物的白粉病及各种果树病害的休眠期防治。具腐蚀性。一般只用作喷雾,休眠季节可用 35°Bé 石硫合剂,植物生长期用 0.1～0.3°Bé 石硫合剂。石硫合剂现已工厂化生产,常见的剂型有 29％水剂,20％膏剂,30％、40％固体及 45％结晶。与其他药剂的使用间隔期为 15～20 d。

3. 碱式硫酸铜(绿得宝、保果灵、杀菌特,copper)

它为波尔多液的换代产品。对人、畜及天敌动物安全,不污染环境。常见的剂型有 30％悬浮剂,一般使用浓度为稀释 400～500 倍液,喷雾。

4. 氧化亚铜(靠山、铜大师,cuprous oxide)

该药属以保护性为主兼有治疗作用的广谱无机铜杀菌剂。具有极强的黏附性,形成保护膜后耐雨水冲刷。常见的剂型 56％水分散微粒剂,一般使用浓度为稀释 500～1 000 倍液,喷雾。

5. 王铜(碱式氯化铜、氧氯化铜、好宝多,copper oxychloride)

该药为无机广谱保护性杀菌剂。原药为绿色至蓝绿色粉末状晶体,难溶于水。喷施在植物表面后形成一层保护膜,在一定湿度下放出铜离子而杀死病菌。对人、畜及天敌动物安全,不污染环境。常见的剂型有 30％悬浮剂,一般使用浓度为稀释 600～800 倍液,喷雾。

(二)生物源杀菌剂

1. 农抗 120(抗霉菌素 120、益植灵、TF-120)

该药是低毒、广谱、抗生素类杀菌剂。对许多植物病原菌有强烈的抑制作用,对蔬菜、果树、花卉上的白粉病、锈病、枯萎病等都有一定防效。常见的剂型有 2％水剂,一般使用浓度为稀释 100～300 倍液,喷雾或灌根。

2. 多抗霉素(灭腐灵、多克菌、多氧霉素、宝丽安、多效霉素、保利霉素,polyoxin)

该药是低毒抗生素类杀菌剂。具内吸性。可用于防治叶斑病、白粉病、霜霉病、枯萎病、灰霉病等多种病害。常见的剂型有 10％可湿性粉剂,一般使用浓度为稀释 1 000～2 000 倍液,喷雾。

3. 武夷菌素(BO-10,wuyimycin)

该药是低毒、广谱性抗生素类杀菌剂。对人、畜、蜜蜂、天敌昆虫、鱼类、鸟类均安全。对植物无残毒,不污染环境。可防治蔬菜、瓜类、果树、中药材等作物上的多种真菌和细菌病害,是生产 A 级和 AA 级绿色食品的优良抗生素类杀菌剂。常见的剂型有 2％水剂,一般使用浓度为稀释 100～200 倍液,喷雾。

4. 嘧菌酯(阿密西达、阿米西达,azoxyrtrobin)

该药是通过人工仿生合成杀菌剂。具有杀菌谱广、药效强,对人畜、地下水安全等特性。常见的剂型有 25％悬浮剂。一般使用浓度为每亩用 66.7～160 mL,兑水 50～60 L,喷雾。

5. 链霉素(农用链霉素,streptomycin)

该药是低毒抗生素类杀细菌剂。可防治由细菌引起的各种病害。如软腐病、腐烂病、角斑病等。常见的剂型有 15% 可湿性粉剂,一般使用浓度为稀释 1 000~2 000 倍液,喷雾。

6. 链霉素·土(新植霉素,streptomycin+oxyteracykine)

新植霉素为链霉素和土霉素的混剂,属于低毒杀菌剂。对人、畜和环境安全。本剂对多种细菌病害有特效,兼具治疗和保护双重作用。常用的剂型有 90% 可溶性粉剂。一般使用浓度为每亩用 12~14 g,兑水 50 L,喷雾。

7. 宁南霉素(菌克毒克,ningnarmycin)

该药属于广谱抗生素生物农药,主要是能防治病毒病,同时兼有防治多种真菌和细菌病害的作用。对人、畜低毒,无致癌、致畸、致突变作用,不污染环境,是发展 A 级和 AA 级绿色食品的生物农药。常见的剂型有 2% 水剂,一般使用浓度为稀释 200~300 倍液,喷雾。

8. 博联生物菌素(胞嘧啶核苷肽、嘧肽霉素,cytosinpeptidemycin)

该药是抗生素类抗病毒制剂。对人、畜无刺激,无"三致"作用。对各种病毒病有明显的防治效果。常见的剂型有 4% 水剂,一般使用浓度为稀释 200~300 倍液,喷雾或灌根。

9. 放射土壤杆菌(aggobacterium radibacter biotype Ⅱ)

该药是细菌制剂。对植物根癌病有良好的防效。对人、畜及天敌昆虫安全,无残留,不污染环境。常见的剂型有可湿性粉剂(200 万芽孢/g)。一般使用方法是将菌剂稀释 1 倍后调匀蘸根。

10. 绿帝

该药是植物源杀菌剂。有很高的杀菌和抑菌作用,但无内吸作用。本剂为低毒杀菌剂。对人、畜、天敌昆虫和环境安全,适于生产绿色食品使用。对番茄、草莓的灰霉病、白粉病等真菌病害,具有触杀、熏蒸作用,防治效果显著。常用的剂型有 20% 可湿性粉剂,一般使用浓度为稀释 600~1 000 倍液,喷雾。

(三)有机合成杀菌剂

1. 代森锰锌(喷克、大生、大生富、速克净,mancozeb)

该药属有机硫类低毒杀菌剂。对果树、蔬菜上的霜霉病、炭疽病、疫病和各种叶斑病等多种病害有效。常见的剂型有 25% 悬浮剂,一般使用浓度为稀释 1 000~1 500 倍液,喷雾。

2. 百菌清(达科宁,chlorothalonil)

该药属苯并咪唑类低毒杀菌剂。对霜霉病、疫病、炭疽病、灰霉病、锈病、白粉病及各种叶斑病有较好的防治效果。常见的剂型有 75% 可湿性粉剂,一般使用浓度为稀释 500~800 倍液,喷雾。烟剂对家蚕、柞蚕、蜜蜂有毒害作用。

3. 乙烯菌核利(农利灵,vinclozolin)

该药属二甲酰亚胺类低毒杀菌剂。对果树、蔬菜类作物的灰霉病、褐斑病、菌核病有良好的防治效果。常见的剂型有 50% 可湿性粉剂,一般使用浓度为稀释 600~1 500 倍液,喷雾。在黄瓜和番茄上的安全间隔期为 21~35 d。

4. 异菌脲(扑海因,iprodine)

该药属氨基甲酰脲类低毒杀菌剂,是广谱性的触杀型杀菌剂,具保护、治疗双重作用。对灰霉病、菌核病等均有较好防效。常见的剂型有 50% 可湿性粉剂,一般使用浓度为稀释 1 000 倍液,喷雾。

5.腐霉利(速克灵、杀霉利,procymidone)

该药属亚胺类低毒杀菌剂。具保护、治疗双重作用。对灰霉病、菌核病、叶斑病等防治效果好。常见的剂型有50%可湿性粉剂,一般使用浓度为稀释1 000~2 000倍液,喷雾。

6.霜脲锰锌(克露,①cymoxanil②mancozeb)

该药是霜脲氰和代森锰锌混合而成,属低毒杀菌剂。对霜霉病和疫病有效。常见的剂型有72%可湿性粉剂,一般使用浓度为稀释500~1 000倍液,喷雾。

7.三乙磷酸铝(疫霉灵、疫霜灵、乙磷铝,fosetyl-aluminium)

该药是低毒杀菌剂。在植物体内能上下传导,具有保护和治疗作用。主要防治卵菌门真菌引起的病害。通过灌根和喷雾有治疗作用。常见的剂型有40%可湿性粉剂,一般使用浓度为稀释200倍液,喷雾。

8.恶醚唑(世高、敌萎丹,difenoconazole)

该药是低毒、广谱性内吸杀菌剂。具治疗效果好、持效期长的特点。可用于防治叶斑病、炭疽病、白粉病、锈病等。常见的剂型为10%水分散粒剂、一般使用浓度为稀释6 000~8 000倍液,喷雾。

9.甲霜灵(雷多米尔、瑞毒霉、甲霜安,metalaxyl)

该药属低毒杀菌剂,是一种具保护、治疗作用的内吸性杀菌剂,可被植物的根、茎、叶吸收,并随植物体内水分运转而转移到植物的各器官。可以作茎叶处理、种子处理和土壤处理。对霜霉菌、疫霉菌、腐霉菌所引起的病害有效。常见的剂型有25%可湿性粉剂,一般使用方法为稀释600~1 000倍液,喷雾。

10.三唑酮(百理通、粉锈宁,triadimefon)

该药属高效内吸三唑类杀菌剂,是低毒杀菌剂。具广谱、用量低、残效长等特点。被植物的各部分吸收后,能在植物体内传导,具有预防和治疗作用。对白粉病、锈病有特效。对根腐病、叶枯病也有很好的防治效果。常见的剂型有15%可湿性粉剂,一般使用浓度为稀释700~1 500倍液,喷雾。

11.丙环唑(敌力脱、丙唑灵、氧环宁、必扑尔,propiconazole)

该药属新型、广谱、内吸性低毒杀菌剂,是一种有保护和治疗作用的三唑类杀菌剂。可被根、茎、叶吸收,并可在植物体内向上传导。可防治白粉病、锈病、叶斑病、白绢病,但对霜霉病、疫霉病、腐霉病无效。常见的剂型有25%乳油,一般使用浓度为稀释2 500~5 000倍液,喷雾。

12.福美双(秋兰姆、赛欧散、阿锐生,thiram)

该药是保护性杀菌剂。主要用于防治土传病害。对霜霉病、疫病、炭疽病等有较好的防治效果。对人、畜低毒。常见的剂型有50%可湿性粉剂,一般使用方法为,稀释500~800倍液,喷雾;土壤处理,用50%可湿性粉剂100 g,处理土壤500 kg,做温室苗床处理。

13.霜霉威(普力克、霜霉威盐酸盐,propamocarb)

该药具有内吸传导作用,低毒。对腐霉病、霜霉病、疫病有特效。对人、畜低毒。常见的剂型有72.2%水剂,一般使用浓度为72.2%水剂稀释400~1 000倍液,喷雾,防治霜霉病;72.2%水剂稀释400~600倍液,浇灌苗床、土壤,防治腐霉病及疫病,用量为3 L/ m²,间隔15 d。

14.恶霉灵(土菌消,hymexazol)

该药为低毒的内吸土壤消毒剂,对腐霉菌、镰刀菌引起的猝倒病、立枯病等土传病害有较好的效果。常见的剂型为 15％、30％水剂，70％可湿性粉剂。一般使用浓度为 15％水剂稀释 800～1 000 倍液，进行苗床淋洗或灌根，用药量为 0.9～1.8 g/m²；营养土消毒，每 1 m³ 用原药 2～3 g，对适量水喷洒拌匀即可。

15. 甲基硫菌灵（甲基托布津，thiophanate-methyl）

该药为一种广谱性内吸杀菌剂，对多种植物病害有预防和治疗作用。残效期 5～7 d。常见的剂型有 50％可湿性粉剂，一般使用浓度为稀释 500 倍液，喷雾。

16. 嘧霉胺（施佳乐，pyrimethanil）

该药是一种新型杀菌剂，属苯胺基嘧啶类。对常用的非苯胺基嘧啶类杀菌剂已产生抗药性的灰霉病菌有效。具内吸、熏蒸作用。药效快、稳定。常见的剂型为 40％悬浮剂，一般使用浓度为每亩用 25～95 g，兑水 30～75 L，喷雾。

17. 咪鲜胺（施保克、施百克，prochloraz）

该药是高效、广谱、低毒型杀菌剂。无内吸性，但具有良好的传导性能，具有良好的保护及铲除作用。对子囊菌和半知菌引起的多种病害防效极佳。速效性好，持效期长。常见的剂型有 25％乳油，一般使用浓度为稀释 1 000～2 000 倍液，喷雾。

18. 腈菌唑（叶斑清、灭菌强、特菌灵、果垒，myclobutanil）

本品是一种杂环类杀菌剂。有较强的内吸性，具有高效、广谱、低毒等特点。对真菌引起的多种病害具有良好的预防和防治效果。常见的剂型有 12％，一般使用方法为稀释 3 000～4 000 倍液，喷雾。

19. 多菌灵（苯并咪唑 44 号，carbendazim）

本品是广谱内吸性杀菌剂。具有高效、广谱、低毒等特点。对子囊菌亚门、担子菌亚门、半知菌亚门病原菌引起的多种病害具有良好的预防和防治效果。可防治果树、蔬菜、园林、花卉等植物上多种病害。常见的剂型有 25％、40％、50％、80％可湿性粉剂，40％悬浮剂等。一般使用方法为种子处理、土壤处理和叶面喷雾等方法。可单独使用也可以与其他杀菌剂、杀虫剂混配使用。

四、除草剂

(一)园田微生物除草剂

1. 鲁保一号

本剂是一种低毒真菌除草剂。专化性很强，专门用于防治菟丝子。对人、畜无害，不污染环境，无残毒。常见的剂型有高浓度孢子吸附粉剂。一般使用浓度为将本剂兑水稀释 100～200 倍液，喷雾。喷药时先用树条将菟丝子发生处抽打出伤口，利于病菌的侵入，提高药效。

2. 双丙氨膦（双丙氨酰膦，bialaphos）

本剂是一种低毒抗生素类除草剂，属于灭生性除草剂，可在杂草生长期作茎叶处理。无内吸传导性和选择性，对未出土的杂草无效。可防治一年生和多年生禾本科杂草和阔叶杂草。对人、畜和鱼类安全，不污染环境。常见的剂型有 35％乳油。一般使用浓度为每亩用 200～500 mL，兑水 50 L 喷雾，防除菜园和果园中的一年生杂草。

(二)园田化学除草剂

1. 土壤处理剂

(1)敌草胺（大惠利，napropamide）。本品属酰胺类选择性芽前土壤处理剂。本剂具有高度的选择性和内吸作用,药剂随雨水或灌溉水淋入土内,杂草根部吸收后迅速进入种子,抑制某些酶类的形成,使根芽不能生长而死亡。常见的剂型有 20％乳油,一般使用浓度为每亩用 200～250 mL,兑水 50 L,喷雾。防治一年生禾本科杂草和部分一年生阔叶杂草。

(2)乙草胺(禾耐斯,acetochlor)。本品属酰胺类选择性输导型芽前土壤处理剂。对人、畜低毒,对眼、皮肤有刺激作用。可防除稗草、马蔺、狗尾草、牛筋草、看麦娘、千金子、马齿苋、反枝苋、繁缕、雀舌草、辣蓼、碎米荠、猪殃殃等。常见的剂型有 50％乳油,一般使用浓度为每亩用 75～100 mL,兑水 40～50 L,均匀喷雾在土壤表面。

(3)恶草酮(农思它,恶草灵,oxadiazon)。有机杂环类选择性除草剂。通过杂草幼芽或幼苗与药剂接触、吸收而起作用。恶草酮在光照条件下才能发挥杀草作用,但不影响光合作用。主要防除多种禾本科杂草和阔叶杂草。常见的剂型有 25％乳油,一般使用浓度为每亩用 150～200 mL,兑水 40～50 L,均匀地喷在土壤表面。

(4)敌草隆(地草净,diuron)。选择性内吸传导型土壤处理除草剂。主要通过根部吸收。它主要抑制光合作用,在光照条件下使植物不能吸收二氧化碳和放出氧气,使植物饥饿而死。持效期 8～16 个月。主要防除一年生禾本科杂草及阔叶杂草。常见的剂型有 50％可湿性粉剂,一般使用浓度每亩果园 500～800 g,兑水 40～50 L,均匀地喷雾在土壤表面。

2.茎叶处理剂

(1)精氟吡甲禾灵(高效盖草能、精盖草能,haloxyfop-r-methyl)。苗后选择性除草剂,具有内吸传导性。可用于阔叶蔬菜田、果园。防除一年生和多年生禾本科杂草。常见的剂型有 10.8％乳油,一般使用浓度为每亩用 25～80 mL,均匀喷雾杂草茎叶。

(2)稀禾定(拿捕净,sethoxydim)。选择性内吸传导型茎叶处理除草剂。可用于阔叶蔬菜和葱蒜类菜田、果园等。防除一年生和多年生禾本科杂草。常见的剂型有 12.5％机油乳剂一般使用浓度每亩用 65～120 mL,均匀喷雾杂草茎叶。

(3)百草枯(克芜踪、百朵、对草快,paraquat)。本品属联吡啶类速效触杀型灭生性除草剂。对单、双子叶植物的绿色组织有很强的破坏作用,但不能传导,因而只使杂草的受药部位受害。克芜踪对一、二年生杂草防除效果最好;可用于果园、菜园、休闲园、免耕园行间除草;也可用于蔬菜播种或移栽前清洁田园,可有效地防除已长出的杂草。常见的剂型有 20％水剂,一般使用浓度每亩用 100～200 mL 兑水 40～50 L,均匀喷雾杂草茎叶。

(4)草甘膦(农达、镇草宁、草克灵,glyphosate)。有机磷类内吸传导型广谱灭生性除草剂。植物的绿色部分均能很好地吸收,但以叶片吸收为主。可用于果园、菜园等;也可用于休闲或免耕田。常见的剂型有 10％水剂。一般使用浓度杂草生长旺盛期,每亩用 500～1 000 mL,兑水 40～50 mL,均匀地喷雾于杂草茎叶。

五、植物生长调节剂

1.赤霉素(赤霉酸、九二〇,gibberellic acide)
赤霉素是广谱性植物生长调节剂。具有打破休眠,促进种子发芽,果实提早成熟,增加产量,调节开花,减少花、果脱落,延缓衰老和保鲜等多种功效。对人、畜低毒。常见的剂型有 10％、85％粉剂,40％水溶性乳剂。促进植物生长多用 10～20 mg/kg 浓度的药液喷雾。

2.皇嘉天然芸薹素(油菜系内酯、芸薹素内酯 BR,brassinolide)
该调节剂具有高效、广谱、方便、改善品质、增强抗逆能力、提高植物免疫功能、解除药害、无毒、无公害、无残留等特点。适于生产 A 级、AA 级绿色食品使用。常见的剂型有 0.15% 乳油。使用方法有喷施、浸种、灌根等。

3. 矮壮素(西西西、CCC,chlormequat)

矮壮素是赤霉素的拮抗剂。可控制植株的徒长,促进生殖生长,使植株节间缩短,抗倒伏等。对人、畜低毒。常见的剂型有 50% 水剂。控制植物徒长,增加花量,多用 300 mg/kg 浓度的药液喷雾。

4. 氯吡苯脲(吡效隆醇、调吡脲,forchlorfenuron)

该调节剂是一种生物活性很强的细胞分裂素类化合物。促进植物细胞分裂、分化和器官的形成、增强抗逆性和抗衰老等作用。对人、畜安全。常见的剂型有 0.1% 的醇溶液。用 5~20 mg/kg 溶液喷洒幼果可促进膨大,促进着色等。

5. 多效唑(氯丁唑、高效唑,paclobutrazol)

该调节剂是一种植物生长延缓剂。能抑制根系和植株的营养生长,抑制顶芽的生长,促进侧芽萌发和花芽的形成,提高坐果率,改善品质和增强抗逆性等。对人、畜低毒。常见的剂型有 15% 可湿性粉剂,5% 悬浮剂。一般使用方法为土壤处理、涂干和叶面喷雾等。

除以上 5 种外,植物生长调节剂还有生长素类的吲哚乙酸;乙烯类的乙烯利;植物生长抑制剂和延缓剂中的青鲜素、整形素;其他植物生长调节剂中的三十烷醇、稀土等。

【拓展知识 2】农药在无公害园艺产品和绿色食品上的使用

现代农业的发展造成了严重的环境与资源问题,尤其是食品安全性问题更令人担忧。无公害食品和绿色食品生产已经成为人们关注的焦点,世界各国都在推出具有各自特色的生态食品、自然食品、健康食品、有机食品等所谓安全食品。我国也相继推出了绿色食品、有机食品和无公害食品等,既兼顾中国国情又与世界经济相接轨的国家论证食品。园艺产品大都是直接食用的(如水果、蔬菜和食用花卉等),很容易受到有毒、有害物质的污染,其安全性问题格外引人注目。目前,我国已制定了生产绿色无公害果品、蔬菜的产地环境标准、生产操作规程、产品与包装标准等一系列标准。

由于无公害食品和绿色食品的特殊性,对农药的使用提出了严格的要求,限制或禁止使用某些农药。我们对此必须了解和引起高度重视。以下就无公害园艺产品和绿色食品的概念、无公害园艺产品和绿色食品的农药使用准则等展开讨论。

一、无公害园艺产品与绿色食品

(一)"公害"的含义和种类

所谓的公害,是指由于环境污染和环境破坏而对公众和社会所造成的危害。

在英、美、法等国家中,公害是与私害相对而言的。公害是指由于人类活动引起的环境污染与破坏对公众的生命、健康、财产的安全和生活环境的舒适性等造成的危害。在大陆法系国家中,公害通常与公益相对应。日本的《公害对策基本法》中这样定义"由于事业活动和人类其他活动产生的相当范围的大气污染、水质污染(包括水的状态以及江、河、湖、海及其他水域的底质情况的恶化)、土壤污染、噪声、振动、地面沉降(采掘矿物所造成的下陷除外)以及恶臭,对人体健康和生活环境带来的损失"。

综上所述,公害的种类有大气污染、水体污染、噪声污染、振动、恶臭、土壤污染等。

(二)无公害园艺产品的概念

无公害园艺产品的概念是从无公害食品引申来的。无公害食品指产地生态环境清洁,按照特定的技术操作规程生产,将有害物含量控制在规定标准内,并由授权部门审定批准,允许使用无公害标志的食品。这一定义可以引用到无公害园艺产品,因为大部分园艺产品是可以食用的(包括水果、蔬菜和食用花卉)。无公害食品注重产品的安全质量,其标准要求不是很高,涉及的内容也不是很多,适合我国当前的农业生产发展水平和国内消费者的需求,对多数生产者来说,达到这一要求不是很难,这是绿色无公害食品的起步标准。此外,北京、上海等地为更好地实施"无公害食品行动计划",还提出了安全食用农产品(简称"安全农产品")的概念,它指通过对粮、菜、果、肉、蛋、奶、鱼等主要农产品的生产、销售等环节进行有效控制和管理,达到食用农产品安全生产标准要求的农产品。安全农产品和无公害食品类似标准要求不是很高,比较适合我国当前的农业生产发展水平和国内消费者的需求。

(三)绿色食品的含义和标志

绿色食品是遵循可持续发展原则,按照特定生产方式生产,经专门机构论证,许可使用绿色食品标志的无污染的安全、优质、营养类食品。由于与环境保护有关的事物国际上通常都冠之以"绿色",为了更加突出这类食品出自良好生态环境,因此定名为绿色食品。

无污染、安全、优质、营养是绿色食品的特征。无污染是指在绿色食品生产、加工过程中,通过严密监测、控制,防范农药残留、放射性物质、重金属、有害细菌等对食品生产各个环节的污染,以确保绿色食品产品的洁净。绿色食品的优质特性不仅包括产品的外表包装水平高,而且还包括内在质量水准高。产品的内在质量又包括两个方面:一是内在品质优良;二是营养价值和卫生安全指标高。

1. 绿色食品应具备的条件

(1)产品或产品原料产地必须符合绿色食品生态环境质量标准。农业初级产品或食品的主要原料,其生长区域内没有工业企业的直接污染,水域上游、上风口没有污染源对该区域构成污染威胁。该区域内的大气、土壤、水质均符合绿色食品生态环境标准,并有一套保证措施,确保该区域在今后的生产过程中环境质量不下降。

(2)农作物种植、畜禽饲料、水产养殖及食品加工必须符合绿色食品生产操作规程。农药、肥料、食品添加剂、兽药等生产资料的使用必须符合《生产绿色食品的农药使用准则》、《生产绿色食品的肥料使用准则》、《生产绿色食品的食品添加剂使用准则》、《生产绿色食品的兽药使用准则》。

(3)产品必须符合绿色食品产品标准。包括对产品的质量要求和卫生要求。

(3)产品的包装、储运必须符合绿色食品包装储运标准。产品及产品产地的环境质量要由中国绿色食品发展中心指定的部门检测。

2. 绿色食品3个显著特点

(1)强调产品出自良好生态环境。绿色食品生产从原料产地的生态环境入手,通过对原料产地及其周围的生态环境因子严格监测,判定其是否具备生产绿色食品的基础条件。

(2)对产品实行全程质量控制。绿色食品生产实施"从土地到餐桌"全程质量控制。通过产前环节的环境监测和原料检测,产中环节具体生产、加工操作规程的落实,以及产后环节产品质量、卫生指标、包装、保鲜、运输、储藏、销售控制,确保绿色食品的整体产品质量,并提高整个生产过程的技术含量。

(3)对产品依法实行标志管理。绿色食品标志是一个质量证明商标,属知识产权范畴,受《中华人民共和国商标法》保护。

绿色食品标志由特定的图形来表示。绿色食品标志图形由3部分构成:上方的太阳、下方的叶片和中心的蓓蕾,象征自然生态;颜色为绿色,象征着生命、农业、环保;标志图形正圆形,意为保护、安全(图5-97)。整个图形描绘了一幅明媚阳光照耀下的和谐生机,告诉人们绿色食品是出自纯净、良好生态环境的安全、无污染食品,能给人们带来蓬勃的生命力。绿色食品标志还提醒人们要保护环境和防止污染,通过改善人与环境的关系,创造自然界新的和谐。

A级绿色食品标志(左);AA级绿色食品标志(右)

图5-97 绿色食品标志

(四)绿色食品的标准和级别

为适应我国国内消费者的需求及当前我国农业生产发展水平与国际市场竞争形式,从1996年开始,在申报审批过程中将绿色食品区分为AA级和A级。其中AA级绿色食品完全与国际接轨,各项标准均已经达到甚至超过国际有机农业运动联盟的有机食品及其他国际同类食品的基本要求。但在我国现有条件下大量开发AA级绿色食品尚有一定的难度,将A级绿色食品作为向AA级绿色食品过渡的一个过渡期产品,它不仅在国内市场上有很强的竞争力,在国外普通食品市场上也有很强的竞争力。

A级绿色食品系指在生态环境质量符合规定标准的产地,生产过程中允许限量使用限定的化学合成物质,按特定的操作规程生产、加工,产品质量及包装经检测、检验符合特定标准,并经专门机构认定,许可使用级绿色食品标志的产品。

AA级绿色食品系指在环境质量符合规定标准的产地,生产过程中不使用任何有害化学合成物质,按特定的操作规程生产、加工,产品质量及包装经检测、检验符合特定标准,并经专门机构认定,许可使用AA级绿色食品标志的产品。AA级绿色食品标准已经达到甚至超过国际有机农业运动联盟的有机食品的基本要求(表5-14)。

表5-14 A级和AA级绿色食品的区别

	AA级绿色食品	A级绿色食品
环境评价	采用单项指数法,各项数据均不得超过有关标准	采用综合指数法,各项环境监测的综合污染指数不得超过1
生产过程	生产过程中禁止使用任何化学合成肥料、化学农药及化学合成食品添加剂	生产过程中允许限量、限时间限定方法使用限定品种的化学合成物质
产品	各种化学合成农药及合成食品添加剂均不得检出	允许限定使用的化学合成物质的残留量仅为国家或国际标准1/2,其他禁止使用的化学物质残留不得检出
包装标识标志编号	标志和标准字体为绿色,底色为白色,防伪标签的底色为蓝色,标志编号以双数结尾	标志和标准字体为白色,底色为绿色,防伪标签底色为绿色,标志编号以单数结尾

（五）有机食品

国际有机农业运动联合会（IFOAM）给有机食品下的定义是根据有机食品种植标准和生产加工技术规范而生产的、经过有机食品颁证组织论证并颁发证书的一切食品和农产品。国家环保局有机食品发展中心（OFDC）认证标准中有机食品的定义是来自于有机农业生产体系，根据有机认证标准生产、加工、并经独立的有机食品认证机构认证的农产品及其加工品等。包括粮食、蔬菜、水果、奶制品、禽畜产品、蜂蜜、水产品、调料等。

有机食品与国内其他优质食品的最显著差别是，前者在其生产和加工过程中绝对禁止使用农药、化肥、除草剂、合成色素、激素等人工合成物质，后者则允许有限制地使用这些物质。因此，有机食品的生产要比其他食品难得多，需要建立全新的生产体系，采用相应的替代技术。有机食品是一类真正源于自然、富营养、高品质的环保型安全食品，需要符合以下 4 个条件。

①原料料必须来自于已建立的或正在建立的有机农业生产体系，或采用有机方式采集的野生天然产品。

②产品在整个生产过程中严格遵循有机食品的加工、包装、储藏、运输标准。

③生产者在有机食品生产和流通过程中，有完善的质量控制和跟踪审查体系，有完整的生产和销售记录档案。

④必须通过独立的有机食品认证机构的认证。

因此，有机食品标准要求最高、最严格，生产难度最大。目前，仅限于少数产品。

二、无公害园艺产品和绿色食品的农药使用准则

（一）无公害园艺产品的农药使用准则

现以无公害水果和蔬菜为例，说明其农药使用准则。

1. 无公害水果的农药使用

根据防治对象的生物学特性和为害特点，可以选用：①植物源农药，如除虫菊素、鱼藤酮、茴蒿素、苦参碱、烟碱、大蒜素、苦楝、川楝、芝麻素、腐必清、天然植物保护剂（辣椒、八角、茴香）、银杏提取物等；②矿物源农药如石硫合剂、波尔多液、石油乳剂、石悬剂、硫磺粉、草木灰等；③化学诱抗剂；④微生物制剂及抗生素；⑤低毒、高效、低残留合成农药。

允许使用的化学合成农药每种每年最多使用 2 次，最后次施药距采收期间隔应在 20 d 以上。主要有 1%阿维菌素乳油，10%吡虫啉可湿性粉剂，25%灭幼脲 3 号悬浮剂，50%辛脲乳油，50%蛾螨灵乳油，20%杀铃脲悬浮剂，50%马拉硫磷乳油，50%辛硫磷乳油，5%尼索朗乳油，20%螨死净悬浮剂，15%哒螨灵乳油，40%蚜灭多乳油，99.1%加德士敌死虫乳油，5%卡死克乳油，25%扑虱灵可湿性粉剂，25%抑太保乳油等杀虫杀螨剂，以及 5%菌毒清水剂，80%喷克可湿性粉粉剂，80%大生 M-45 可湿性粉剂，70%甲基托布津可湿性粉剂，50%多菌灵可湿性粉剂，40%福星乳油，1%中生菌素水剂，70%代森锰锌可湿性粉剂，70%乙磷铝锰锌可湿性粉剂，843 康复剂，15%锈宁乳油，75%百菌清可湿性粉剂，50%扑海因可湿性粉等杀菌剂。

限制使用的化学合成农药每种每年最多使用 1 次，施药距采收间隔应在 30 d 以上。主要有 48%乐斯本乳油，50%抗蚜威可湿性粉剂，25%抗蚜威水分散粒剂，25%功夫乳油，20%灭扫利乳油，30%桃小灵乳油，80%敌敌畏乳油，50%杀螟硫磷乳油，10%歼灭乳油，2.5%溴氰菊酯乳油，20%氰戊菊酯乳油等（表 5-15）。

禁止使用剧毒、高毒、高残留、致癌、致畸、致突变和具有慢性毒性的农药。这些农药是甲拌磷、乙拌磷、久效磷、对硫磷、甲基对硫磷、甲胺磷、甲基异柳磷、氧化乐果、磷胺、克百威、涕灭威、灭多威、杀虫脒、三氯杀螨醇、克螨特、滴滴涕、六六六、林丹、氟化钠、氟乙酰胺、福美胂及其他砷制剂等。

允许使用的植物生长调节剂有苄基腺嘌呤(BA)、玉米素、赤霉素类、乙烯利、矮壮素等。要求每年最多使用 1 次,安全间隔期在 20 d 以上。

禁止使用比久(B_9)、萘乙酸、2,4-二氯苯氧乙酸(2,4-D)等。

表 5-15 无公害水果农药残留、重金属及其他有害物质最高限量

项目	指标/(mg/kg)	项目	指标/(mg/kg)
马拉硫磷	不得检出	氯氰菊酯	≤2.0
对硫磷	不得检出	溴氰菊酯	≤0.1
甲拌磷	不得检出	氰戊菊酯	≤0.2
甲胺磷	不得检出	三氟氯氰菊酯	≤0.2
久效磷	不得检出	抗蚜威	≤0.5
氧化乐果	不得检出	除虫脲	≤1.0
甲基对硫磷	不得检出	双甲脒	≤0.5
克百威	不得检出	砷(以 As 计)	≤0.5
水胺硫磷	≤0.02	汞(以 Hg 计)	≤0.01
六六六	≤0.1	铅(以 Pb 计)	≤0.2
滴滴涕	≤0.1	铬(以 Cr 计)	≤0.5
敌敌畏	≤0.2	镉(以 Cd 计)	≤0.03
乐果	≤1.0	氟(以 F 计)	≤0.5
杀螟硫磷	≤0.4	锌(以 ZN 计)	≤5.0
倍硫磷	≤0.05	铜(以 Cu 计)	≤10.0
辛硫磷	≤0.05	亚硝酸盐(以 $NaNO_2$)	≤4.0
百菌清	≤1.0	硝酸盐(以 $NaNO_3$)	≤4.0
多菌灵	≤0.5		

2. 无公害蔬菜的农药使用

无公害蔬菜的农药使用参照无公害水果的相关要求。

无公害蔬菜的农药最大残留量应符合表 5-16。

表 5-16　无公害蔬菜农药残留最高限量

项　目	最高残留限量/(mg/kg)
汞	≤0.01
氟	≤1.0
砷	≤0.5
铅	≤0.2
镉	≤0.05
六六六	≤0.2
滴滴涕	≤0.1
甲拌磷*	不得检出
杀螟硫磷	≤0.5
倍硫磷	≤0.05
敌敌畏	≤0.2
乐果	≤1.0
马拉硫磷*	不得检出
对硫磷*	不得检出
乙酰甲胺磷	≤0.2
毒死蜱	≤1.0
多菌灵	≤0.5
百菌清	≤1.0
代森锰锌	≤0.5
2,4-D	≤0.2
溴氰菊酯	≤0.2(果菜类),≤0.5(叶菜类)
氰戊菊酯*	≤0.05(块根类菜),≤0.2(果菜类),≤0.5(叶菜类)
甲胺磷*	不得检出
亚胺硫磷	≤0.5
辛硫磷	≤0.05
抗蚜威	≤1.0
喹硫磷	≤0.2
五氯硝基苯*	≤0.2
三唑酮	≤0.2
敌百虫	≤0.1
灭幼脲	≤3.0
氧化乐果*	不得检出
呋喃丹*	不得检出
粉锈宁	≤0.2
克螨特	≤2(叶菜类)
噻嗪酮	≤0.3
硝酸盐($NaNO_3$ 计)	≤600(瓜果类),≤1 200(叶菜、根茎类)
亚硝酸盐*($NaNO_2$ 计)	≤4

注:1. 打 * 号为必测项目;2. 其他测定项目可根据田间农药情况而定。

（二）生产绿色食品的农药使用准则

1. 生产 AA 级绿色食品的农药使用

在优先采用栽培园艺控制、物理机械控制、生态控制、天敌昆虫控制等措施之后，必须使用农药时，生产 AA 级绿色食品应遵守以下准则。

应首选经专门机构认定，符合绿色食品生产要求，并被正式推荐用于 AA 级绿色食品生产的农药类产品。在 AA 级绿色食品生产资料农药类不能满足植保工作需要的情况下，允许使用以下农药及方法。

a. 中等毒性以下植物源杀虫剂、杀菌剂、驱避剂和增效剂。如除虫菊素、鱼藤根、烟草水、大蒜素、苦楝、川楝、印楝、芝麻素等。

b. 释放寄生性、捕食性天敌动物，如昆虫、捕食螨、蜘蛛等。

c. 在害虫捕捉器中使用昆虫信息素及植物源引诱剂。

d. 使用矿物油和植物油制剂。

e. 使用矿物源农药中的硫制剂、铜制剂。

f. 经专门机构核准，允许有限度地使用农用抗生素，如春雷霉素、多抗霉素（多氧霉素），井冈霉素、农抗 120、中生菌素、浏阳霉素等。

g. 经专门机构核准，允许有限度地使用活体微生物农药，如真菌制剂、细菌制剂、病毒制剂、放线菌、颉颃菌剂、昆虫病原线虫、原虫等。

2. 生产 A 级绿色食品的农药使用

生产 A 级绿色食品的农药应首选经专门机构认定，符合绿色食品生产要求，并被正式推荐用于 A 级和 AA 级绿色食品生产的农药类产品（表 5-17）。在 A 级和 AA 级绿色食品生产资料农药类不能满足植保工作需要的情况下，允许使用中等毒性以下植物源农药、动物源农药和微生物源农药；允许使用硫制剂、铜制剂。允许按有关要求有限度地使用部分有机合成农药。

表 5-17　生产 A 级绿色食品禁止使用的农药

种类	农药名称	禁用作物	禁用原因
有机氯杀虫剂	滴滴涕、六六六、林丹、甲氧 DDT、硫丹	所有作物	高残毒
有机氯杀螨剂	三氯杀螨醇	蔬菜、果树、茶叶	工业品中含有一定数量的滴滴涕
有机磷杀虫剂	甲拌磷、乙拌磷、久效磷、对硫磷、甲基对硫磷、甲胺磷、甲基异柳磷、治螟磷、氧化乐果、磷胺、地虫硫磷、灭克磷（益收宝）、水胺硫磷、氯唑磷、硫线磷、杀扑磷、特丁硫磷、克线丹、苯线磷、甲基硫环磷	所有作物	剧毒、高毒
氨基甲酸酯杀虫剂	涕灭威、克百威、灭多威、丁硫克百威、丙硫克百威、代谢物毒	所有作物	高毒、剧毒或代谢物高毒
二甲基甲脒类杀虫杀螨剂	杀虫脒	所有作物	慢性毒性、致癌

续表 5-17

种类	农药名称	禁用作物	禁用原因
拟除虫菊酯类杀虫剂	所有拟除虫菊酯类杀虫剂	水稻及其他水生作物	对水生生物毒性大
卤代烷类熏蒸杀虫剂	二溴乙烷、环氧乙烷、二溴氯丙烷、溴甲烷	所有作物	致癌、致畸、高毒
阿维菌素		蔬菜、果树	高毒
克螨特		蔬菜、果树	慢性毒性
有机砷杀菌剂	甲基胂酸锌(稻脚青)、甲基胂酸钙(稻宁)、甲基胂酸铁铵(田安)、福美甲胂、福美胂	所有作物	高残毒
有机锡杀菌剂	三苯基醋酸锡(薯瘟锡)、三苯基氯化锡、三苯基羟基锡(毒菌锡)	所有作物	高残留、慢性毒性
有机汞杀菌剂	氯化乙基汞(西力生)、醋酸苯汞(赛力散)	所有作物	剧毒、高残毒
有机磷杀菌剂	稻瘟净、异稻瘟净	水稻	异臭
取代苯类杀菌剂	五氯硝基苯、稻瘟醇(五氯苯甲醇)	所有作物	致癌、高残留
2,4-D类化合物	除草剂或植物生长调节剂	所有作物	杂质致癌
二苯醚类除草剂	除草醚、草枯醚	所有作物	慢性毒性
植物生长调节剂	有机合成的植物生长调节剂	所有作物	
除草剂	各类除草剂	蔬菜生长期(可用于土壤处理与芽前处理)	

项目计划实施

1. 工作过程组织

5～6名学生为一组,选出小组长。共同研究讨论。

2. 材料与用具

各种相关的病虫害图书、视频、图片、笔记本、农药、喷雾器、量筒、天平、放大镜、体视显微镜等。

3. 实施过程

根据收集的资料,进行亚热带园艺植物病虫害综合防治方案的制定、实施。

(1)熟悉亚热带果树、观赏植物和蔬菜病害虫为害特点、为害症状,发生规律。

(2)收集亚热带果树、蔬菜、观赏植物的栽培,防治措施相关的知识。

(3)选择当地1～2种观赏植物、果树和蔬菜病虫害发生情况,根据其发生规律,拟定某种观赏植物、果树和蔬菜病虫害综合防治方案。

(4)参与或组织观赏植物、果树和蔬菜病虫害防治工作。结合田间虫害虫发生情况,选择适当的防治措施,并实施防治工作。

评价与反馈

完成亚热带园艺植物病虫害防治工作任务后,要进行自我评价、小组评价、教师评价。考核指标权重:自我评价20%,小组互评40%,教师评价40%。

　　自我评价:根据自己的学习态度、完成园艺植物病虫害防治任务后实事求是地进行评价。

　　小组评价:组长根据组员完成任务情况对组员进行评价。主要从小组成员对防治历完成情况进行评价。

　　教师评价:教师评价是根据学生学习态度、任务单完成情况、防治方案制定完成情况、出勤率等方面进行评价。

　　综合评价:综合评价是将个人评价、小组评价、教师评价成绩进行综合,得出每个学生完成一个工作任务的综合成绩。

　　信息反馈:每个学生对教师进行评价,对本工作任务完成提出建议。

参 考 文 献

[1]李清西,钱学聪.植物保护.北京:中国农业出版社,2002.

[2]陈利锋,徐敬友.农业植物病理学.3版.北京:中国农业出版社,2007.

[3]曹若彬,张志铭,冷怀琼,等.果树病理学.3版.北京:中国农业出版社,1999.

[4]陈啸寅,马成云.植物保护.2版.北京:中国农业出版社,2008.

[5]王存兴,李光武.植物病理学.北京:化学工业出版社,2010.

[6]赖传雅.农业植物病理学.北京:科学出版社,2003.

[7]高日霞,陈景耀.中国果树病虫原色图谱(南方卷).北京:中国农业出版社,2011.

[8]赵奎华.葡萄病虫害原色图鉴.北京:中国农业出版社,2006.

[9]王晓梅,高世吉.安全果蔬保护.北京:中国农业大学出版社,2010.

[10]黄宏英,程亚樵.园艺植物保护概论.北京:中国农业出版社,2006.

[11]程亚樵,丁世民.园林植物病虫害防治.2版.北京:中国农业出版社,2010

[12]张中社,江世宏.园林植物病虫害防治.2版.北京:高等教育出版社,2010.

[13]岑炳沾,苏星.景观植物病虫害防治.广州:广东科技出版社,2003.

[14]张炳坤.植物保护技术.北京:中国农业大学出版社,2008.

[15]陆家去.植物病害诊断.2版.北京:中国农业出版社,1997.

[16]吕佩珂,李明远,吴矩文,等.中国蔬菜病虫原色图谱.北京:中国农业出版社,1992.

[17]吕佩珂,庞震,刘文玲,等.中国果树病虫原色图谱.北京:华夏出版社,1993.

[18]王久兴,张慎好,等.瓜类蔬菜病虫害诊断与防治原色图谱.北京:金盾出版社,2003.

[19]王江柱.菜园优质农药200种.北京:中国农业出版社,2011.

[20]程伯瑛.无公害蔬菜农药使用指南.北京:金盾出版社,2010.

[21]王润珍,白忠义.蔬菜病虫害防治.北京:化学工业出版社,2010.

[22]张中义.植物病原真菌学.成都:四川科学技术出版社,1988.

[23]卢运胜,周启明,邱柱石,等.柑橘病虫害.南宁:广西科学技术出版社,1991.